教育部人才培养模式改革和开放教育试点教材

计算机网络技术实验

史红星　张福萍　沈卓芹　编

中央广播电视大学出版社

图书在版编目（CIP）数据

计算机网络技术实验／史红星，张福萍，沈卓芹编．北京：中央广播电视大学出版社，2003.12

教育部人才培养模式改革和开放教育试点教材

ISBN 978－7－304－02503－8

Ⅰ．计…　Ⅱ．①史…　②张…　③沈…　Ⅲ．计算机网络－电视大学－教材　Ⅳ．TP393

中国版本图书馆 CIP 数据核字（2003）第 116068 号

教育部人才培养模式改革和开放教育试点教材

计算机网络技术实验

史红星　张福萍　沈卓芹　编

出版·发行：中央广播电视大学出版社

电话：发行部：010－58840200　　总编室：010－68182524

网址：http://www.crtvup.com.cn

地址：北京市海淀区西四环中路 45 号

邮编：100039

经销：新华书店北京发行所

策划编辑：旷天鉴　　**责任编辑**：吴国艳

印刷：北京市银祥福利印刷厂　　**印数**：21001～26000

版本：2003 年 11 月第 1 版　　2007 年 8 月第 4 次印刷

开本：787×1092　1/16　　**印张**：12.5　　**字数**：309 千字

书号：ISBN 978－7－304－02503－8

定价：18.00 元

（如有缺页或倒装，本社负责退换）

内 容 简 介

本书是一本学习计算机网络课程的实验和辅导教材，它与由清华大学出版社出版、吴企渊教授主编的《计算机网络》一书配套使用。该实验教材也可以与社会上其它计算机网络教材配合使用。该教材给出了12个实验，内容涉及到传输介质、网络设备、对等网连接、Windows 2000 安装、Linux 安装与应用、Internet 接入、局域网连接、代理服务器安装、路由器设置、Internet 实际应用、网络故障处理与网络安全等各个方面。每个实验都由实验目的、实验要求、实验内容与步骤、实验报告和相关知识5个部分组成。书后的附录包括大量与计算机网络课程有关的练习题，供学习者使用。

前　　言

计算机网络课程是全国电大系统计算机科学与技术专业的一门基础课，该课程主教材为《计算机网络》，由吴企渊主编、清华大学出版社出版，本书是与之配套的实验教材。

由于计算机网络技术发展快，涉及的内容变化多。而且，由于该课程侧重实践教学，上机实验是非常重要的、必不可少的环节，因此特编制本实验教材。实验教学同课堂讲授相辅相成，共同完成教学任务，提高教学质量。

本书共包括12个实验，每个实验都包括实验目的、实验要求、实验内容与步骤、实验报告和相关知识5个部分。实验目的给出通过该实验所能达到的预期效果，实验要求列出做好本次实验的具体任务和明确要求，实验内容和步骤介绍该实验的具体操作步骤，实验报告明确了学生做完实验应该提交的报告以及通过本实验学生应学会解决哪些问题，实验相关知识补充完成该实验所需要涉及和掌握的相关知识。

由于该课程没有其它相配套的学习辅导教材，所以本书增加了附录，其中编制了一些习题供学生练习使用。因此，既可以把本书作为实验教材来使用，又可以把它作为学习辅导书来使用。

要学好计算机网络这门课程，加强上机实验是非常重要的。仅仅依靠本实验教材中所给的实验是远远不够的，有条件和有兴趣的学生应该针对在学习和实践中出现或思考的问题，主动地参与到各种网络规划、设计、安装、调试和维护的工作中去，从而提高自己分析问题和解决问题的能力。

本书由史红星、张福萍、沈卓芹编写。其中实验一、二、三、十一由史红星编写；实验四、五、十、十二由张福萍编写；实验六、七、八、九由沈卓芹编写。全书由史红星统稿。清华大学计算机科学与技术系吴企渊教授对书稿进行了审定，吴教授本着对电大教学高度负责的精神，在十分繁忙的工作中认真仔细地审阅了全部书稿，提出了宝贵的意见，提高了本书的质量，在此深表敬意和感谢。

本书除了可在电大系统使用外，还可以作为普通高校开设计算机网络课程的实验教材或学习参考书。

由于编者水平有限，书中难免存在不足或错误，敬请广大师生批评指正。

编写组

2003年10月

目　录

实验一　传输介质

1.1　实验目的

1. 了解在组网实践中都有哪些传输介质，它们各自的特点和应用的领域是什么，常用的是什么传输介质。

2. 了解针对不同的传输介质有哪些接头。

3. 掌握 RJ45 网线的制作。

1.2　实验要求

提供各种传输介质和接口的实物、斜口钳、剥线器、压线钳、测试器等，供学生观察；学生按照实验内容的要求制作 3 种类型的网线：

1. RJ45 交叉线，

2. RJ45 直连线，

3. 细同轴电缆。

对自己制作的线进行测试，如果发现网线不通，则需要分析其原因。

1.3　实验内容与步骤

1.3.1　制作 RJ45 直连线

这种网线经常用于计算机与 HUB 或 IP 共享器连接。

【步骤 1】 剥线：选择一条长度合适的双绞线（在本实验中我们推荐使用 EIA/TIA 568B 型无屏蔽双绞线），将线的两边外包的绝缘套管层剥掉，这时会露出 4 对（8 根）双绞细线，仔细观察这 8 根线的颜色，其颜色与线序的关系如表 1－1 所示：

表 1－1　EIA/TIA－568B 标准

	1	2	3	4	5	6	7	8
颜色	白橙	橙	白绿	蓝	白蓝	绿	白棕	棕

将 8 根细线分别剥出长 14mm ± 1mm 的铜线芯，然后按照白橙、橙、白绿、蓝、白蓝、绿、白棕、棕的顺序理好线，如图 1－1 所示。

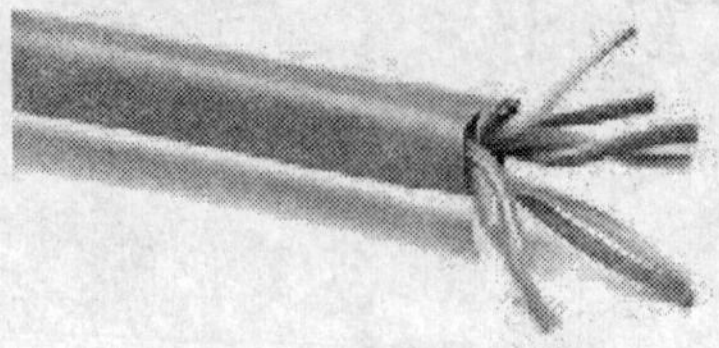

图 1－1　双绞线

【步骤 2】　观察水晶头：取一个新的 RJ45 连接器，即通常所说的水晶头，观察其外观。水晶头由包含金属触点的塑料体和塑料弹片两部分组成。塑料体内部有 8 个金属触点。一个新的水晶头，塑料弹片部分是张开的。双绞线与水晶头的连接是将 8 根铜线插入并与金属触点良好接触，同时将弹片压紧，以保证线不会脱出（塑料弹片压紧后就不能松开了，这个压紧动作是一次性的），如图 1－2 所示。

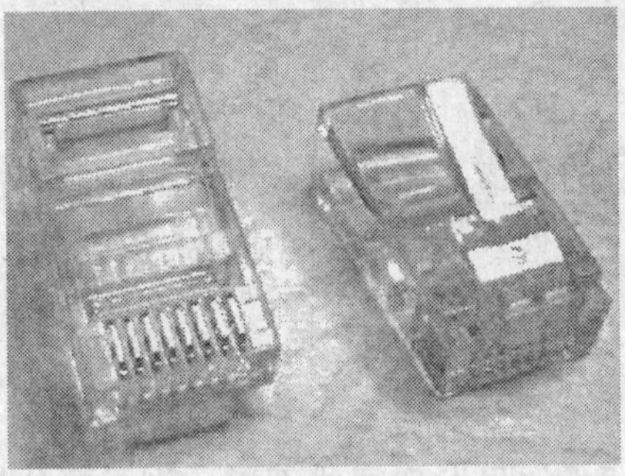

图 1－2　水晶头

【步骤 3】　连接水晶头：取一个水晶头，将塑料弹片的一侧朝下，有金属触点的一面朝向自己，可以看到，从左至右有从 1 至 8 的八个引脚。将前面理好的双绞线插入水晶头的线槽中。

【步骤 4】　压水晶头：将双绞线的铜线尽量向水晶头内部推，推紧后，将水晶头放到压线钳上，压下手柄，则可以看到水晶头的齿部上下啮合，此时，这一端的线就连好了。用同样的方法，将另一端的线接好。

注意：*如果不慎在铜线没有正确地插入水晶头时就压下了压线钳，就只能将做坏的线头整个剪掉，重新剥线，重新做。因此实际制作网线时，可以将线的长度适当加长，预留出一定的量。*

【步骤 5】　测线：将做好的网线两端分别插入测试器的两个 RJ45 测试端口，打开开关，如果显示灯闪烁，说明网线是通的，制作正确；否则，说明网线不通，需要重新制作。如图 1－3 所示为测线器和万用表，常用于网线的测试。

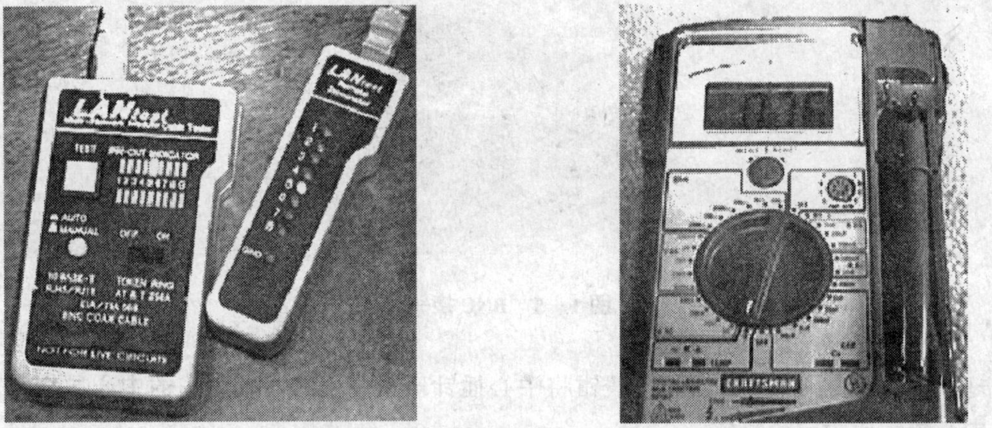

图 1-3　测线器和万用表

1.3.2　制作 RJ45 交叉线

这种网线经常用于两台计算机直接连接。

整个制作过程与 1.3.1 相同，只有插线的方法不同，如表 1-2 所示。

表 1-2　交叉网线连线方法

	1	2	3	4	5	6	7	8
一端线序	白橙	橙	白绿	蓝	白蓝	绿	白棕	棕
另一端线序	白绿	绿	白橙	蓝	白蓝	橙	白棕	棕

1.3.3　制作细同轴电缆网线

本实验需要的材料包括细同轴电缆、压线钳、剥线器、BNC 接头。

【步骤 1】　剥线：选择一条长度合适的细同轴电缆，将最外层的胶皮剥去 15 mm 左右，露出导电网，将导电网剥去，再剥去 7 mm 左右的绝缘体，露出中心的金属导线，如图 1-4 所示。

图 1-4　未连接 BNC 接头的细同轴电缆

【步骤 2】　观察 BNC 接头：一个 BNC 接头包括三个主要的部分，如图 1-5 所示从左到右依次为中心插针、屏蔽金属筒和接头体。在制线前，可以先将屏蔽金属筒与 BNC 接头分离，套在细同轴电缆上，并将中心插针取出，以便在下一步中安装到细同轴电缆上。

【步骤 3】　插入芯线插针：将前面已剥好的细同轴电缆的中心金属导线仔细插入中心插针尾部的小孔。

图 1－5　BNC 接头

【步骤 4】　压线：使用专门的压线钳将中心插针压紧，使细同轴电缆的中心导线与 BNC 接头的中心插针成为一个整体。

【步骤 5】　安装 BNC 接头：将第 4 步中制作好的线插入 BNC 接头体尾部的小孔中，使中心插针从前面探出，再将细同轴电缆上的金属筒向前推，此时，线的一端就做好了，如图 1－6 所示。使用同样的方法制作另外的一端。

图 1－6　连接 BNC 接头后的细同轴电缆

1.4　实验报告

1. 了解目前常用的传输介质，了解它们的使用场合，比较它们的优缺点。
2. 分析双绞线两种连接法的原理。
3. 如果网线经过测试发现是不通的，分析产生这种情况的原因。

1.5　相关知识

1.5.1　双 绞 线

1. 什么是双绞线

双绞线（TP，Twisted Pair）是目前在综合布线中应用极其广泛的一种传输介质。它由两根带有绝缘保护层的铜质导线互相缠绕而成，因此叫双绞线。双绞的目的是可以降低杂音和串音的干扰。一般目前所说的双绞线是在一个绝缘套管中集合 4 对共 8 根双绞线。双绞线虽然在传输的距离、信道宽度和传输速度上有很多的局限，但其价格低廉，因而应用领域较广。

2. 双绞线的种类

双绞线主要有屏蔽双绞线（STP：Shielded Twisted Pair）和非屏蔽双绞线（UTP：Unshielded Twisted Pair）两种。

屏蔽双绞线在线与外部绝缘体之间有一层铜网或金属层作为屏蔽，这样大大提高了抗干扰能力，但同时也使价格提高。如果是实际应用中的普通情况下，选择非屏蔽双绞线可能更合适。

非屏蔽双绞线由 4 对双绞的铜线组成，在线芯与外部塑料包皮之间没有绝缘物质包围。如果选择剥除一段非屏蔽双绞线外部的塑料包皮，则可以看到 8 个线芯，分别为 8 种颜色：白橙、橙、白绿、蓝、白蓝、绿、白棕、棕。在不同的双绞线标准下，线序会有所不同。

3. 双绞线的标准

目前公认的双绞线标准是 ANSI 的 EIA/TIA Category 系统。该系统将双绞线分为 6 类。其中 Category1，2 类用于低速通信和传输语音；Category6 用于千兆网络；Category3，4，5 使用比较广泛，其具体标准如表 1-3 所示。

表 1-3　EIA/TIA-568A 标准

	是否屏蔽	最大传输速度 Mb/s	应用领域
Category3	非屏蔽	16	10Base-4Mb/s TokenRing ISDN
Category4	非屏蔽	20	16Base-4Mb/s TokenRing
Category5	非屏蔽	100	100Base-T，TP-PMD

EIA/TIA-568A 标准与 EIA/TIA-568B 标准的线序有区别，如表 1-4 和表 1-5 所示。

表 1-4　EIA/TIA-568A 标准线序

	1	2	3	4	5	6	7	8
线序	白绿	绿	白橙	蓝	白蓝	橙	白棕	棕

表 1-5　EIA/TIA-568B 标准线序

	1	2	3	4	5	6	7	8
线序	白橙	橙	白绿	蓝	白蓝	绿	白棕	棕

4. 水晶头

RJ45 接头是连接双绞线和网卡或其它网络设备的接口，由于其主要材料是塑料，外观类似水晶，因此俗称水晶头。水晶头也有 T568A 和 T568B 两种类型，其 8 个金属触点对应管脚的线序与双绞线线序是相关的。

水晶头还有三叉式和双叉式之分。金属触点的镀层也不同，有薄有厚，选购时，应尽量挑选镀层厚的。

5. 制线工具

常用的制线工具有斜口钳、剥线器、压线器。在普通应用环境中，斜口钳可以用剪子替代。剥线器可以很快捷方便地将双绞线的外皮去掉，露出金属芯，这个工具也可以用剪子替代，但剪子使用不好的话，会破坏金属芯。压线器是不可替代的，网线的制作过程中必须经过水晶头压制这步工序。如图 1-7 所示为两种不同的压线钳。

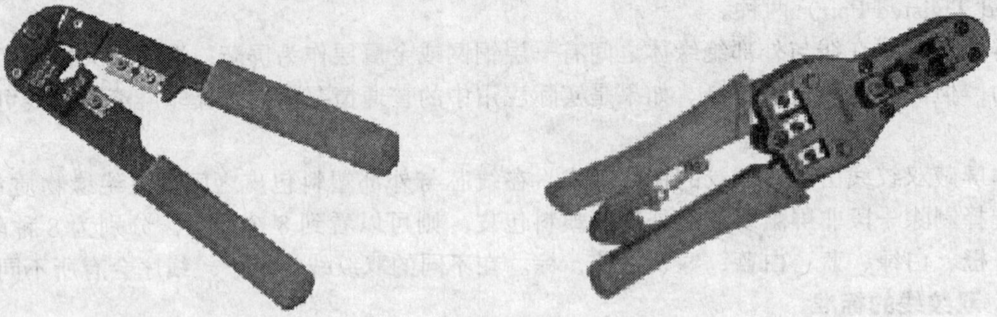

图 1-7 压线钳

6. 接线方法

在前面的实验步骤中有交叉和直连两种双绞线的接线方法。这两种接法针对两种不同的应用领域：一种是利用两台计算机的网卡直接连接，一种是通过集线器中转。图 1-8 和 1-9 解释了为什么会有这两种不同的接线方法。

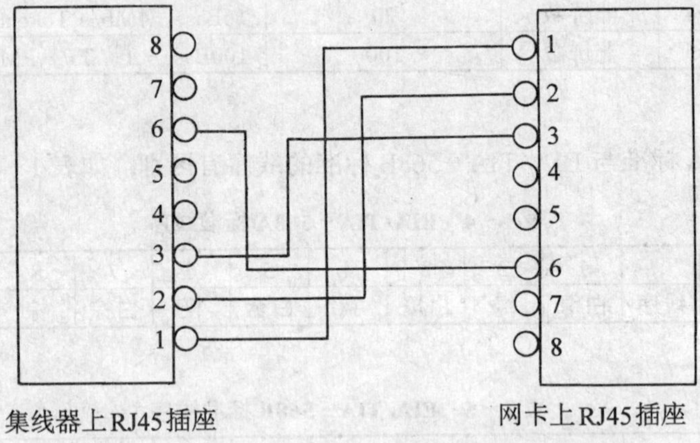

图 1-8 利用集线器实现计算机互连时的网线接法

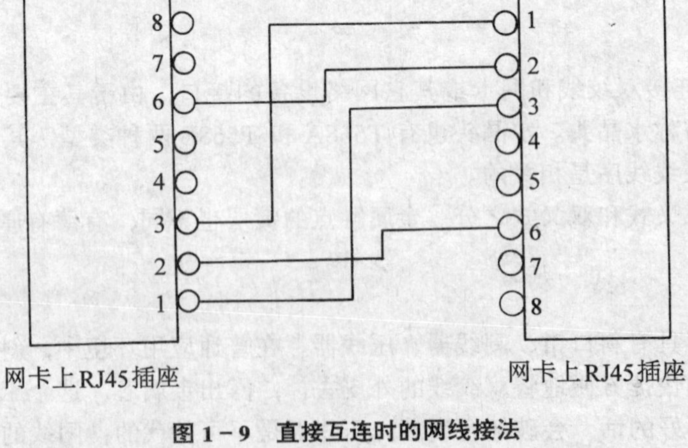

图 1-9 直接互连时的网线接法

在上述两种接线方法之外还有一种特殊接法，主要用于一些特殊的场合，例如与 HP HUB或D－link HUB之间的通信，特殊接线法线序如表1－6所示。

表1－6　特殊接线法线序

	1	2	3	4	5	6	7	8
HP HUB	蓝	白蓝	棕	橙	白棕	白棕	绿	白绿
D－link HUB	棕	白棕	蓝	橙	白橙	白蓝	绿	白绿

7．制作 RJ45 网线的常见错误

制作 RJ45 网线的常见错误包括开路、短路、反接、交叉和串绕。

其中反接是指一对线中的两根出现了交叉，如本来应该是1对应2，结果变成了1对应1。交叉是指在一条线的两端错误地使用了两种不同的标准，由此导致连线错误。串绕的情况比较特殊，正常情况下，双绞线使用1，2，3，6四根线，如果误用了1，2，3，4号线，利用测试仪也不会发现网线有问题，即使在组网中使用，也不会马上发现问题，但是，这种错误却可能导致“近端”串扰，造成网络时通时断，或者网速很慢，而且这种软故障检查起来比较困难。

1.5.2　同轴电缆

1．什么是同轴电缆？

同轴电缆一般由内、外两部分导体组成，这两个导体是同轴的。内导体一般是一根金属的导线，外导体是一个圆柱面。在内外导体之间有一些填充物，如图1－10所示。这种结构可以使外界的电磁场信号被有效地屏蔽掉。但是在制作导线的过程中，内导体与其它接头的连接相对复杂一些。

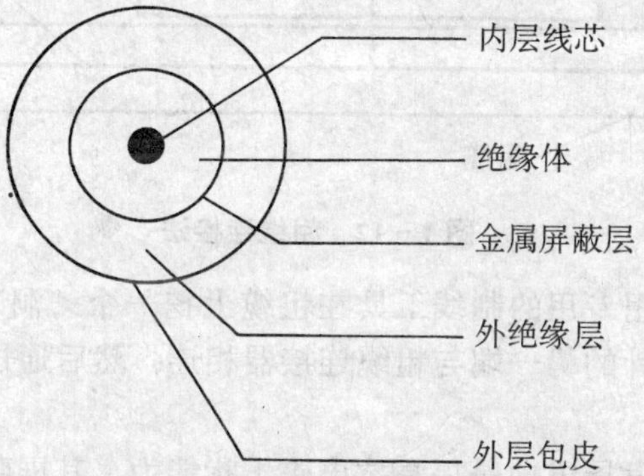

图1－10　同轴电缆结构示意图

2．同轴电缆的分类

同轴电缆有粗同轴电缆和细同轴电缆之分：粗同轴电缆简称粗缆；细同轴电缆又简称细缆。在早期的组网实践中，粗缆主要用于主干网的架设，细缆主要用于将工作站连接到LAN网络上。现在同轴电缆已经逐渐被光纤和双绞线替代。

(1) 粗同轴电缆

粗同轴电缆直径较粗，一般为0.4英寸（10.16 mm），如图1－11所示。它由多层材料包裹而成，由内至外分别是：

韧性铜线芯；

粘接膜；

聚乙烯绝缘体；

铝塑复合膜；

编织性外导体；

铝管外导体；

聚氯乙烯或聚乙烯外护套。

图 1－11　粗同轴电缆

由于粗同轴电缆较粗，所以比较难打弯，并且在连线过程中其接口需要与中间的韧性铜线芯接触，因此粗同轴电缆的接线过程比较复杂。其中一种接法是将粗缆与粗缆连接器相连，然后将粗缆连接器与计算机相连。其示意图如图 1－12 所示。

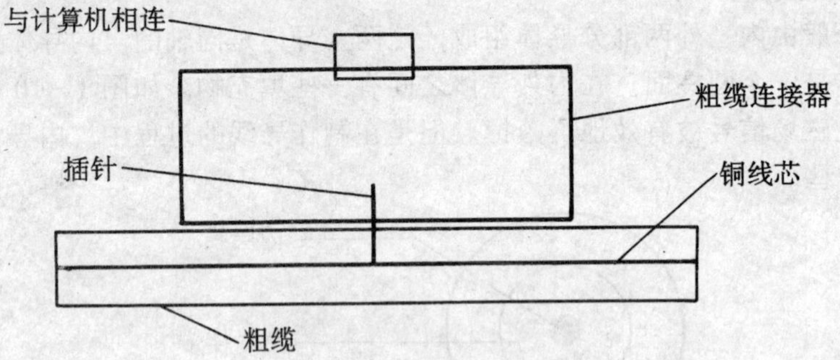

图 1－12　粗缆连接法

在这种接法中，需要用专用的制线工具在粗缆上挖一个“洞”，这个洞要直达韧性铜线芯，然后将插针插入，插针的另一端与粗缆连接器相连，然后通过粗缆连接器的接口与网卡相连。

目前，粗同轴电缆的发展方向是提高抗电磁干扰能力，其屏蔽层有三层、四层等多种类型。

(2) 细同轴电缆

细同轴电缆的直径小于粗同轴电缆，满足以太网规范中特性阻抗为 50Ω 的要求，通常所说的 10 Base2 就是使用细同轴电缆作为传输介质的，10 Base5 则使用粗同轴电缆作为传输介质。

一般情况下，细缆从内至外的材质为：铜质中心导线或敷铜薄膜的铝制中心导线；绝缘泡沫塑料；一层铜网；绝缘泡沫材料；PVC 或特氟纶套外层。

细同轴电缆需要与BNC接头相连，然后再与T型头相连，最后，通过T型头与计算机上的网卡连接。在两个终结点处还需要安装56Ω的端接器。

同轴电缆还可以分为50Ω基带同轴电缆和75Ω宽带同轴电缆两类。基带同轴电缆用于传输数字信号，宽带同轴电缆用于传输模拟信号。目前有线电视系统使用的就是宽带同轴电缆。

常见的制线工具包括压线钳（图1－13)、斜口钳、剥线器等。

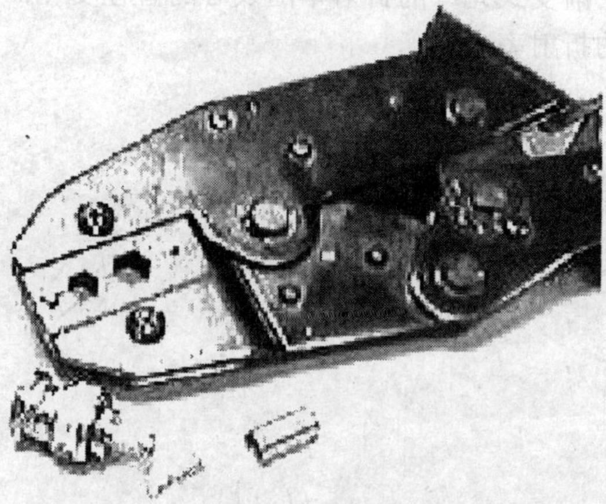

图1－13　同轴电缆压线钳

在实际工作中，也可以使用剪子代替剥线器剥线。

1.5.3　光　纤

1. 什么是光纤?

光纤主要由纤芯和外层的保护层构成。纤芯非常细，直径从8 μm到100 μm不等。光纤一般是成束的，外面包围着保护性的外套。数字、图像、语音等信号被调制在光载波上，通过光纤作为传输介质传播。光纤的两端通过无源接口或有源接口将光信号转化为电信号进入计算机设备中，再进入下一级网络中传输。

2. 光纤的主要特点

传输距离长：光纤的传输距离可以达到几百公里，这是双绞线和同轴电缆无法比拟的。它一般用作大型网络的骨干网传输介质，并且随着价格的下降，逐渐成为应用于中、小型网络中的传输介质。

频带宽，衰减小：光纤的传输率可达千兆，并且在相当长的距离内没有衰减。

良好的电磁绝缘性和抗化学腐蚀性：在光纤中传输的是光信号，不受电磁信号的干扰，本身也不向外辐射信号，因此也可满足安全方面的要求。

光纤的传输是单向的，双向传输需要使用双股光纤。

光纤不能拉太紧，不能折成直角。

3. 光纤的分类

按照传输点模数分类，光纤主要分为单模光纤和多模光纤：

单模光纤的纤芯直径小，传输的带宽宽，传输的容量大，价格相对高；

多模光纤的纤芯直径大，传输的带宽相对单模光纤窄，传输的容量相对单模光纤小，价格相对低。

按照折射率分布分类，光纤主要分为跳变式光纤和渐变式光纤。

跳变式光纤纤芯的折射率和保护层的折射率都是一个常数，在纤芯和保护层的交界面，折射率呈阶段梯型变化；渐变式光纤的折射率随线芯的直径变化而递减，在纤芯与保护层的交界面处减小为保护层的折射率。

实验二　网络设备

2.1　实验目的

了解各种常见的网络设备。

2.2　实验要求

提供网卡、集线器、中继器、路由器、交换机等常用网络设备供学生观察。

2.3　实验内容与步骤

2.3.1　网　卡

网卡（Network Interface Card），又称为网络适配器、网络接口卡，英文简称为 NIC。

网卡是安装在计算机上的适配器，它们提供对网络的连接点。每个 NIC 的设计都是为了一种特定的网络，例如以太网络、令牌环网络、FDDI、ARC NET 等等。它们和开放式系统互联（OSI）协议栈相应的物理层进行操作，并向特定的电缆提供一个连接点，如同轴电缆、双绞线、光纤电缆。无线局域网的 NIC 通过天线与一个基地站进行通信。

网卡的主要功能是数据转换、数据缓存、网络存取控制、装配与拆卸。

网卡是使用较早的、应用领域较多的一种网络设备，按照不同的方式有不同的分类。现在最常用的是 PCI 总线型、10M/100M 自适应网卡。网卡接口有 RJ45 口，BNC 口，或同时带有 RJ45 和 BNC 口。如图 2－1 所示，该网卡既可以通过双绞线与 RJ45 接口相连，也可以通过细同轴电缆与 BNC 接口相连。

图 2－1　常用网卡

网卡的首要性能指标就是它的速度，也就是它所能提供的带宽。现在 100Mbps 速度的网卡能够自动识别端口速度是 10Mbps 的还是 100Mbps 的，这种特性称为“10M/100M 自适应”。现在市场上大部分的网卡都是 10M/100M 自适应，PCI 总线型的。

随着移动技术的飞速发展，现在笔记本计算机应用越来越普及，PCMCIA 网卡是经常使用在笔记本计算机上的网卡，如图 2－2 所示。

图 2－2　笔记本网卡

购买网卡时要注意其性能指标。网卡的性能指标主要包括：适用的产品类型、是否支持 PCMCIA 标准、总线接口类型、是否全双工、传输速率、接口类型、网络标准、LED 指示灯数量、工作环境要求等。使用网卡的方法如下：

【步骤 1】　将网卡插入计算机的主板，插入网线，确保计算机联入网络。

【步骤 2】　当在计算机的主板上插好网卡后，打开计算机，系统会弹出一个“发现新硬件”的窗口，只要按照其中的提示，一步一步地操作，就可以完成网卡驱动程序的安装。如图 2－3 所示，选择“搜索比当前设备使用的驱动程序更好的驱动程序”，单击“下一步”按钮，进入下面的安装。

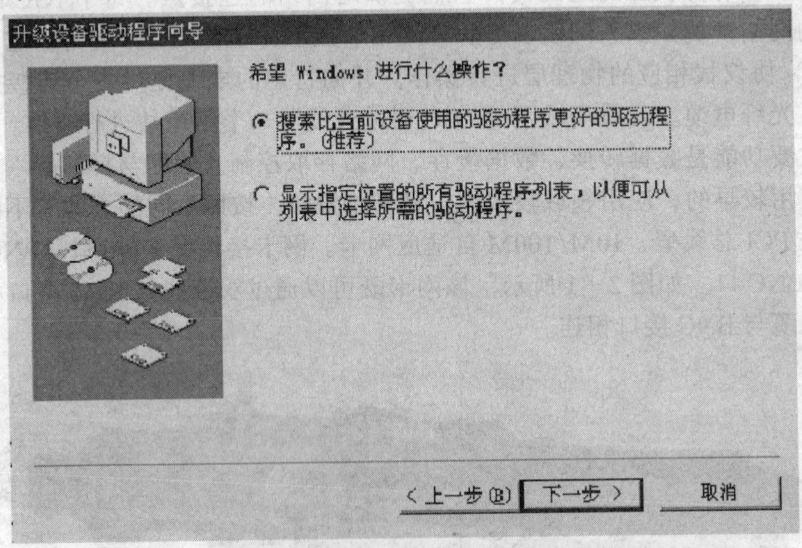

图 2－3　搜索驱动程序

【步骤 3】 将装有网卡驱动程序的软盘或光盘放入驱动器中，选择“指定位置”，并通过“浏览”按钮找到网卡驱动所在的位置，单击“下一步”按钮，进行安装。如图 2-4 所示。

【步骤 4】 单击“下一步”按钮，安装相应的驱动。

【步骤 5】 如图 2-5 所示，网卡已经安装好了，单击“完成”，就可以使用了。

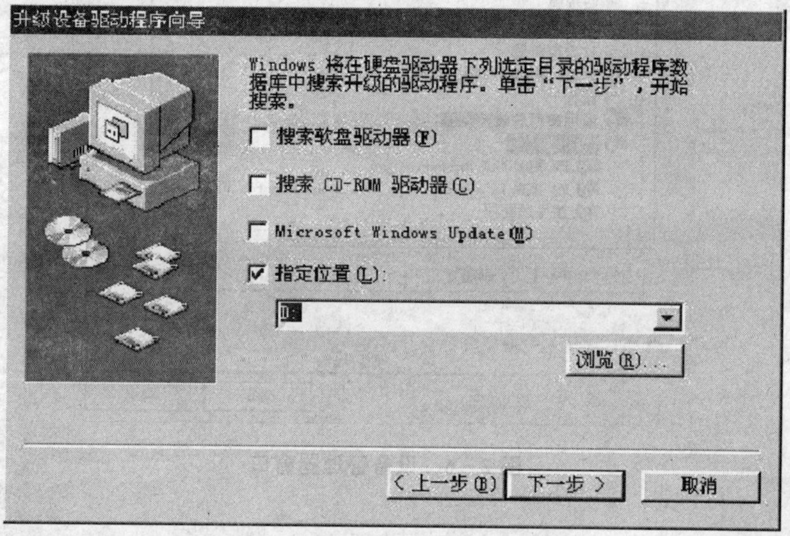

图 2-4 确定网卡驱动程序的位置

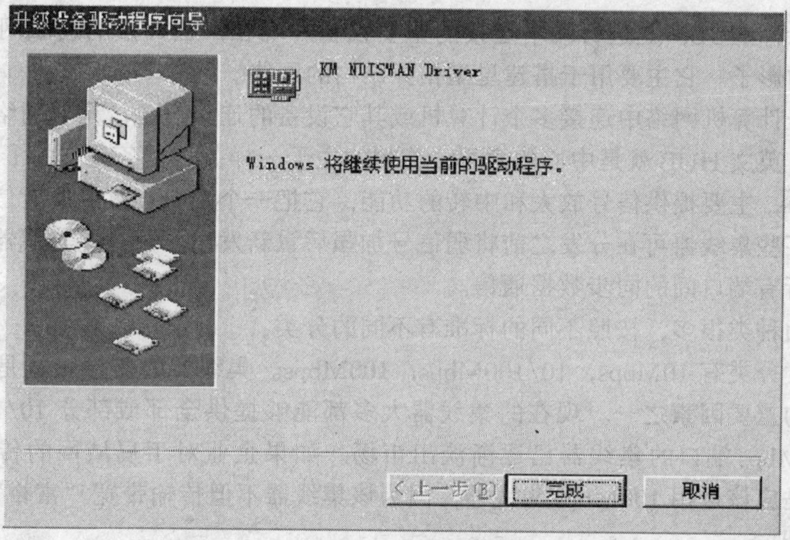

图 2-5 网卡驱动程序安装结束

如果是 Windows XP 或 Windows 2000，系统还会自动识别很多类型的网卡，不需要用户手动安装网卡驱动。

【步骤 6】 分别观察网络连通和不连通时网卡的指示灯状态。

【步骤 7】 通过控制面板中的“设备管理器”窗口下的“网络适配器”，如图 2-6 所示，可以查看当前计算机安装了哪些网卡驱动，以及这些设备是否正常工作。

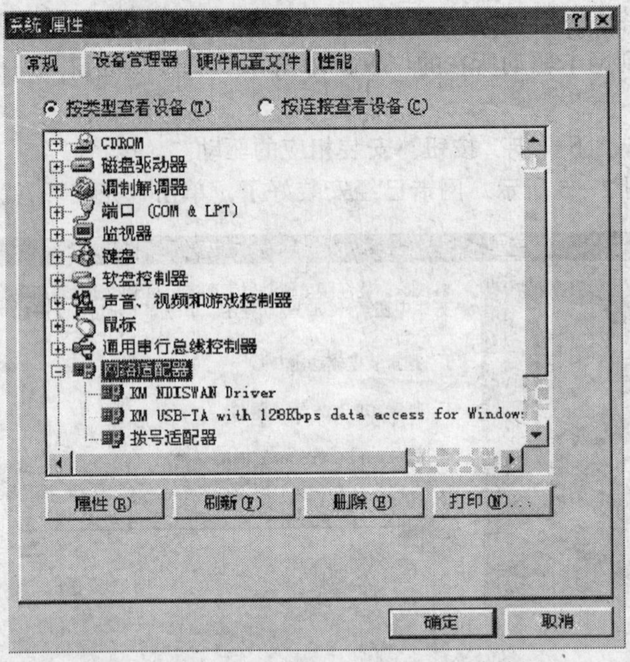

图 2-6 设备管理器窗口

2.3.2 观察集线器

集线器又称 HUB，是进行网络连接的重要设备。现在，在大量的局域网环境中都可以见到集线器的影子。它主要用于搭建星型拓扑结构的网络。

集线器是计算机网络中连接多个计算机或其它设备的连接设备，是对网络进行集中管理的最小单元。英文 HUB 就是中心的意思，像树的主干一样，它是各分支的汇集点。HUB 是一个共享设备，主要提供信号放大和中转的功能，它把一个端口接收的所有信号向所有端口分发出去。某些集线器可在分发之前将弱信号加强后重新发出，另一些集线器则排列信号的时序以提供所有端口间的同步数据通信。

集线器的种类很多，按照不同的标准有不同的分类：

按照速度分类有 10Mbps，10/100Mbps，100Mbps。集线器的传输带宽是决定企业内部网传输性能的重要因素之一。现在的集线器大多都能够提供全部或部分 10/100Mbps 端口，单纯提供 10Mbps 端口的集线器已逐渐淡出市场。如果企业对于局域网的传输速度要求较高，那么还是应该选用 100Mbps 集线器，因为该集线器不但传输带宽“富裕”，而且它的价格已经非常低。

按照端口数分类有 8 口，12 口、16 口，24 口、48 口等多种，而且不同的端口数在价格上也有一定的差别。从节约成本的角度来看，选择合适端口数的集线器是一个不可忽视的环节。

按照配置方式分类有独立式集线器，模块化集线器，可堆叠式集线器等。其中模块化集线器是目前大多数局域网系统首选的集线器类型，因为该集线器配有机架或卡箱，带多个卡槽，每个槽可放一块通信卡，每个卡的作用就相当于一个独立型集线器，这样方便用户的扩充和管理。如果需要组建的网络规模较小的话，可以选择使用独立型集线器，因为该集线器不但价格便宜，而且不需要什么特殊的管理，使用时只要在每个集线器上的独立端口之间用双绞线把它们连接起来就可以了。至于堆叠式集线器，主要是为了适应将来局域网规模拓展需要的，这类集线器相互之间可以“堆叠”或者用短的电缆线连在一起，其外形和功能均和独立型集线器相似。当它们连接在一起时，其作用就相当于一个模块化集线器，可以当作一个单元设备来进行管理。在堆叠中使用的一个可管理集线器提供了对此堆叠中其它集线器的管理。

如图 2－7 所示为不同端口数、不同类型的集线器。

图 2－7　不同类型的集线器

【实验步骤】

利用集线器将几台计算机连接在一起，观察集线器的工作情况。

观察堆叠式集线器的连线方法。

2.3.3　路 由 器

路由器是一种连接多个网络或网段的网络设备，它的主要作用是将不同网络或网段之间的数据信息进行“翻译”，以使它们能够相互“读”懂对方的数据，从而构成一个大的网络环境。路由器工作在网络层。

路由器的作用包括：

1. 有效地将信息包从一个网络传输到另一个网络，减少过度的流量；
2. 连接相邻较近的或较远的网络；
3. 连接截然不同的网络；
4. 防止网络瓶颈；
5. 保护网络不被非法入侵。

路由器具有路由功能，当需要通信的工作站位于不同的局域网，并且彼此之间存在多条通路，路由器则可以根据网络上的状况自动地选择传输效率高的路径。这些工作还需要一系列的路由协议支持，如 RIP 协议，OSPF 协议，EIGRP 协议，Ipv6 协议等。

因为应用环境的不同，用户实际使用情况也有所差异，因此路由器分为接入级、企业级和骨干级，分别对应于低中高端产品。一般来说，低端接入级路由器主要适用于分级系统中最低一级的应用，或者中小企业的应用，其产品多是固定配置的，或者选用模块化的路由器，具体选用何种类型应该根据实际的需求来决定，需要考虑的一个主要因素是端口数量，另外还要看包交换能力。中端企业级路由器主要适用于大中型企业和 Internet 服务供应商，或者分级系统中的中级系统，比如市级网点的应用，产品选用的原则也是考虑端口支持能力和包交换能力。相比之下，高端路由器主要是应用在核心和骨干网络上的，一般是提供千兆能力的产品，端口密度要求极高。

目前在购买路由器时，还可以按照固定配置路由器、接入路由器、宽带路由器和模块化路由器来分类。

如图 2－8 所示为不同类型的路由器。

接入路由器

模块化路由器

图 2－8　不同类型的路由器

关于路由器的配置，在实验九中有专门的介绍。

【实验步骤】　观察路由器工作状态。

2.3.4　交换机

交换机是 20 世纪 90 年代开始兴起并逐渐被广泛应用的网络设备。交换机是一个具有简化、低价、高性能和高端口密集特点的交换产品，工作在数据链路层。与桥接器一样，交换机按每一个包中的 MAC 地址相对简单的决策信息进行转发。而这种转发决策一般不考虑包中隐藏的更深的其它信息。与桥接器不同的是交换机转发延迟很小，操作接近单个局域网性能，远远超过了普通桥接互联网络之间的转发性能。

交换技术允许共享型和专用型的局域网段进行带宽调整，以减轻局域网之间信息流通出现的瓶颈问题。现在已有以太网、快速以太网、FDDI 和 ATM 技术的交换产品。

局域网交换机根据使用的网络技术可以分为：以太网交换机，令牌环交换机，FDDI 交换机，ATM交换机，快速以太网交换机等。如果按交换机应用领域来划分可分为：台式交换机，工作组交换机，主干交换机，企业交换机，分段交换机，端口交换机，网络交换机等。

在选择交换机时要注意以下事项：(1) 交换端口的数量；(2) 交换端口的类型；(3) 系统的扩充能力；(4) 主干线连接手段；(5) 交换机总交换能力；(6) 是否需要路由选择能力；(7) 是否需要热切换能力；(8) 是否需要容错能力；(9) 能否与现有设备兼容，顺利衔接；(10) 网络管理能力。

交换机应用中有两个值得注意的问题：

1. 交换机网络中的瓶颈问题

交换机本身的处理速度可以达到很高，但连接入网的工作站或服务器使用的网络是以太网，它遵循CSMA/CD介质访问规则。在当前的客户/服务器模式的网络中多台工作站会同时访问服务器，因此非常容易形成服务器瓶颈。考虑到这一点，在交换机中设计了一个或多个高速端口（如3COM的Linkswitch1000可以配置一个或两个100Mbps端口），方便用户连接服务器或高速主干网。用户也可以通过设计多台服务器（进行业务划分）或追加多个网卡来消除瓶颈。

2. 网络中的广播帧

目前广泛使用的网络操作系统有Windows，Linux等，而LAN Server的服务器是通过发送网络广播帧来向客户机提供服务的。这类局域网中广播包的存在会大大降低交换机的效率，这时可以利用交换机的虚拟网（VLAN）功能将广播包限制在一定范围内。

如图2-9所示为不同类型的交换机。

关于交换机的配置在实验七中有专门的介绍。

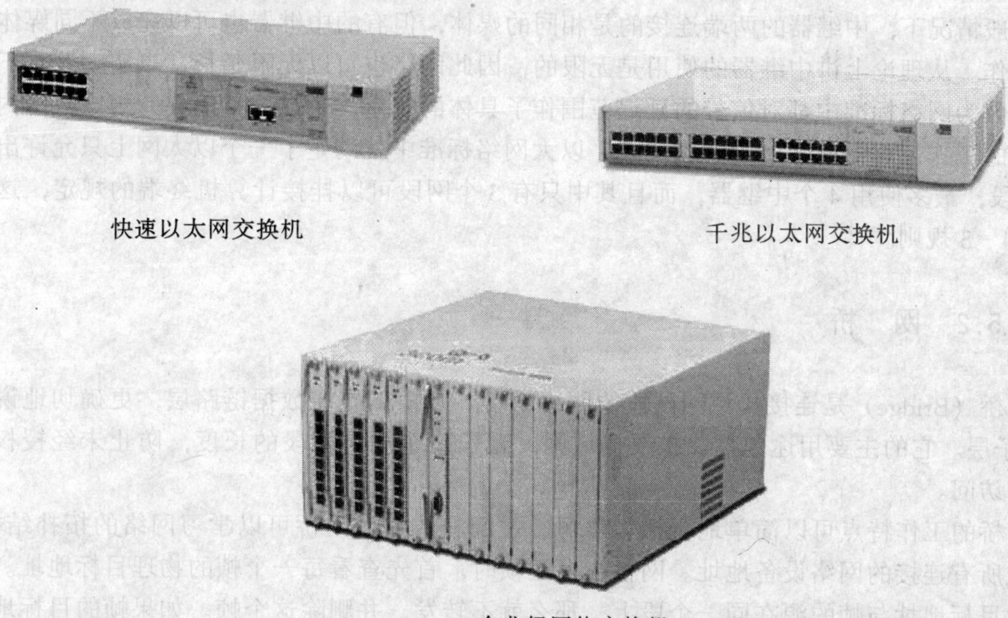

快速以太网交换机　　千兆以太网交换机

企业级网络交换机

图2-9　不同类型的交换机

【实验步骤】 观察交换机工作状态。

2.4 实验报告

1. 根据组网的要求，并通过市场调研，提出一个购买集线器的规格说明书。
2. 路由器与交换机有何区别？
3. 比较各种网络设备的特点。

2.5 相关知识

2.5.1 中 继 器

中继器（RP：repeater）是连接网络线路的一种装置，常用于两个网络节点之间物理信号的双向转发工作。中继器是最简单的网络互联设备，主要完成物理层的功能，负责在两个节点的物理层上按位传递信息，完成信号的复制、调整和放大功能，以此来延长网络的长度。

由于存在损耗，在线路上传输的信号功率会逐渐衰减，衰减到一定程度时将造成信号失真，因此会导致接收错误，中继器就是为解决这一问题而设计的。它完成物理线路的连接，对衰减的信号进行放大，保持与原数据相同。

一般情况下，中继器的两端连接的是相同的媒体，但有的中继器也可以完成不同媒体的转接工作。从理论上讲中继器的使用是无限的，因此网络也可以无限延长。事实上这是不可能的，因为网络标准中都对信号的延迟范围作了具体的规定，中继器只能在此规定范围内进行有效的工作，否则就会引起网络故障。以太网络标准中就约定了一个以太网上只允许出现5个网段，最多使用4个中继器，而且其中只有3个网段可以挂接计算机终端的规定，这就是5－4－3规则。

2.5.2 网 桥

网桥（Bridge）是连接局域网网段的网络设备。网桥工作在数据链路层，更确切地说是MAC子层。它的主要用途包括：扩展局域网，延长一个局域网段的长度，防止未经授权的局域网访问。

网桥的工作特点可以简单地概括为学习、过滤和转发。网桥可以学习网络的拓扑结构，并记住所有连接的网络设备地址。网桥在发送帧时，首先查看每一个帧的物理目标地址。如果帧的目标地址与帧的源在同一个段上，那么就不转发，并删除这个帧。如果帧的目标地址在另一个段上，那么就将帧转发到相应的段。

网桥的优点是可以限制一定网段上的信息流量，可以用作防火墙，防止网络黑客侵入。

实验三　对等网连接

3.1　实验目的

1. 掌握对等网的安装技术。
2. 掌握如何安装协议，如何在对等网的环境中设置共享目录。

3.2　实验要求

提供直连型和交叉型两种连线方法的双绞线，集线器，台式个人计算机。搭建对等网络环境。以 Windows 98 为例，安装有关协议，并将计算机的文件夹设置为共享，允许其它计算机使用其中的资源。练习不同共享权限的设置。

3.3　实验内容与步骤

【步骤 1】　利用交叉型连线法的双绞线将两台计算机直接相连。

【步骤 2】　通过集线器，利用直连型连线法的双绞线将两台计算机连接。

【步骤 3】　安装协议。将两台计算机用双绞线连接之后，只是进行了硬件上的连接，还要进行有关协议的安装。

在桌面选择“网上邻居”图标，点击鼠标右键，在弹出的菜单中选择“属性”，弹出如图 3－1 所示的界面。

【步骤 4】　点击“添加”按钮，在弹出的如图 3－2 所示的界面中，选择“协议”。

【步骤 5】　在弹出的如图 3－3 所示的界面中左侧选择 Microsoft，右侧选择“TCP/IP”协议及“IPX/SPX”协议。

【步骤 6】　点击“确定”按钮之后，开始安装。

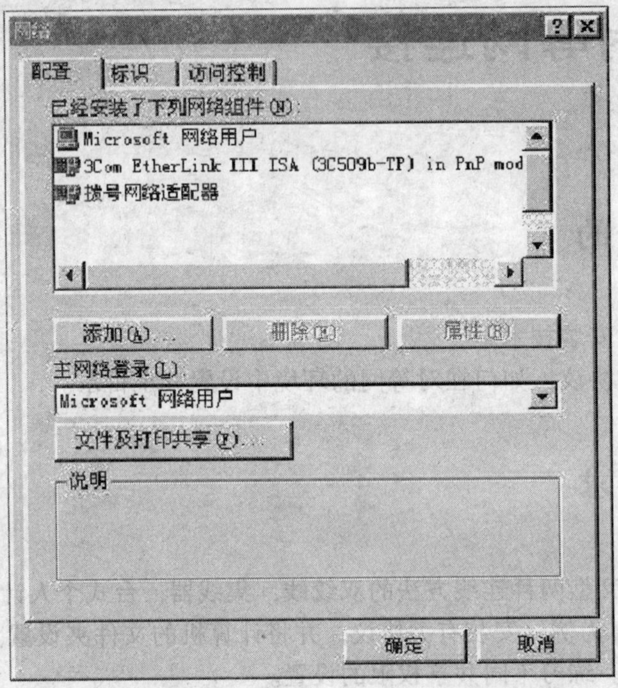

图 3－1　网上邻居属性设置界面

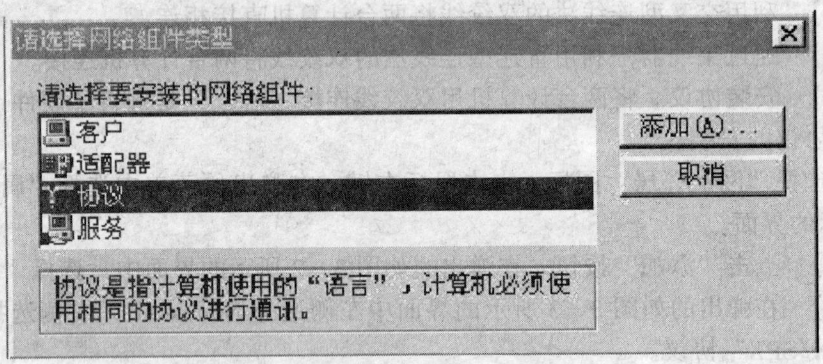

图 3－2　添加协议界面

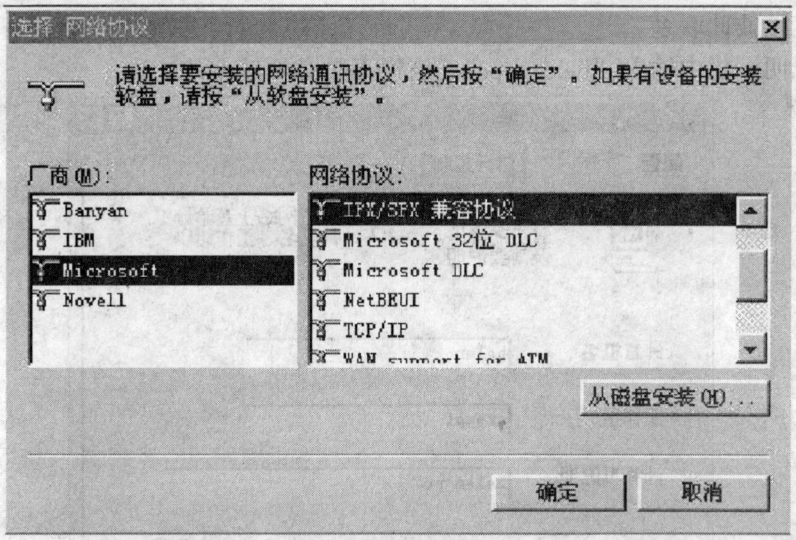

图 3-3　选择协议

【步骤 7】　在“网络”对话框中，可以看到增加了刚才选择的几种网络协议，选择其中的“TCP/IP”协议，设置其中的 IP 地址和子网掩码，如图 3-4 所示。

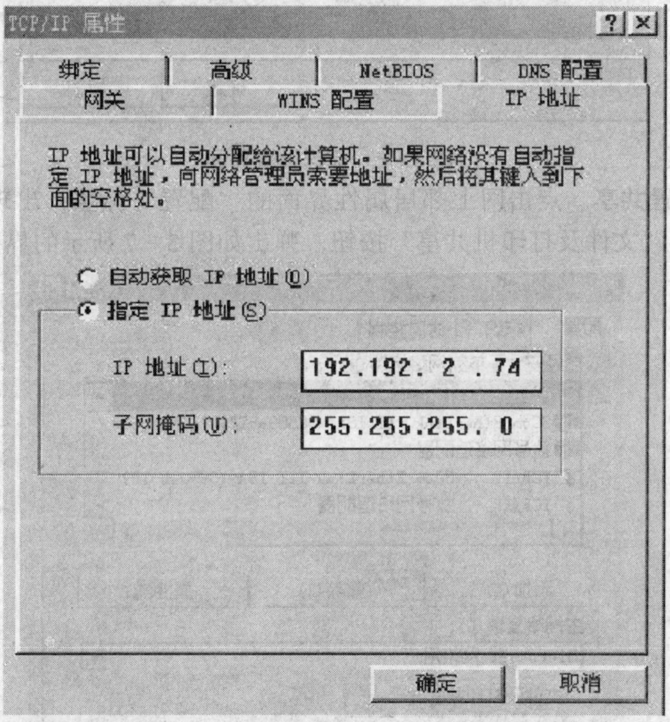

图 3-4　设置 IP 地址和子网掩码

【步骤 8】　设置标识。点击网上邻居属性界面的“标识”标签，出现如图 3-5 所示的界面。在计算机名一栏中输入当前计算机的名称，本例使用“helen”，这个名字就是将来通过网络查看到的当前这台计算机的名字。

工作组一栏中输入“group1”，在一个网段上可以有很多的工作组，同一个工作组中的计算机可以直接彼此联系。

计算机说明一栏中输入“helen _ pc”，该栏不是必须输入的。

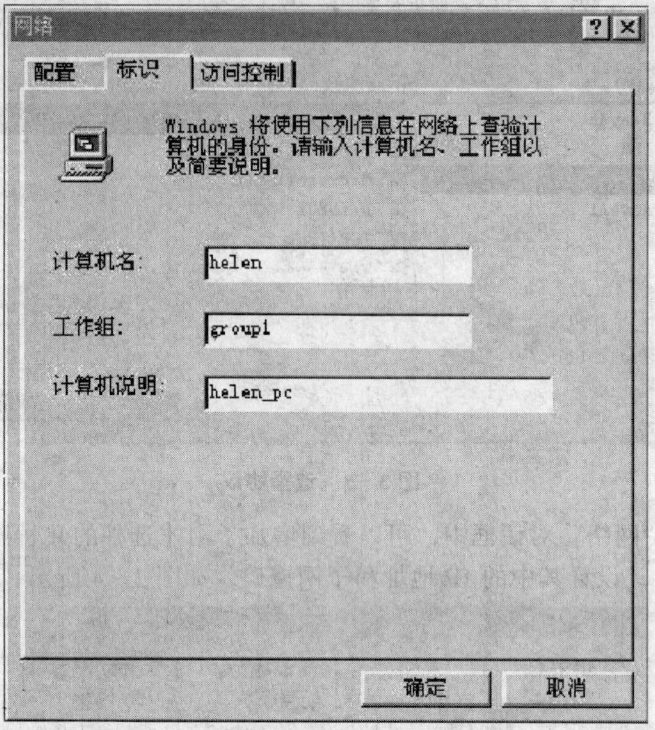

图 3-5 标识设置界面

【步骤 9】 设置共享。点击网上邻居属性界面的“配置”标签，出现如图 3-6 所示的界面，点击左下的“文件及打印机共享”按钮，弹出如图 3-7 所示的界面。

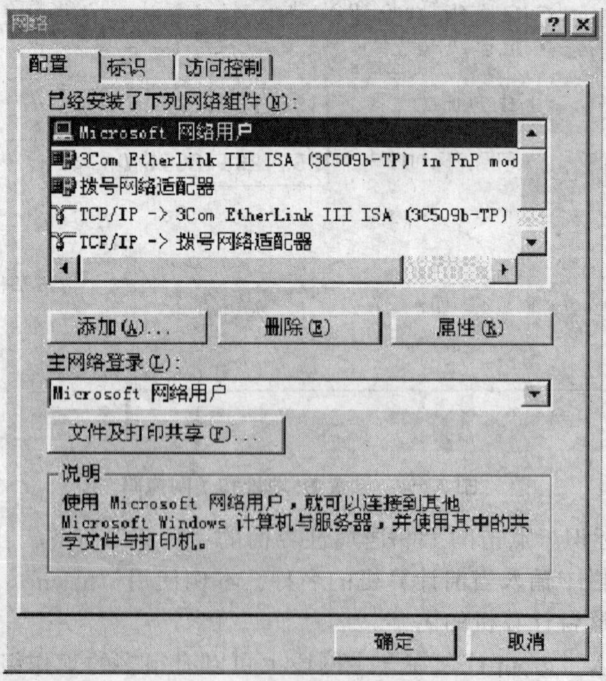

图 3-6 进行共享设置

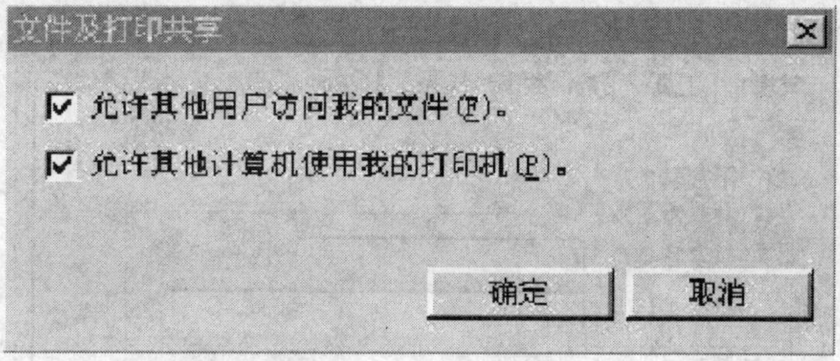

图 3-7　文件及打印机共享设置

将其中的两个选项前面的对勾选中，表示允许其它的计算机访问本机和本机的打印机资源。

【步骤 10】　设置共享文件夹。在浏览器中，选择某个盘符，本例中用 F 盘，点击右键，弹出如图 3-8 所示的界面。

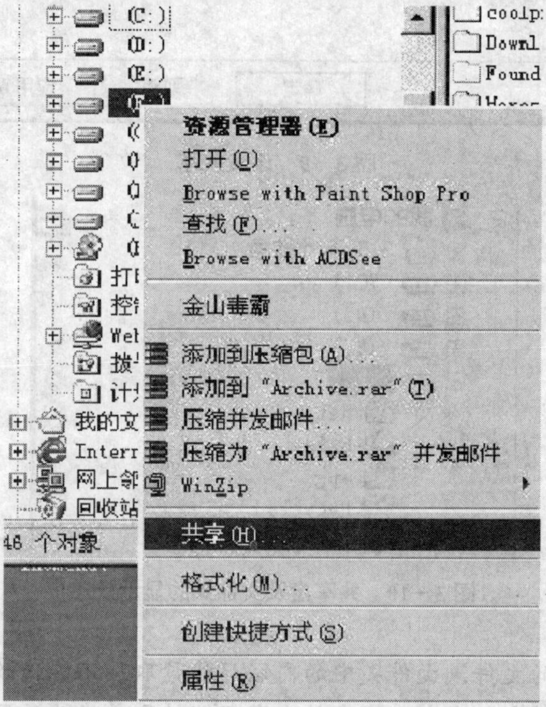

图 3-8　将盘设置为共享

选择“共享”一项，弹出如图 3-9 所示的界面，确定只读共享。

注意：只有前面的工作都正确完成之后，共享选项才会出现，否则是看不到这个选项的。

不仅对盘可以共享，还可以对文件夹做共享设置，但是不能对文件进行共享设置。共享后的对象下边有一个“小手”标识，如图 3-10 所示，其中 F 盘及 helen 文件夹是共享的。

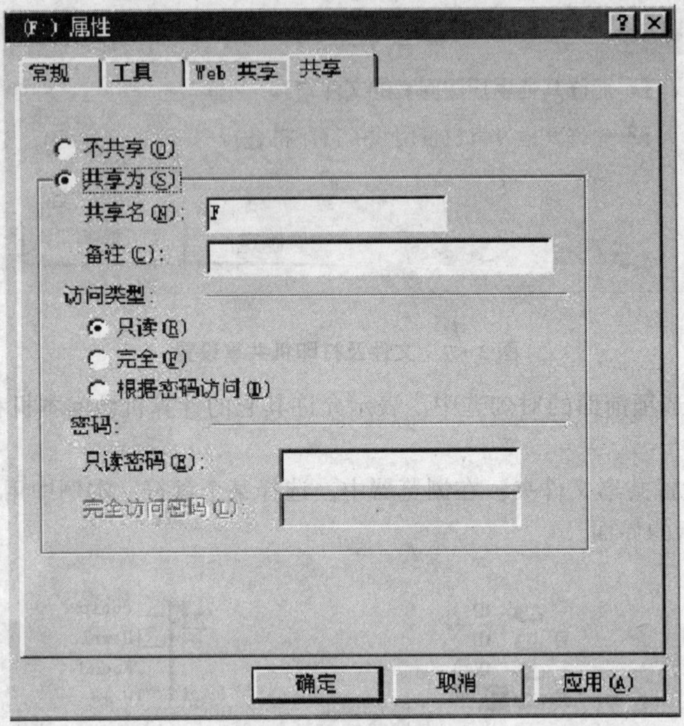

图 3-9　设置共享

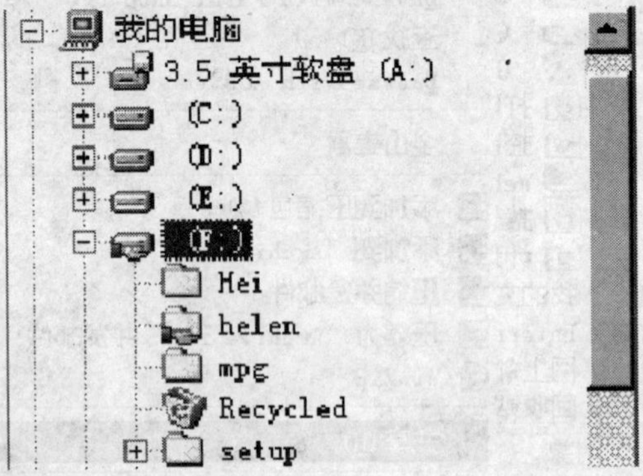

图 3-10　共享盘及文件夹的显示状态

相关知识

只读共享：对其中的文件或文件夹中的内容只能读取，不能修改及删除。

完全共享：对其中的文件或文件夹中的内容可以读取、修改及删除。

根据密码访问：根据不同的密码决定对文件或文件夹中的内容是只读共享还是完全共享。

密码：可以为各种不同类型的共享设置密码。当其它计算机访问本机资源时，需要输入这个密码，否则对方就不能访问设置了共享的计算机。

【步骤 11】　两台机器都做了上面的设置之后，可以通过浏览器的网上邻居选项查找对方的计算机，并实现资源的共享。

【步骤 12】　测试一台计算机是否连通，还可以使用 ping 指令。在桌面上，单击“开始”

按钮，选择其中的“运行”，在输入框中输入“ping 192.192.2.74”，单击“确定”按钮，如图 3-11 所示。

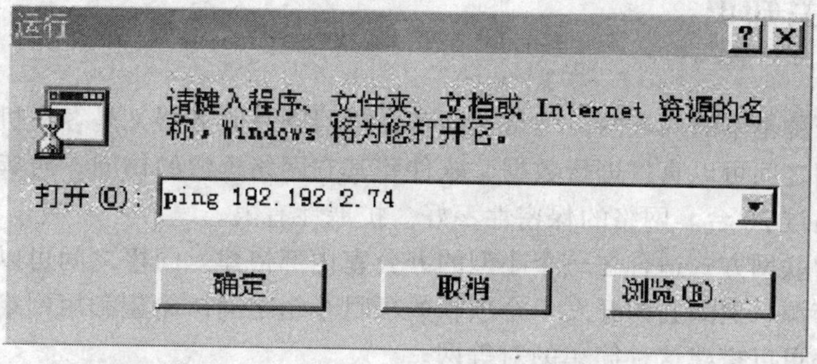

图 3-11　使用 ping 指令测试连同性

如果在 DOS 窗口中出现：

Pinging 192.192.2.74 with 32 bytes of data：

Reply from 192.192.2.74 bytes=32 time<10ms TTL=128

Reply from 192.192.2.74 bytes=32 time<10ms TTL=128

Reply from 192.192.2.74 bytes=32 time<10ms TTL=128

Reply from 192.192.2.74 bytes=32 time<10ms TTL=128

Ping statistics for 192.192.2.74：

　Packets：Sent=4，Received=4，Lost=0 <0% loss>，

Approximate round trip times in milli-seconds：

　Minimum=oms，Maximum=0ms，Average=0ms

则表示计算机成功连通，如果出现下列信息：

Pinging 192.192.2.74 with 32 bytes of data：

Destination host unreachable.

Destination host unreachable.

Destination host unreachable.

Destination host unreachable.

Ping statistics for 192.192.2.74：

　Packets：Sent=4，Received=0，Lost=4 <100% loss>，

Approximate round trip times in milli-seconds：

　Minimum=oms，Maximum=0ms，Average=0ms

则表示计算机连通失败。

3.4　实验报告

1. 举例说明组件对等网所需的硬件设备。
2. 举例说明组件局域网需要进行哪些软件设置。
3. 分析哪些因素会导致对等网中计算机之间无法进行信息的共享。

3.5 相关知识

对等网是一种基本的局域网，网络上的各台机器既是服务器又是客户机，它们彼此之间是平等的，互相之间可以直接进行数据、软件和其它网络资源的访问。对等网中的机器数量较少，一般不超过 20 台。网络的保密性不好，扩展性有限。

这种形式的联网方式适合在一个小型的办公室内部搭建。同事之间可以方便地彼此访问和共享计算机资源。例如共同开发一个项目的项目小组之间，希望利用网络共同进行网络游戏的玩伴之间都可以搭建这种简单的对等网。

实验四　Windows 2000 Server 安装与应用

4.1　实验目的

1. 熟悉 Windows 2000 网络操作系统安装配置。
2. 了解网络操作系统的网络配置及应用服务。

4.2　实验要求

系统和硬件设备要求：

为了保证系统的性能良好，安装 Windows 2000 Server 的计算机应符合下列要求：

1. 133-MHz Pentium 或更快的中央处理单元（CPU）。每台计算机最多支持四个 CPU。
2. 建议最少 256 MB RAM（最小支持 64 MB，最大支持 4 GB）。
3. 硬盘分区必须具有足够的可用空间以满足安装过程。需要的最少空间大约为 1 GB。可能会需要更大的空间。

学生完成以下实验内容：

1. 掌握 Windows 2000 Server 的安装配置。
2. 熟练使用 Windows 2000 Server 的网络服务功能。

4.3　实验内容与步骤

4.3.1　安装中文版 Windows 2000 Server

1. 安装服务器

对于不同的环境，用户可以利用不同的方式启动 Windows 2000 Server 安装程序，可以选择升级安装或全新安装。

下面通过从光盘启动计算机安装一个全新的 Windows 2000 Server。

【步骤 1】　将 Windows 2000 Server 安装光盘放入光驱，并引导。

【步骤 2】　阅读许可协议，并按“F8”键接受。

【步骤 3】　Windows 2000 Server 选择或创建一个分区。

在系统复制完安装文件并重新启动后，出现一个对话框要求创建或指定一个用于安装 Windows 2000 Server 的磁盘分区，用户可以在磁盘中未分区的可用空间上创建分区，也可以指定一个现有的分区，还可以删除一个或几个现有的分区然后创建一个新的分区。由于安装 Windows 2000 Server 的文件需要至少 1 GB 的可用磁盘空间，所以建议要创建或指定的分区大小应大于最小需求，一般分区的大小为 2 GB～4 GB 就可以了。

【步骤 4】 为分区选择文件格式，并按“Enter”键开始格式化分区。

可以选择 NTFS，它是推荐的 Windows 2000 文件系统。格式化完成后，安装程序开始文件拷贝。

【步骤 5】 选择区域设置。

在“地区设置”对话框中，按照系统的提示设置自定义语言、选择正确的时间区域和辅助功能设置。可将 Windows 2000 设置为使用多种语言和地区选项。

【步骤 6】 设置个人化软件。

在“个人化软件”对话框，键入用户的姓名，还可键入单位（可选）。

【步骤 7】 输入产品 ID 序列号。

【步骤 8】 为服务器选择授权方式。

在“授权模式”对话框，选择客户端的授权模式，可以是“每客户”或“每服务器”方式。对于新的安装，系统要求用户选择客户端的授权模式，如果用户无法确定授权方式，则选择“每服务器”方式，因为用户可以随时将“每服务器”方式转换为“每客户”方式，但注意只能进行一次转换，且这种转换是不可逆的。

【步骤 9】 输入计算机名称。

计算机名的最大长度为 63 个字节。如果名称超过 15 个字节（大多数语言是 15 个字符，有些语言是 7 个字符），在使用 Windows 2000 以前的计算机只靠该名称的前 15 个字符来识别此计算机。此外，对于长于 15 个字节的名称，需要额外的配置步骤。建议在计算机名中只使用 Internet 标准的字符。这些标准字符包括数字 0 到 9，A 到 Z 的大写字母和小写字母以及连字符（-）。

如果此计算机是某个域的一部分，则选择的计算机名必须不同于域内的其它任何计算机。如果此计算机是某个域的一部分，且包含多个操作系统，那么每个操作系统使用的计算机名必须各不相同。

【步骤 10】 设置管理员账户密码。

在“管理员密码”对话框中，键入最多不超过 127 个英文字符的密码。为了具有最高的系统安全性，密码至少要 7 个字符（非强制性），并应采用大写字母、小写字母和数字以及其它字符（例如 *，? 或 $）的混合形式。在“确认密码”对话框中，再次键入密码。

由于管理员账户在 Windows 2000 中的特殊性，出于对系统安全性的考虑，用户要格外重视这个账户。安装程序在计算机上创建了一个称作 Administrator 的用户账户，它具有管理计算机全部配置的管理权限。管理这台计算机的人员一般使用此 Administrator 账户。出于安全考虑，建议为 Administrator 账户指定密码。将“管理员密码”设置为空，表明该账户没有密码。在“确认密码”框内输入的密码必须与“管理员密码”中输入的密码完全一致。一定要谨记并保护好用户的密码。在安装完成之后，为了获得最好的安全性，要更改 Administrator 账户名（但不能删除它）并始终为该账户设置一个安全性高的密码。

【步骤 11】 选择 Windows 2000 组件。

在“Windows 2000 组件”对话框中，选择系统运行所需组件。对于 TCP/IP 网络用户通常需要的组件包括 DHCP，DNS 和 WINS。要选取这些组件，可在安装过程中，在“Windows 2000 组件”对话框内，选择“网络服务”，并单击“详细资料”，然后选择所需的一个或多个组件。

如果在完成安装后，确定还需要其它组件，可以在以后添加这些必要的组件。要这样做，请在运行完安装程序之后，单击“开始”，指向“设置”，然后单击“控制面板”，在控制面板上，双击“添加/删除程序”。在添加/删除程序中，单击“添加/删除 Windows 组件”。

【步骤 12】 设置日期和时间。

在“日期和时间设置”对话框中设置正确日期、时间和时区。如果想让系统自动调整夏时制，请选中“根据夏时制自动调整时钟”复选框。

【步骤 13】 设置网络选项。

如果允许 Windows 2000 安装程序分配或获取 IP 地址，则在“网络设置”对话框中，单击“典型设置”。Windows 2000 安装程序将检查域中是否有 DHCP 服务器。如果域内有 DHCP 服务器，则该服务器会提供 IP 地址。如果域内没有 DHCP 服务器，自动专用 IP 寻址功能会自动为这台计算机分配一个 IP 地址。

如果希望为计算机指定静态 IP 地址及 DNS 和 WINS 的设置则执行以下步骤，如图 4－1 所示。

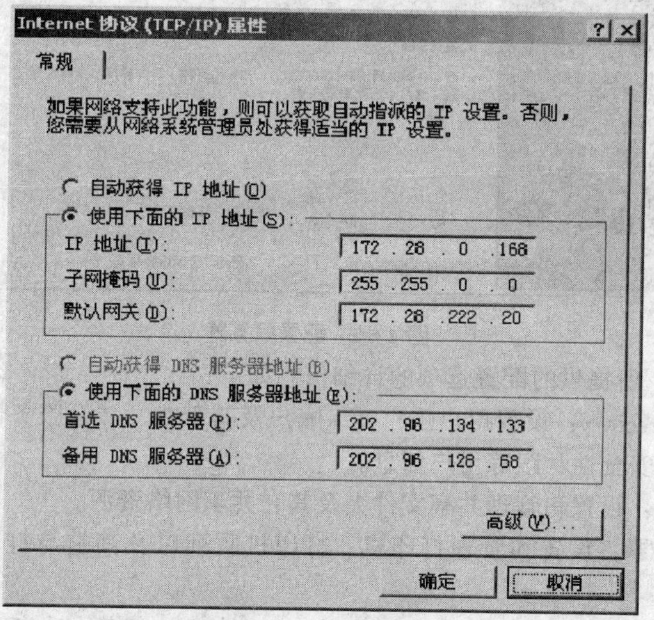

图 4－1 IP 设置

(1) 在“网络设置”对话框中，单击“自定义设置”。

(2) 在“网络组件”对话框内，单击“Internet 协议（TCP/IP)”。

(3) 在“Internet 协议（TCP/IP）属性”对话框内，单击“使用下面的 IP 地址”。

在“IP 地址”和“子网掩码”内，键入适当的数字（如果需要，还可指定“默认网关”）。

在“使用下面的 DNS 服务器地址”下，键入首选的 DNS 服务器地址和备用的 DNS 服务器地址。

如果要使用 WINS 服务器，可单击“高级”，然后单击“高级 TCP/IP 设置”对话框的“WINS”选项卡，添加一个或多个 WINS 服务器的 IP 地址。

【步骤 14】 指定工作组名或域名。

用户需要选择本机是属于工作组还是将本机加入到一个域中，并指定工作组名或域名。

在安装向导完成 Windows 2000 Server 的安装后，计算机将重新启动。至此用户已经完成了 Windows 2000 Server 的基本安装。

2. 配置服务器

系统重新启动后，以管理员身份登录，屏幕上将出现配置服务器程序，如图 4－2 所示。利用它用户可以轻松地进行进一步的服务器配置。

用户也可以通过单击“开始”，指向“程序”，再指向“管理工具”，然后单击“配置服务器”，启动配置服务器程序。

图 4－2 配置服务器

“配置服务器”所提供的配置选项的详细信息如下：

（1）Active Directory：设置用户账户、组账户及其策略、域、服务器角色、权限，还可以帮助维护系统的安全性、跟踪用户信息。

（2）文件系统：设置和管理共享文件夹及其它共享网络资源。

（3）打印服务器：设置和管理打印机、打印机队列以及其它与打印相关的元素 Web/Media 服务器。

（4）创建管理 Internet 或企业内部网中的 Web 站点、多媒体站点、FTP 站点和其它功能。要使用这些服务，必须在 Windows 2000 Server 内安装相应的组件。

（5）网络：选择、设置网络协议、远程访问和路由选择，包括 DNS 和 DHCP 服务。

（6）应用程序服务器：对消息队列、组件服务和跨网络的分布式应用程序的相关支持，也包括终端服务。

（7）高级：Windows 2000 Resource Kit 支持工具和可选组件，例如远程安装、终端服务器、证书授权及在“基本安装”过程中未安装的组件。

4.3.2 Windows 2000 Server 应用

1. 用户账户管理

【步骤 1】 创建用户账户。

单击“开始”、“程序”、“管理工具”、“计算机管理”，打开如图 4-3 所示的窗口。

(1) 在控制台树的“本地用户和组”中，单击“用户”。

(2) 单击“操作”，然后单击“新用户”。

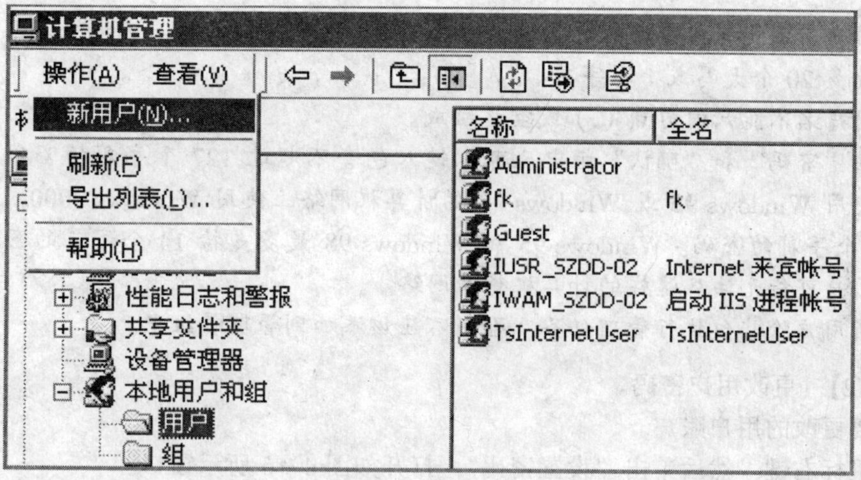

图 4-3 添加新用户

(3) 在对话框中键入适当的信息，如图 4-4 所示。

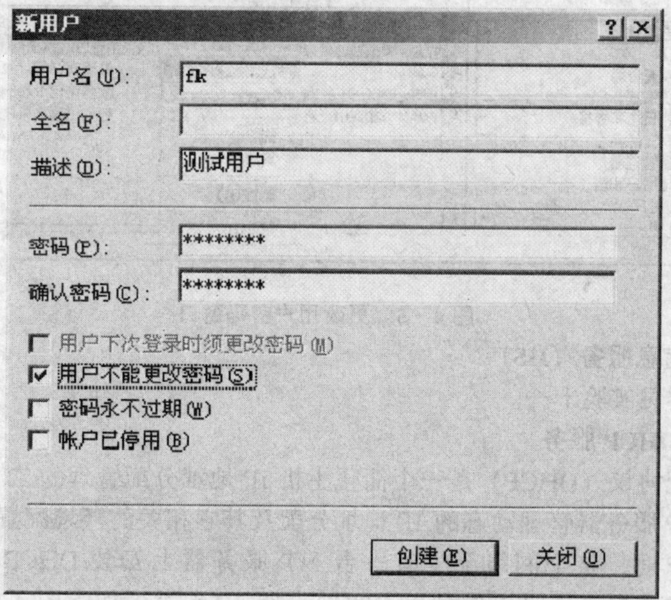

图 4-4 加入用户信息

(4) 选中或清除复选框：

用户下次登录时须更改密码；

用户不能更改密码；

密码永不过期；

账户已停用。

执行下列的一项操作：

要创建其它用户，请单击“创建”，然后重复执行第（2）步和第（3）步。

要完成此项工作，请单击“创建”，然后单击“关闭”。

注意：

(1) 用户名不能与被管理的计算机上的其它用户名或组名相同。本地组名可包括除以下字符外的最多 20 个大写或小写字符：" / [ ] : ; | = , + * ? < >。

(2) 用户名不能只由句点（.）或空格组成。

(3) 在“密码”和“确认”框中，可以键入包含不超过 127 个字符的密码。但是，如果在还有使用 Windows 95 或 Windows 98 的计算机网络上使用 Windows 2000，请考虑使用不超过 14 个字符的密码。Windows 95 和 Windows 98 最多支持 14 个字符的密码。如果密码过长，用户可能无法从这样的计算机登录网络。

(4) 新用户除非仅执行管理任务，否则不应该添加到管理员组中。

【步骤 2】 更改用户密码。

单击要更改的用户账户。

单击鼠标右键，然后单击“设置密码”，打开如图 4－5 所示窗口。

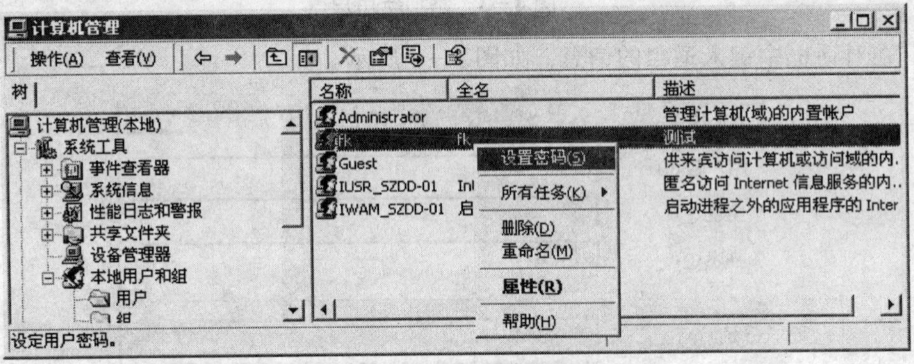

图 4－5 更改用户密码窗口

2. Internet 信息服务（IIS）

这部分内容详见实验十一。

3. 安装配置 DHCP 服务

动态主机分配协议（DHCP）是一个简化主机 IP 地址分配管理的 TCP/IP 标准协议。用户可以利用 DHCP 服务器管理动态的 IP 地址分配及其它相关的环境配置工作。

在使用 DHCP 时，整个网络至少有一台 NT 服务器上安装 DHCP 服务，其它要使用 DHCP 功能的工作站也必须设置成利用 DHCP 获得 IP 地址。如下图 4－6 所示是一个支持 DHCP 的网络实例。

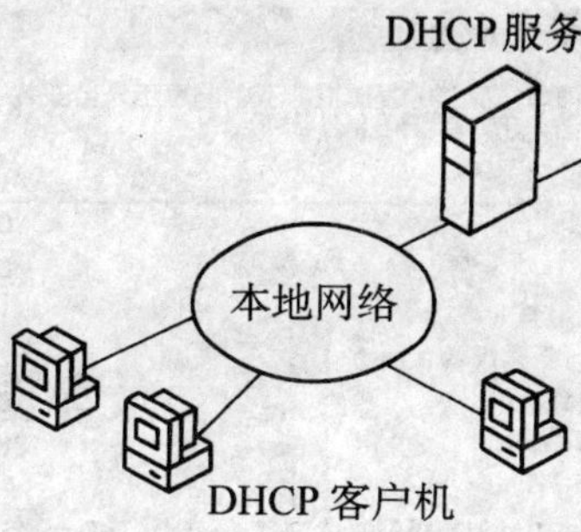

图 4-6　支持 DHCP 的网络实例

DHCP 避免了因手工设置 IP 地址及子网掩码所产生的错误，同时也避免了把一个 IP 地址分配给多台工作站所造成的地址冲突，降低了管理 IP 地址设置的负担。

【步骤 1】　安装 DHCP 服务器。

启动“控制面板”、“添加/删除程序”对话框。

单击“添加/删除 Windows 组件”、“网络服务”，如图 4-7 所示。

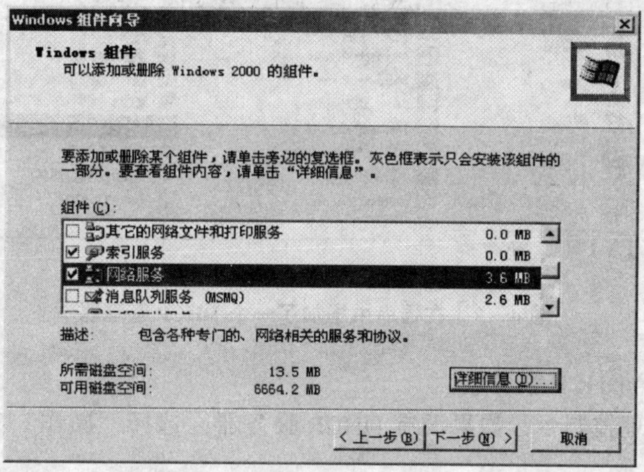

图 4-7　DHCP 安装向导

单击“详细内容”，从列表中选取“动态主机配置协议（DHCP)”，单击“确定”，如图 4-8 所示。

按照提示步骤，开始安装 DHCP 服务。

安装完成后，在管理工具中多了一个“DHCP”管理器，如图 4-9 所示。

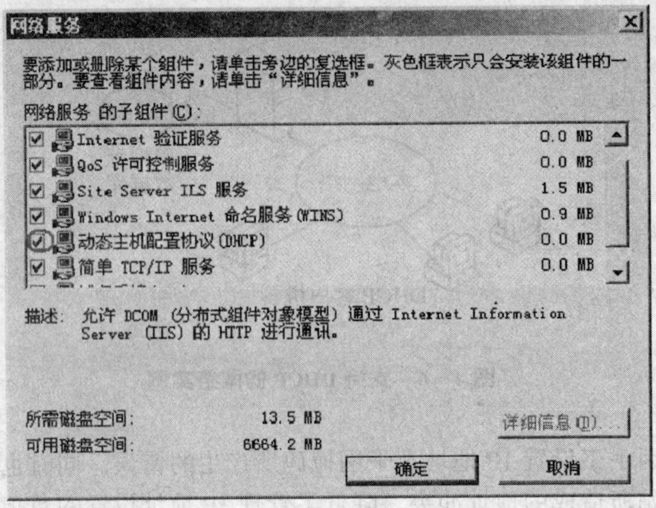

图 4-8　选取动态主机配置协议（DHCP）

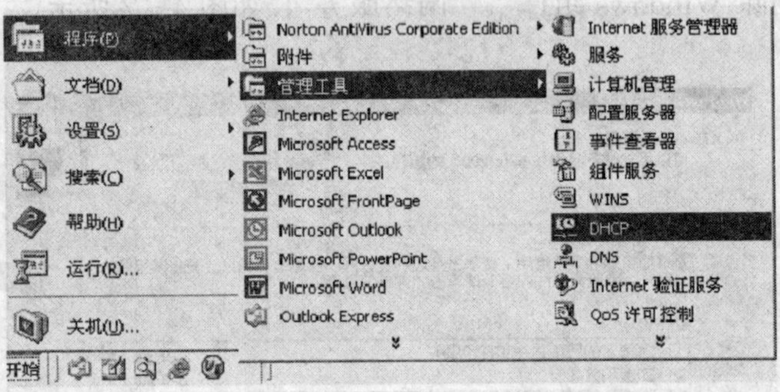

图 4-9　在程序中增加了一个 DHCP 管理器

【步骤 2】　配置 DHCP 服务器。

启动 DHCP 管理控制台，如果没有 DHCP 服务器，选择“操作”菜单中的“添加服务器”，如图 4-10 所示。

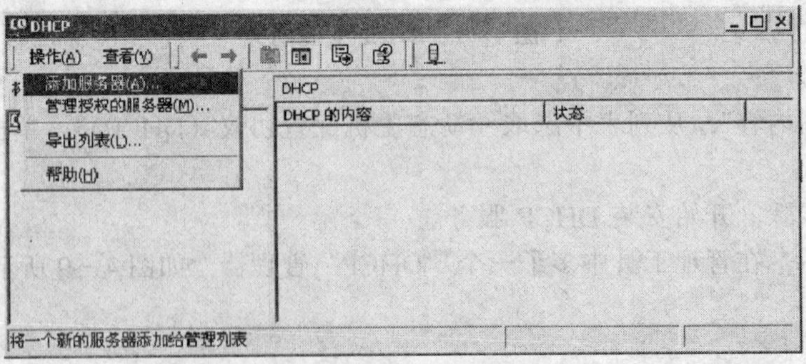

图 4-10　启动 DHCP 管理控制台

输入 DHCP 服务器的 IP 地址，本例假设输入 172.28.0.169，如图 4-11 所示。

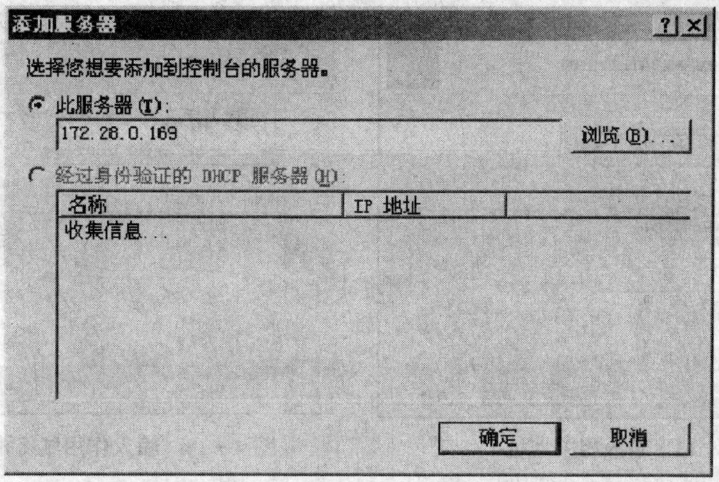

图 4-11　添加服务器

如果正确地安装和启动了 DHCP 服务，在 DHCP 管理控制台上可以看到一台 DHCP 服务器，在 DHCP 管理控制台中单击要添加作用域的服务器“操作”、“新建”、“作用域”出现“创建作用域向导”，如图 4-12 所示。

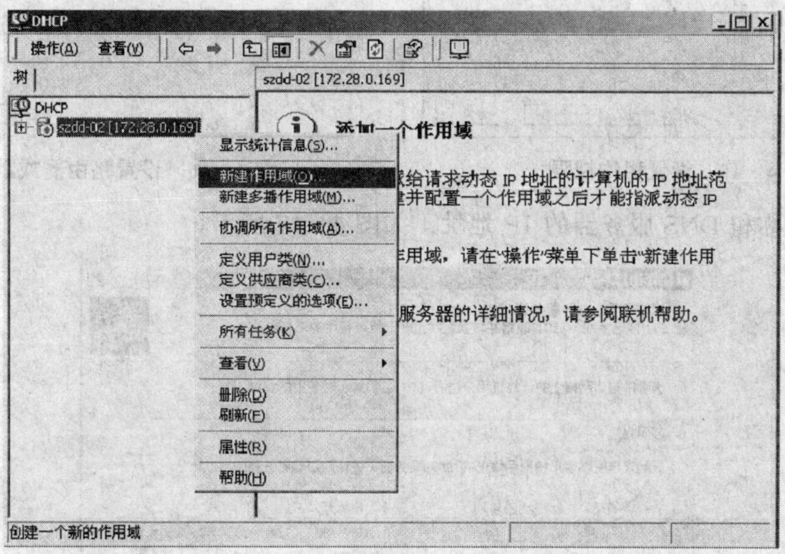

图 4-12　新建作用域

按照新建作用域向导的提示，输入作用域名，输入作用域将分配的地址范围、子网掩码，如图 4-13 所示。输入作用域将排除的地址范围，如图 4-14 所示。

选择租约期限（默认为 8 天），如图 4-15 所示。输入为指定此作用域要分配的路由器或默认网关，如图 4-16 所示。

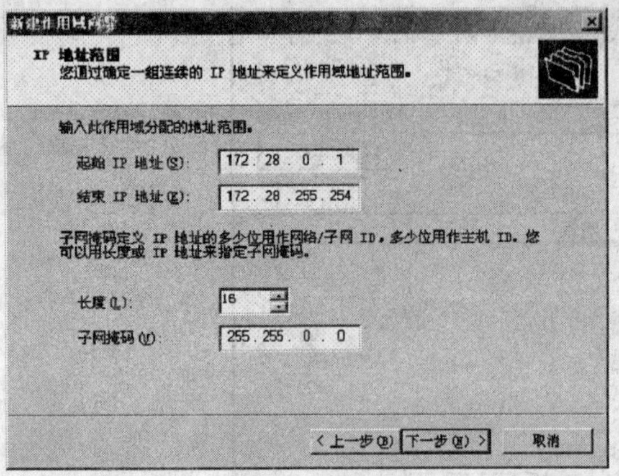

图 4－13　输入相关地址

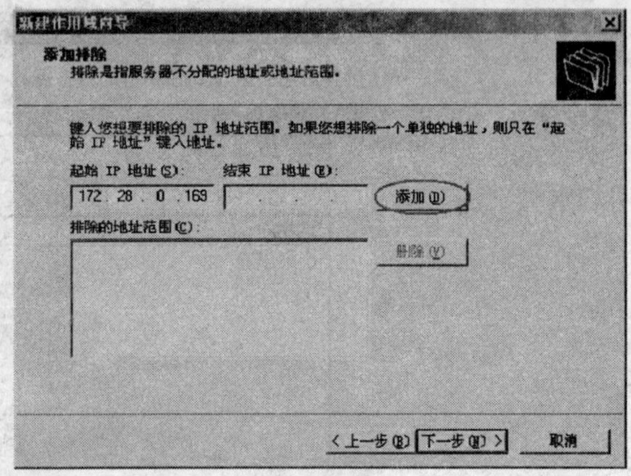

图 4－14　输入作用域将排除的地址范围

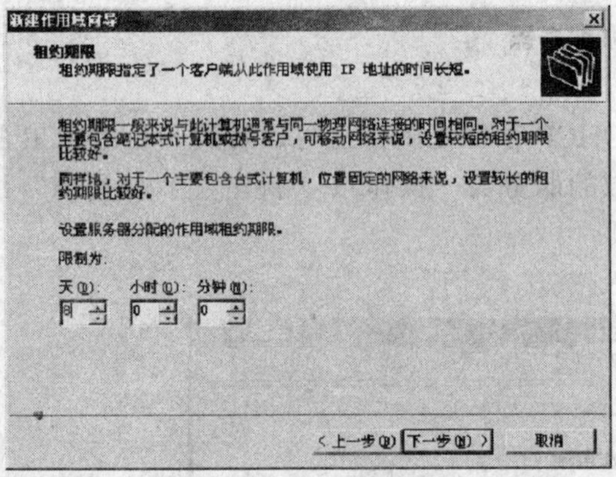

图 4－15　设置租约期限

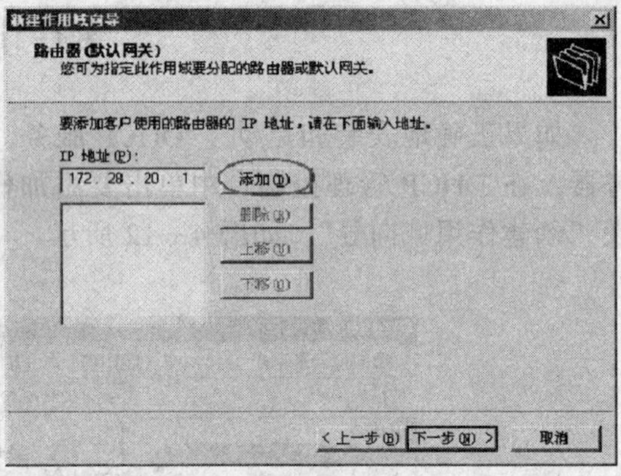

图 4－16　设置路由器或默认网关

输入域名称和 DNS 服务器的 IP 地址，如图 4－17 所示。

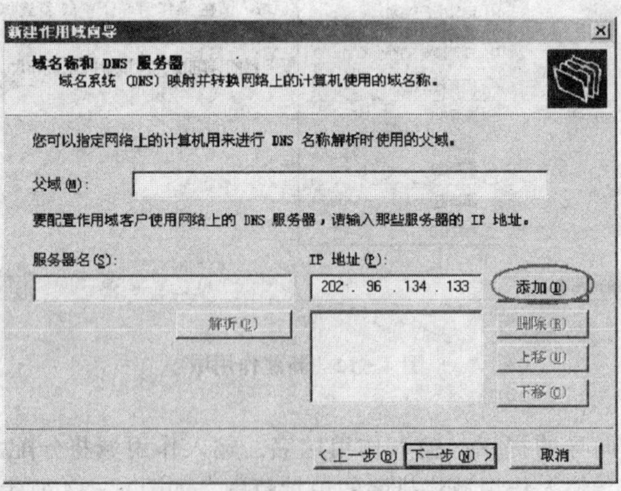

图 4－17　设置域名称和 DNS 服务器的 IP 地址

设置完毕，在 DHCP 控制台中出现新添加的作用域，如图 4－18 所示。

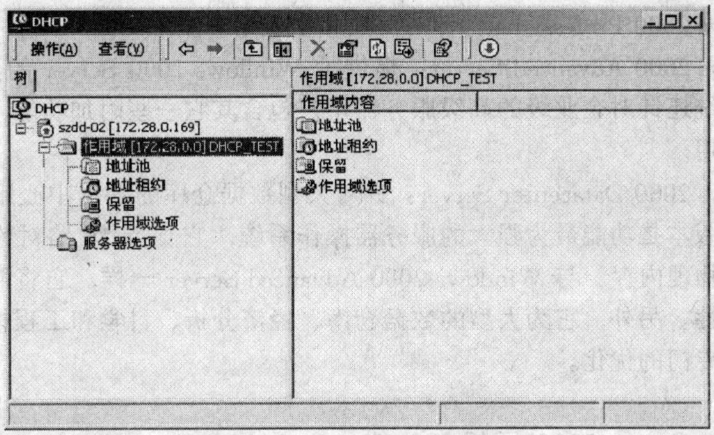

图 4-18 查看新添加的作用域

在 DHCP 控制台中作用域下多了 4 项：

(1) 地址池：用于查看、管理现在的有效地址范围和排除范围。

(2) 地址租约：用于查看、管理当前的地址租用情况。

(3) 保留：用于添加、删除特定保留的 IP 地址。

(4) 作用域选项：用于查看、管理当前作用域提供的选项类型及其设置值。

4.4 实验报告

1. 掌握 Wondows 2000 Server 网络操作系统的安装配置。
2. 配置 Wondows 2000 Server 网络服务功能。
3. 添加一个普通用户，修改用户名，修改用户口令。
4. 了解动态分配 IP 的 DHCP 服务。

4.5 相关知识

4.5.1 关于 Windows 2000

Wondows 2000 是一个操作系统系列，集成了对客户/服务器模式和对等模式网络的支持。Windows 2000 产品家族的设计目的在于提高产品的可靠性，提供高层次的可用性和从小型网络到大型企业网的可扩展性。Windows2000 通过集成优化当前先进的网络、应用程序及 Web 技术，使企业充分提高了现有投资的价值，从而降低了企业的总体成本，并为那些优秀的、具有重要作用的商务软件提供了最佳的运行环境。同时也为当今迅猛发展的电子商务提供了一个崭新的具有高可靠性和高安全性的操作平台。

针对不同的用户和环境，Windows 2000 产品家族推出了如下 4 个版本：

(1) Windows 2000 Server：针对工作组级的服务器用户。

（2）Windows 2000 Professional：针对商业和个人用户。

（3）Windows 2000 Advanced Server：提供了 Windows 2000 Server 的全部特性和优点。此外，该操作系统还针对企业级的高级服务器用户包含其它一些附加功能，用于增强电子商务和经营方式应用。

（4）Windows 2000 Datacenter Server：针对大型数据仓库的数据中心服务器用户。微软推出的这个全新版本是功能最为强大的服务器操作系统，它支持 16 路对称多处理器系统以及高达 64GB 的物理内存。与 Windows 2000 Advanced Server 一样，它将群集和负载平衡服务作为标准的特性。另外，它为大型的数据仓库、经济分析、科学和工程模拟、联机交易服务等应用进行了专门的优化。

4.5.2 Windows 2000 网络新功能

Windows 2000 作为 Microsoft 新一代网络操作系统，为用户提供了一套完整而强大的网络解决方案。早期 Windows NT 4.0 提供的网络功能，根据技术本身的发展在 Windows2000 中得到相应改进。同时，Windows 2000 还吸收容纳了近年来出现的几乎所有的网络最新技术成果，提供对一系列重要网络功能的最新支持。

1. DNS

Windows 2000 采用 DNS 作为网络操作系统中的名称服务，它提供动态与静态两种主机名称解析方式，两种方式之间可以自由转换。

静态主机名解析是一种传统的主机名解析方式，它将大量主机名与 IP 地址的对应关系存放在一个特定的数据库中。其缺点是无论主机名或 IP 地址有任何变化，均需要由管理员对数据库进行更新，产生较大的管理负荷。基于 RFC2136 的动态 DNS，根据 IP 地址或主机名的变化，自动对数据库中的信息做出更改，减少了中型或中大型网络的管理负担。客户端在初始化时首先查询 DNS 服务器以确认本身记录存在于 DNS 服务器数据库中，如果查询不能发现对应记录，则向 Primary DNS 发送注册请求，DNS 收到注册请求后在保证记录不冲突的前提下添加此项纪录，如果记录有冲突，注册请求失败，DNS 客户端转向第二个 Primary DNS 注册。向 DNS 的注册过程由 DHCP Client 服务完成，可以提供给 DHCP 客户端用户，有确定 IP 地址的非 DHCP 客户端和 RRAS 用户。

2. DHCP

DHCP 是在 IETF RFC 中定义的一套动态分配 IP 地址的开放标准。应用 DHCP 服务，管理员不必再为每一台计算机手工分配 IP 地址，可以实现 IP 地址的动态集中分配和管理。Windows 2000 Server 针对传统 DHCP 功能的局限作了一些新的扩展。

Windows 2000 中实现了 DHCP 与 DNS 结合。由于在 Windows 2000 中 DNS 数据可以动态更新，配合 DHCP 对 IP 地址的动态分配，从主机名解析到 IP 地址分配均可以通过 Windows 2000 Server 集中配置完成。

先前传统的 DHCP 一直存在一个问题，即由于多个 DHCP Server 存在而产生 IP 地址冲突。网络合法的 DHCP IP 地址分配有专门管理员负责，管理规范可以避免冲突，但如果存在非法的 DHCP Server，IP 地址一旦冲突，会给网络正常应用带来很大的麻烦。Windows 2000 增加了 DHCP 的注册功能，Windows 2000 中 DHCP Server 只有在 ADS 中注册以后才开始响应客户端的 IP 地址请求，而注册需要得到 DNS 的验证。这个过程只有在 Windows 2000 网络体系中才能够完成。

DHCP 在 Windows 2000 中可以进行实时监测，例如可以设置当 IP 资源剩余 10％时报警，IP 资源耗尽时报警等监测方法。此外，利用 Windows 2000 的 Cluster 功能，DHCP 可以在两台 Cluster 机器上面使用同一套 IP 地址工作。正常情况下只有一台机器响应客户端的 IP 请求，当 Cluster 机器中有一台出现问题时，另一台在很短时间内开始工作，这个过程对用户是透明的。Windows 2000 中 DHCP 还可以分配 Multicast 地址范围，响应 Multicast 的地址请求。

3. RRAS

Windows 2000 的 RRAS 为远程拨号客户端提供了一个可以应用 TCP/IP，NETBEUI，IPX/SPX 等多种网络传输协议，通过 PSTN，ISDN，ATM 和 VPN 等多种途径访问企业网络的安全途径。

在 Windows 2000 中，RRAS 的一个突出特点是与 Routing 技术紧密结合，系统中的配置也在一个共同的管理界面中进行。针对 Routing 方面，Windows2000 提供了较大的改进。在早期的 Windows NT 版本中动态和静态路由表技术虽然得到支持，但动态路由表使用 RIP 协议。在 Windows 2000 中开始支持 OSPF 协议。RIP 是一种经典的动态路由访问协议，配置简单，适合于中小型网络，缺点是通过固定时间间隔的广播与周围路由器交换路由信息，造成较大的网络负载。而 OSPF 是近年来发展起来的新一代动态路由访问协议，与简单交换路由信息不同，OSPF 通过向临近的路由器发送连接坐标信息并且改变连接状态数据库的方式对路由信息进行动态刷新，减少了网络通讯，是一种小型到大型网络中均可以使用的动态路由访问协议。Windows 2000 对 OSPF 的支持使 Windows 2000 能够作为路由器在各种规模的网络体系得到应用。

4. VPN 技术

VPN 应用隧道技术将不直接连接的两个网络通过公共网络连接起来，以保证在数据传输过程中数据的安全性。VPN 采用的隧道技术将网络发送的数据重新打包然后转发，在转发过程中保证数据的安全。在安全性方面 VPN 采用 PPTP 与 L2TP 两种协议，PPTP 加密 VPN 隧道两端之间的数据传输，而 L2TP 采用端对端加密，能够保证数据在服务器与客户端之间进行传输时均处于加密状态。根据实际通讯方式不同，VPN 分为 Voluntary Tunneling 和 Compulsory Tunneling 两种，前者在访问客户端与被访问的服务器之间建立 VPN 通道，而后者在两台中介服务器之间建立 VPN 连接，通讯的客户端与服务器通过已建立的固定 VPN 通道进行数据交换。两种角色 Windows 2000 Server 均可充当。

L2TP 是一种比 PPTP 先进的协议，它可以支持多种传输媒介，如 ATM、X.25 和 Frame Relay 等，而 PPTP 只支持 IP 协议下的 Internet/Intranet 连接。L2TP 支持多 Tunnel 技术，PPTP 只支持一个 Tunnel。Windows 2000 支持 PPTP 和 L2TP 两种协议，为用户在设置 VPN 过程中提供了一种更先进的选择。

针对数据在传输中的安全性，Windows 2000 在 VPN 中采用 IPSec 数据加密技术，IPSec 是一种 Draft 级别的 RFC 标准，是原有安全性基础上的一个重要补充。它处于 TCP/IP 协议下层，首先验证访问请求者的 IP 地址和端口地址的合法性，过滤掉不合法的请求，同时在访问双方之间建立安全会话，并对传输的数据进行加密。IPSec 的一切功能对使用者都是透明的。

5．RADIUS 技术

RADIUS（Remote Authentication Dial-in User Service）是一个在拨号网络中提供注册、验证功能的工业标准。早期的 Windows NT 网络只能进行 NT 账号的验证，随着网络规模的扩大，Windows 2000 需要与多种网络客户端和服务器进行通讯，这就要求作为核心服务器的 Windows 2000 必须能够识别来自不同系统的多种验证加密方法，对不同系统的验证请求统一记录安全日志。Windows 2000 提供的 RADIUS 服务可以满足上述要求。

Windows 2000 的 RADIUS 服务与 RRAS 结合可以集中管理远程访问策略，同时集中记录 RADIUS 访问及 Windows 2000 访问日志。此外，Windows 2000 还提供了将 RADIUS 与 ADS 集成的方法，使 RADIUS 访问策略存在于 ADS 数据库中，并与 ADS 数据库进行同步数据复制。

实验五　Linux 安装与应用

5.1　实验目的

1. 学习 Linux Red Hat 9 的安装，熟悉 Linux 系统的使用。
2. 了解 Linux 系统的文件结构、常用命令和网络服务功能。

5.2　实验要求

系统硬件设备要求：

要使系统的性能良好，安装 Linux 的计算机应符合下列需求：

1. CPU：PC 服务器或品牌机服务器（Pentium II 300 以上）。
2. 内存：至少 64 M，推荐 512 M。
3. 磁盘空间：

服务器（至少，无图形化界面）：850 MB；

服务器（全部选择，无图形化界面）：1.5 GB；

服务器（全部选择，包括图形化界面）：5.0 GB；

学生应完成以下实验内容：

1. 掌握 Red Hat Linux 系统的安装配置。
2. 熟练使用 Red Hat Linux 图形化界面。
3. 熟练使用 Red Hat Linux 的常用命令及网络服务功能。

5.3　实验内容与步骤

5.3.1　安装 Red Hat Linux9

【步骤 1】　光盘启动。

要从光盘中安装 Red Hat Linux 9，在引导装载程序屏幕中选择“光盘”选项，然后单击“确定”按钮。当提示时，在光盘驱动器中插入 Red Hat Linux 9 光盘。一旦光盘已在驱动器中，单击“确定”按钮，然后按“Enter”键。

安装程序将会探测用户的系统，并识别用户的光盘驱动器。

【步骤 2】 语言选择。

使用鼠标来选择安装中使用的语言。选定了恰当的语言后，单击“下一步”继续，如图 5-1 所示。

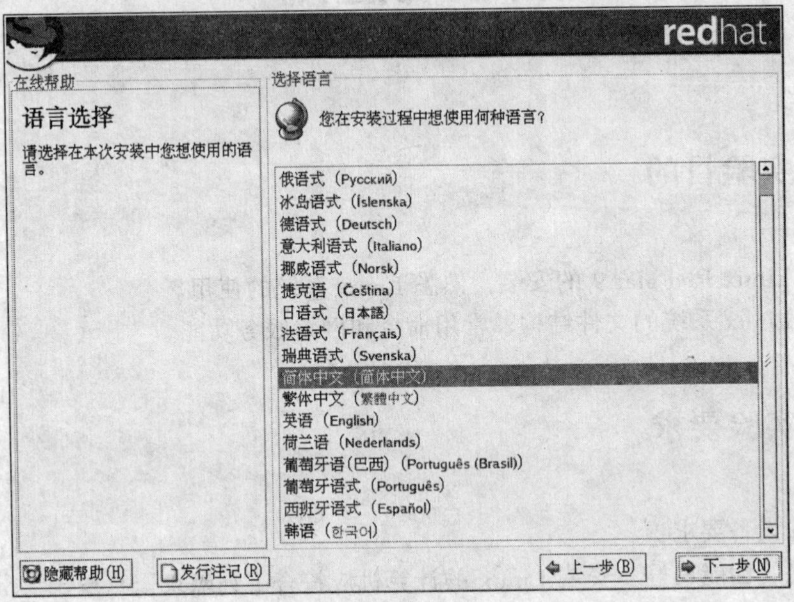

图 5-1 语言选择界面

【步骤 3】 键盘配置。

使用鼠标来选择在本次安装中和今后用作系统默认的键盘布局类型（例如，美国英语式），选定后，单击“下一步”继续。

【步骤 4】 鼠标配置。

参考表 5-1，判定鼠标接口。如果在笔记本计算机上安装 Red Hat Linux，多数情况下指示设备会是 PS/2 兼容。

表 5-1 鼠标类型及其端口形状

鼠标类型	端口形状
串口鼠标	
PS/2 鼠标	
USB 鼠标	
AT（高级技术）鼠标	

如果找不到一个能确定的与用户系统相兼容的鼠标，可根据鼠标的键数和它的接口，选择“通用”项目中的一个，如图 5－2 所示。

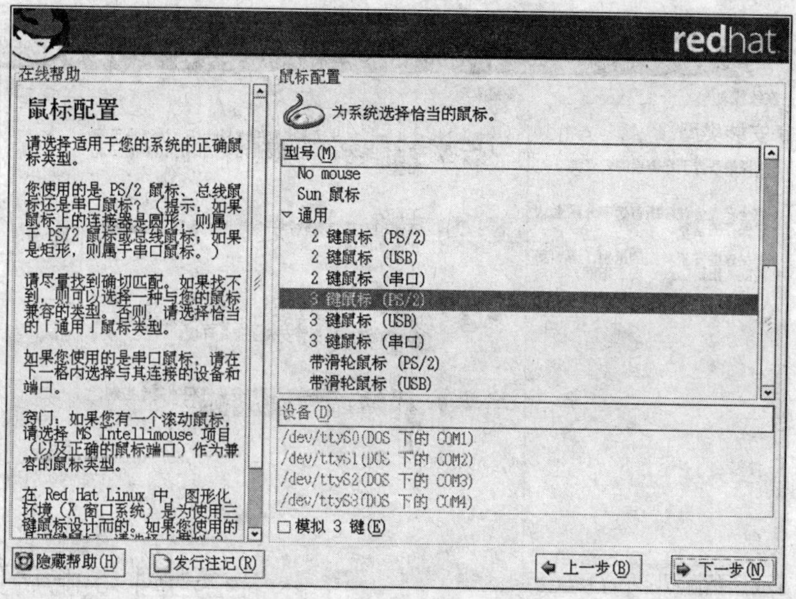

图 5－2　确定鼠标配置

【步骤 5】　选择安装。

要在系统上执行 Red Hat Linux 的新安装，选择“执行 Red Hat Linux 的新安装”，然后单击“下一步”，如图 5－3 所示。

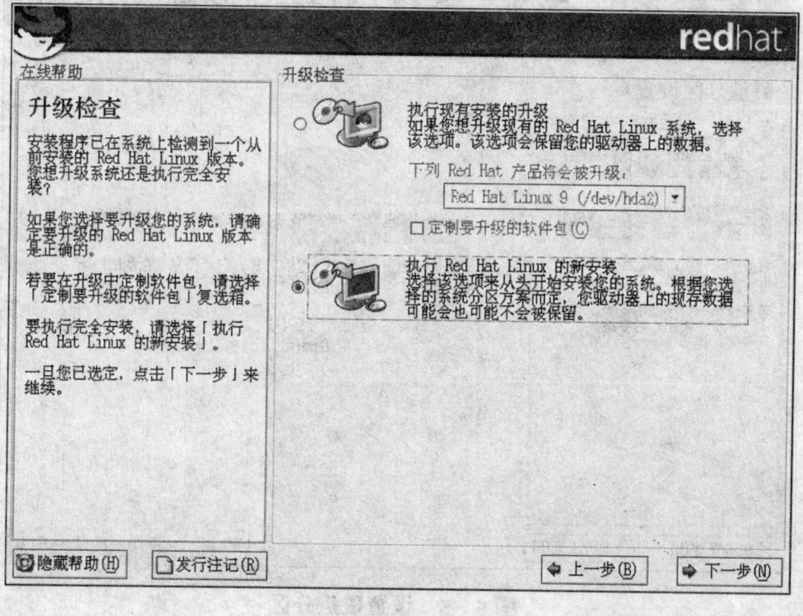

图 5－3　选择安装方式

【步骤 6】 安装类型。

选择要执行的安装类型。Red Hat Linux 允许选择最符合用户需要的安装类型。备选的选项有“个人桌面”、“工作站”、“服务器”、“定制”，如图 5-4 所示。

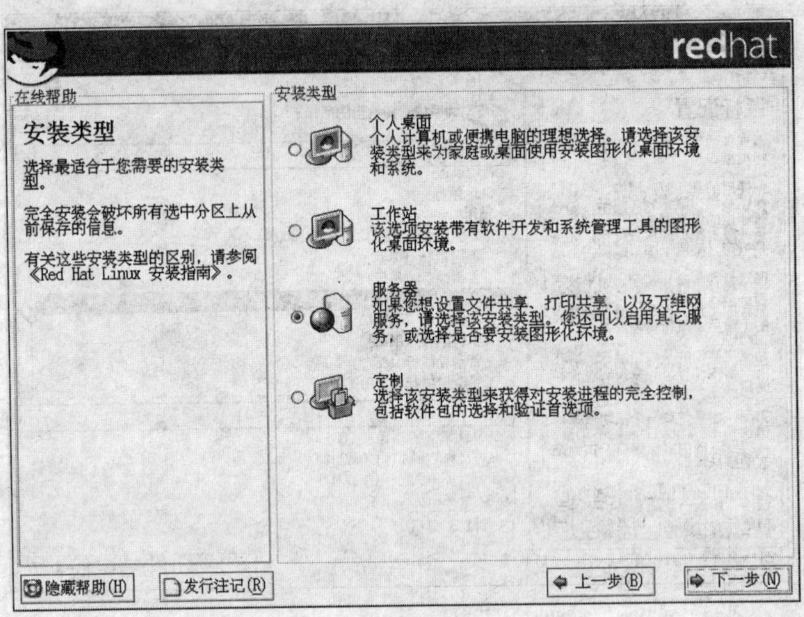

图 5-4 选择安装类型

【步骤 7】 磁盘分区设置。

可以选择自动分区，或者使用“Disk Druid”来手工分区，如图 5-5 所示。

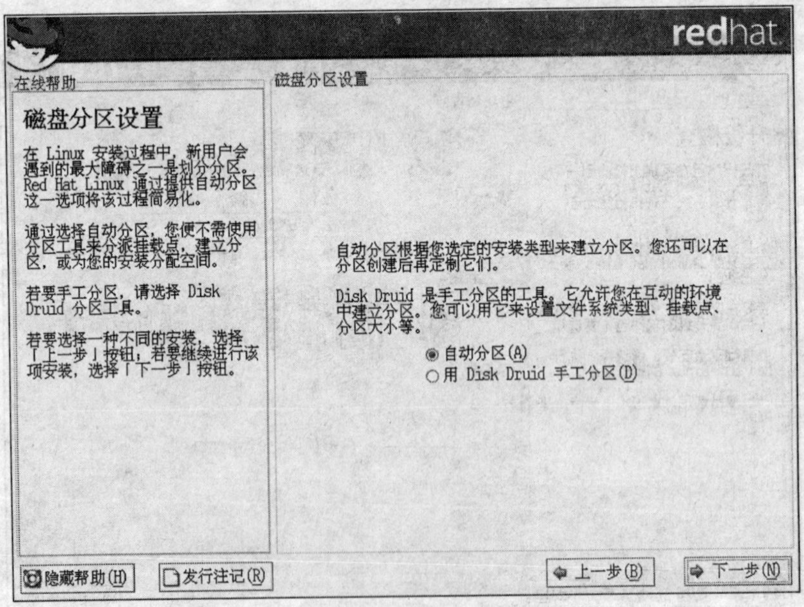

图 5-5 设置磁盘分区

在自动分区的有关数据中，用户对哪些数据可以从系统中删除拥有控制权。如图 5－6 所示，相应的选项有：

● “删除系统内所有的 Linux 分区”：选择该选项来删除 Linux 分区（从前安装 Linux 时创建的分区）。这将不会影响用户的硬盘驱动器上可能会有的其它分区（例如：VFAT 或 FAT32 分区）。

● “删除系统内的所有分区”：选择这一选项来删除用户的硬盘驱动器上的所有分区（包括由其它操作系统如 Windows 9x/NT/2000/ME/XP 所创建的分区或 NTFS 分区）。

● “保存所有的分区，使用现有的空闲空间”：选择这一选项来保留用户当前的数据和分区，前提是用户的硬盘驱动器上有足够的可用空闲空间。

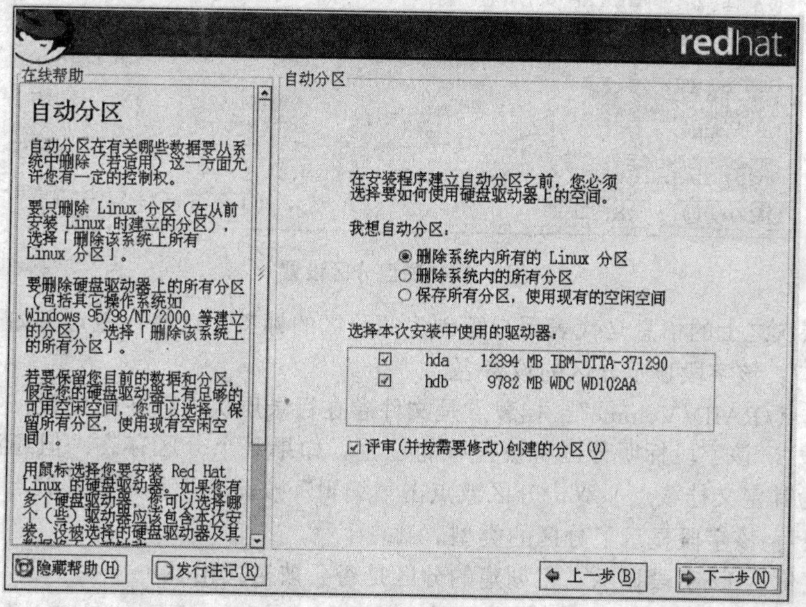

图 5－6　自动分区有关选项

要评审并对自动分区创建的分区做一些必要的改变，选择“评审”选项。

选择“评审”后，单击“下一步”向前移动，用户将会看到在 Disk Druid 中为用户创建的分区。如果这些设置没有满足用户的需要，还能够对这些分区进行修改。当选好之后，单击“下一步”继续。

如果选择了自动分区并选择了“评审”，用户可以接受目前的分区设置并单击“下一步”；或使用手工分区工具 Disk Druid 来修改设置。

必须告诉安装程序要在哪里安装 Red Hat Linux。这是通过在将要安装 Red Hat Linux 的一个或多个磁盘分区上定义挂载点来做到的。这时，用户可能还需要创建或（并）删除分区，如图 5－7 所示。

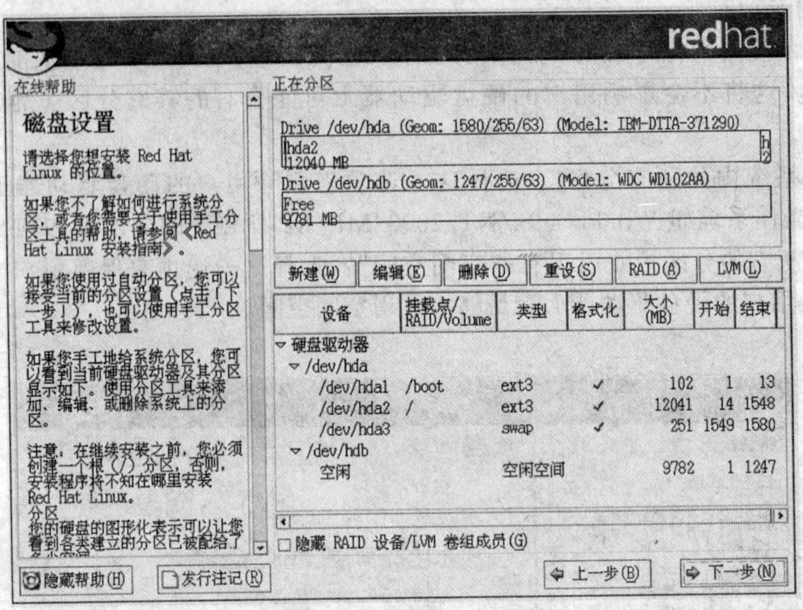

图 5－7　磁盘分区设置

在分区层次之上的信息是代表用户正创建的分区的标签。这些标签定义如下：

● “设备”：该字段显示分区的设备名。

● “挂载点/RAID/Volume”：挂载点是文件卷在目录层次内存在的位置；文件卷在该位置上被“挂载”。该字段标明分区将被挂载的位置。如果某个分区存在，但还没有设立，那么用户需要为其定义挂载点。双击分区或点击“编辑”按钮来为其定义挂载点。

● “类型”：该字段显示了分区的类型。

● “格式化”：该字段显示了正创建的分区是否会被格式化。

● “大小（MB)”：该字段显示了分区的大小（MB)。

● “开始”：该字段显示了分区在用户的硬盘上开始的柱面。

● “结束”：该字段显示了分区在用户的硬盘上结束的柱面。

● “隐藏 RAID 设备或 LVM 卷组成员”：如果用户不想看到创建的 RAID 设备或 LVM 卷组成员，选择该选项。

【步骤 8】　引导装载程序配置。

为了不使用引导盘来引导用户的系统，用户通常需要安装一个引导装载程序。引导装载程序是计算机启动时所运行的第一个软件，它的责任是载入操作系统内核软件并把控制转交给它，然后，内核软件再初始化剩余的操作系统。

安装程序为用户提供了两个引导装载程序：GRUB 和 LILO，如图 5－8 所示。

GRUB（GRand Unified Bootloader）是一个默认安装的功能强大的引导装载程序。GRUB 能够通过连锁载入另一个引导装载程序来载入多种免费和专有操作系统（连锁载入是通过载入另一个引导装载程序来载入 DOS 或 Windows 之类不被支持的操作系统的机制)。

LILO（LInux LOader）是用于 Linux 的灵活多用的引导装载程序。它并不依赖于某一特定文件系统，能够从软盘和硬盘引导 Linux 内核映像，甚至还能够引导其它操作系统。

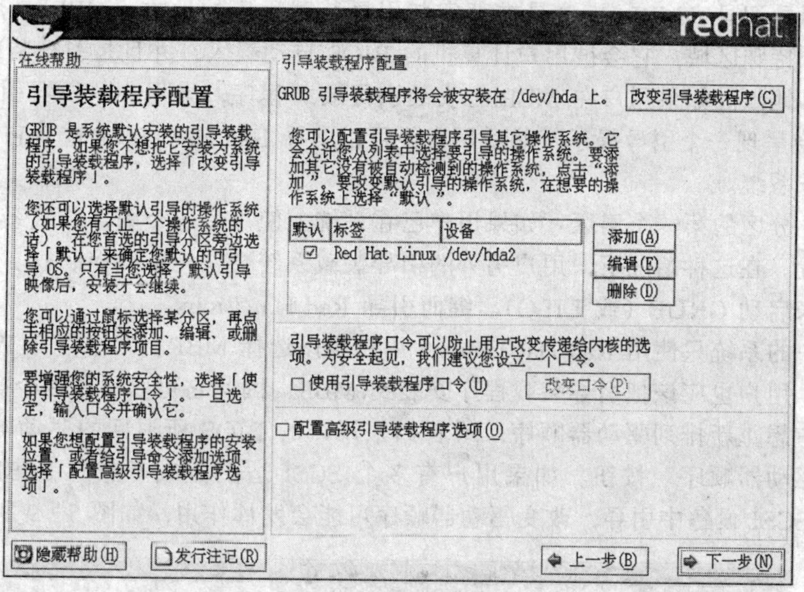

图 5-8　引导装载程序

如果用户不想把 GRUB 安装为引导装载程序，单击“改变引导装载程序”。然后，用户便可以选择安装 LILO 或干脆不安装引导装载程序。

如果用户目前已有一个能够引导 Linux 的引导装载程序，并且不打算覆盖当前使用的引导装载程序，或者打算使用引导盘来引导系统，则可单击“改变引导装载程序”按钮来选择“不要安装引导装载程序”。

每个可引导分区都被列出，包括被其它操作系统使用的分区。包含用户系统的根文件系统的分区将有一个 Red Hat Linux（GRUB）或 linux（LILO）“标签”。其它分区也可以有引导标签。如果用户想添加或改变其它被安装程序检测到的分区的标签，单击该分区来选择它，选定后，用户可以单击“编辑”按钮来改变引导标签。

在用户想要的引导分区旁边选择“默认”来选择用户默认的可引导操作系统。用户选定了默认引导映像后，安装才会继续。

在用户的服务器能够被别人访问的环境中，引导装载程序口令为用户提供了一种安全机制。

如果用户打算安装引导装载程序，用户则应该创建一个口令来保护自己的系统。若没有引导装载程序口令，能够访问系统的用户将可以向内核传递选项，从而减弱用户的系统安全性；若使用了引导装载程序口令，用户必须先输入口令才能选择非标准的引导选项。

如果选择要使用引导装载程序口令来增进用户的系统安全性，请确定选择标有“使用引导装载程序口令”的复选框。

一旦选择完毕，输入口令并确认。

要配置更高级的引导装载程序选项，如改变驱动器顺序或向内核传递选项，请在单击“下一步”前确定选择“配置高级引导选项”。

选定要安装的引导装载程序，还可以决定要在哪里安装引导装载程序。用户可以在下面两个位置之一安装引导装载程序：

(1) 主引导记录 (MBR)：这是推荐安装引导装载程序的地方。MBR 是用户的硬盘驱动器上的一个特殊区域，它会被用户计算机的 BIOS 自动载入，并且是引导装载程序控制引导进程的最早地点。如果用户在 MBR 上安装引导装载程序，当用户的机器引导时，GRUB (或 LILO) 会呈现一个引导提示，然后用户便可以引导 Red Hat Linux 或其它任何用户配置要引导的操作系统。

(2) 引导分区的第一个扇区：如果用户已在系统上使用另一个引导装载系统的话，推荐使用这个位置。在这种情况下，用户另外的引导装载系统会首先取得控制权。然后用户可以通过配置它来启动 GRUB (或 LILO)，继而引导 Red Hat Linux。

如果用户的系统只使用 Red Hat Linux，用户应该选择 MBR。对于带有 Windows 95/98 的系统来说，用户也应该把引导装载程序安装到 MBR，因此它可以引导两个操作系统。

如果用户想重新排列驱动器顺序，或者如果用户的 BIOS 所返回的驱动器顺序不正确，单击“改变驱动器顺序”按钮。如果用户有多个 SCSI 适配器或者兼有 SCSI 和 IDE 适配器，并想从 SCSI 设备中引导，改变驱动器顺序可能会发挥作用，如图 5－9 所示。

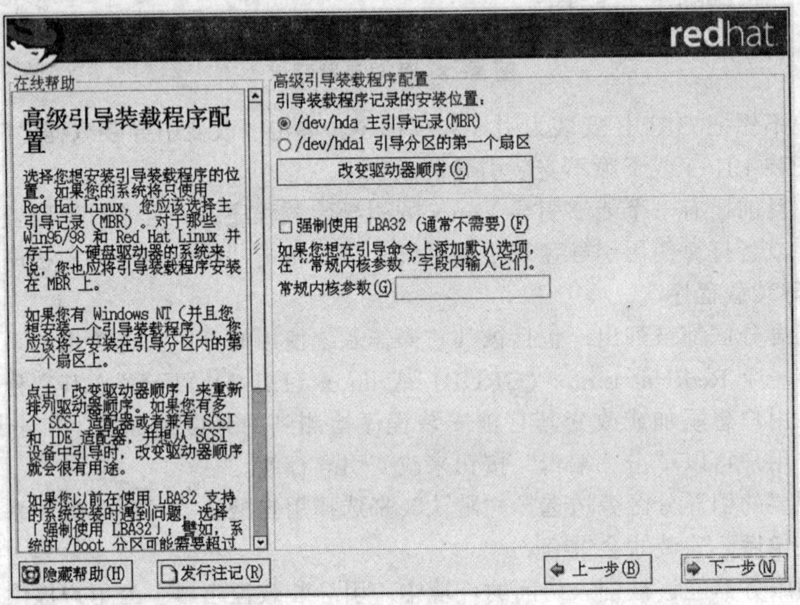

图 5－9　高级引导装载程序配置

“强制使用 LBA32 (通常不需要)”选项允许用户的 /boot 分区超过 1 024 柱面限制。如果用户的系统支持使用 LBA32 扩展来引导超过 1 024 柱面限制的操作系统，并且用户想把 /boot 分区放置在 1 024 柱面之外，用户应该选择该选项。

在给硬盘驱动器分区的时候，某些老系统的 BIOS 无法进入硬盘驱动器上前 1 024 柱面以外的地方。如果情况如此，在用户的硬盘驱动器的前 1 024 柱面上为 /boot Linux 分区保留足够空间来引导 Linux。其它 Linux 分区可以在 1 024 柱面以外。

如果用户想给引导命令添加默认选项，请把它们输入到“内核参数”字段中。用户输入的任何选项都将会在每次引导时被传递给 Linux 内核。

【步骤 9】　网络配置。

安装程序会自动检测到用户拥有的任何网络设备，并把它们显示在“网络设备”列表中，如图 5－10 所示。

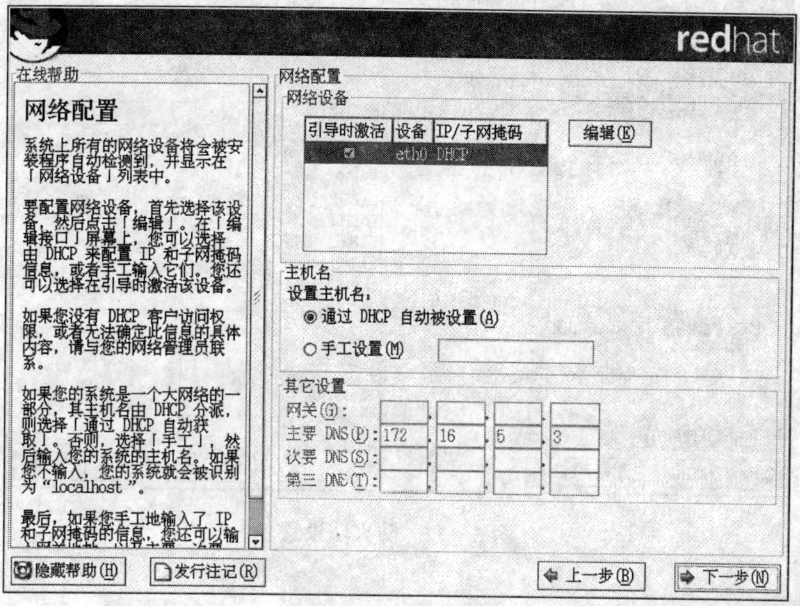

图 5－10　网络配置

选定网络设备后，单击“编辑”。从弹出的“编辑接口”屏幕上，如图 5－11 所示，用户可以选择通过 DHCP 来配置网络设备的 IP 地址和子网掩码（若没有选择 DHCP 则手工配置），用户可以选择在引导时激活该设备。如果用户选择了“引导时激活”，用户的网络接口就会在引导时被启动。如果用户没有 DHCP 客户的访问权，或者用户不能肯定这里该提供什么信息，请和用户的网络管理员联系。

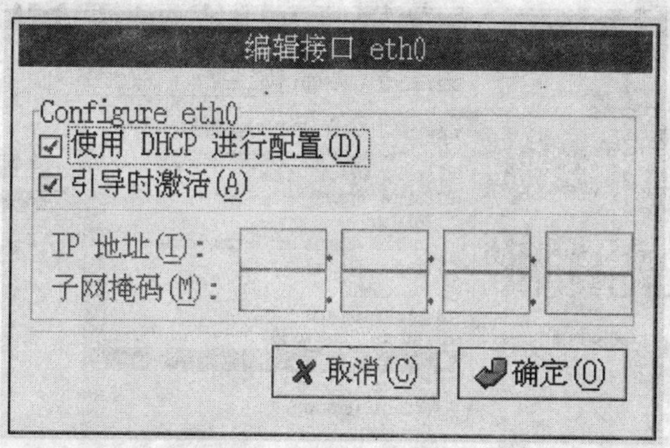

图 5－11　编辑接口窗口

【步骤 10】　防火墙配置。

Red Hat Linux 为增加系统安全性提供了防火墙保护。防火墙存在于用户的计算机和网络之间，用来判定网络中的远程用户有权访问用户的计算机上的哪些资源。一个正确配置的防火墙可以极大地增加用户的系统安全性。防火墙设置对话框如图 5－12 所示。

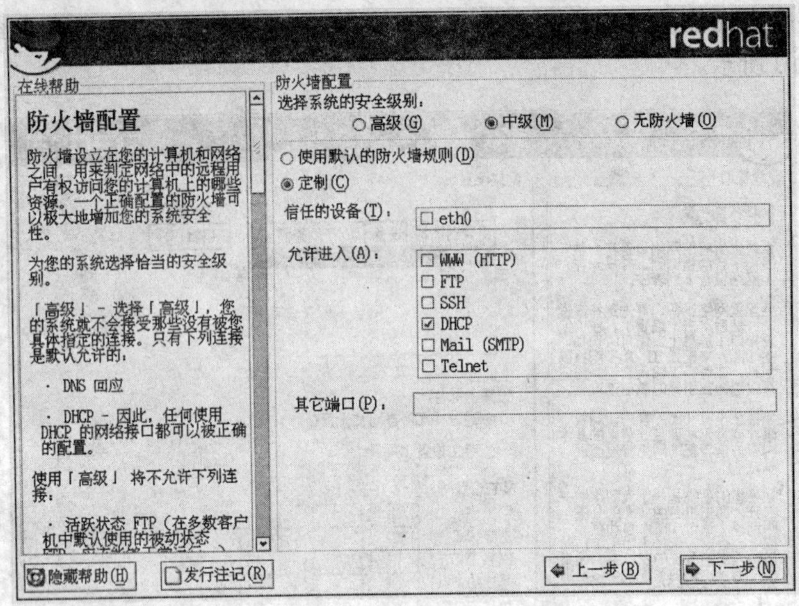

图 5－12　防火墙设置

【步骤 11】　语言支持的选择。

系统上可以安装并支持多种语言。

必须选择一种语言作为用户的默认语言。当安装结束后，用户的系统中将会使用默认语言。如果用户选择安装了其它语言，用户也可以在安装后改变用户的默认语言。

如果用户只打算在系统上使用一种语言，只选择这种语言将会节省大量磁盘空间。默认语言是用户在安装中选择要使用的语言。语言设置对话框如图 5－13 所示。

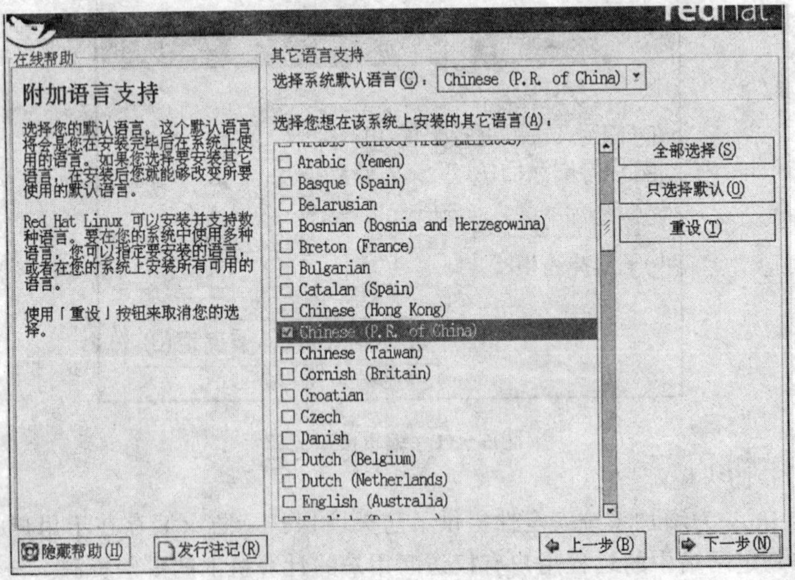

图 5－13　语言设置

【步骤 12】 时区配置。

用户可以通过选择用户计算机的物理位置，或者指定用户的时区和通用协调时间（UTC）之间的偏移来设置用户的时区。

在互动地图上，用户还可以点击一个用黄点标记指定的城市，一个红色的 X 会出现来标明用户的选择。用户还可以通过在一个列表中拖动滚动条来选择一个时区。

第二个标签允许用户指定 UTC 偏移。这个标签显示了一个可从中选择的偏移列表，以及设立夏时制的选项。如图 5－14 所示。

图 5－14 时区设置

【步骤 13】 设置根口令。

根用户（又称超级用户），设置根账号和其口令是安装过程中最重要的步骤之一。Linux 系统下，根账号与在 Windows NT 机器上的管理员账号类似。根账号被用来安装软件包，升级以及执行多数系统维护工作。作为根用户登录可使用户对系统有完全的控制权。

根口令必须至少包括 6 个字符，用户键入的口令不会在屏幕上显示。用户必须把口令输入两次，如果两次输入的口令不匹配，安装程序会要求用户重新输入口令。

用户应该把根口令设为容易记忆但又不容易被别人猜到的组合。口令应混合使用数字、大小写字母，并且不包含任何词典中的现成词汇，口令是区分大小写的，如图 5－15 所示。

【步骤 14】 软件包组的选择。

当分区被选定并按配置格式化后，用户便可以选择要安装的软件包了。

选择用户想要安装的每个组件。在定制安装中选择“全部”（在组件列表的结尾处）会安装包括在 Red Hat Linux 中的所有软件包。

选定了软件包组后，单击“细节”来查看哪些软件包会被默认安装，还可以在该组中添加或删除可选软件包，如图 5－16 所示。

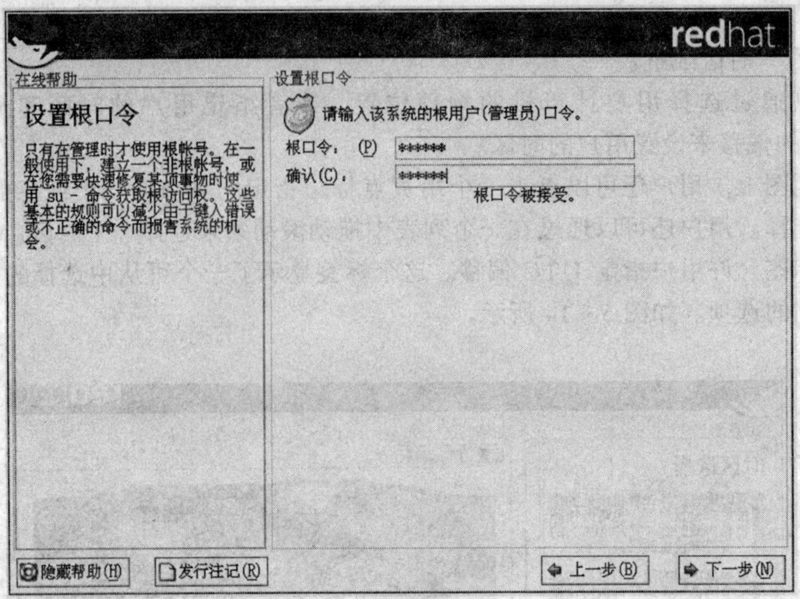

图 5-15　设置口令

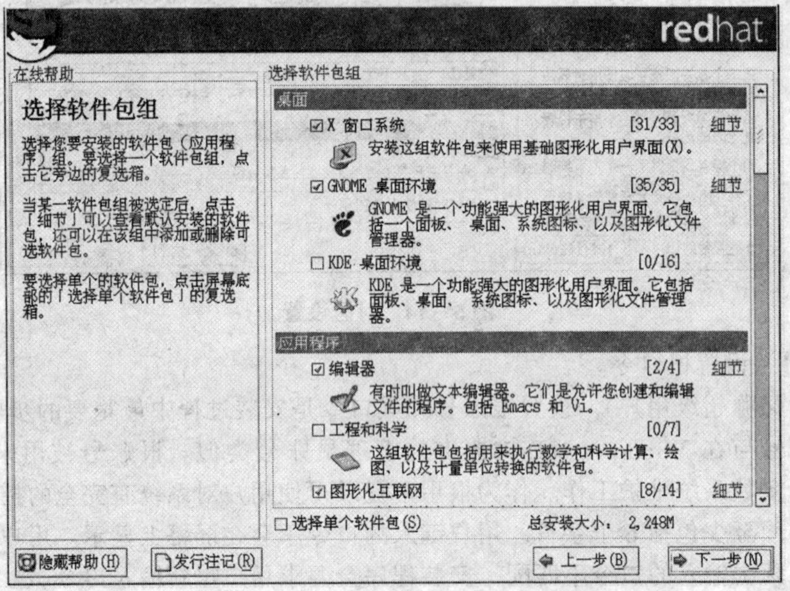

图 5-16　软件包组设置

【步骤 15】　软件包的安装。

单击“下一步”，进入安装状态，这需要等待一段时间，如图 5-17 所示。

【步骤 16】　创建引导盘。

要创建一张引导盘，则需在用户的磁盘驱动器内插入一张空白的、格式化了的磁盘，然后单击“下一步”。

建议用户一定要创建一张引导盘。引导盘可以帮助用户在系统出现某些问题时恢复对系统的引导。例如由于某种原因，用户的系统无法使用 GRUB，LILO 或第三方的引导装载程序来正确引导，引导盘将能正确引导用户的 Red Hat Linux 系统。引导盘被创建后，从磁盘驱动器中把它取出并给它注以明确标签。用户也可以在安装结束后再创建引导盘。如果用户不想创建引导盘，请确定在单击“下一步”按钮前选择相应的选项。

如果用户使用引导盘来引导用户的系统（而不是 GRUB 或 LILO），而且无论何时用户对内核做了某些改变（包括安装一个新内核）后，用户都应重新创建一张新的引导盘。如图 5－18 所示。

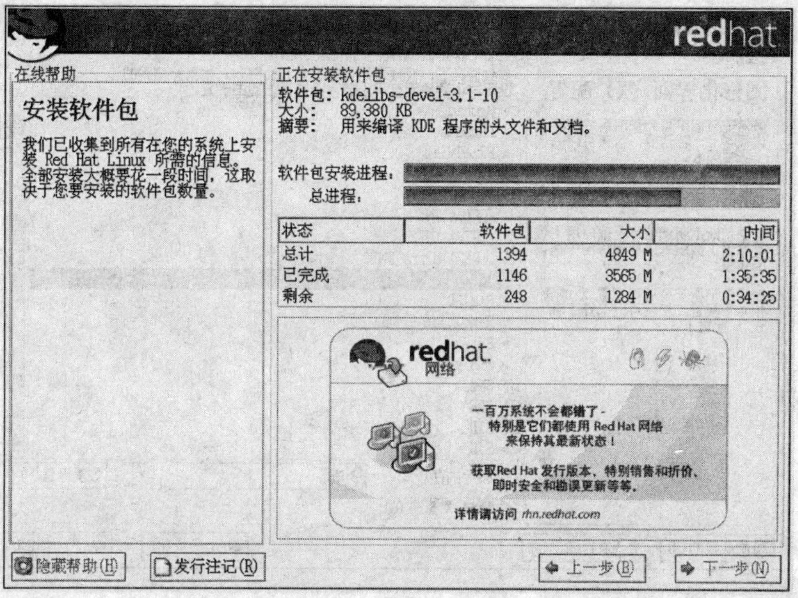

图 5－17　安装软件包

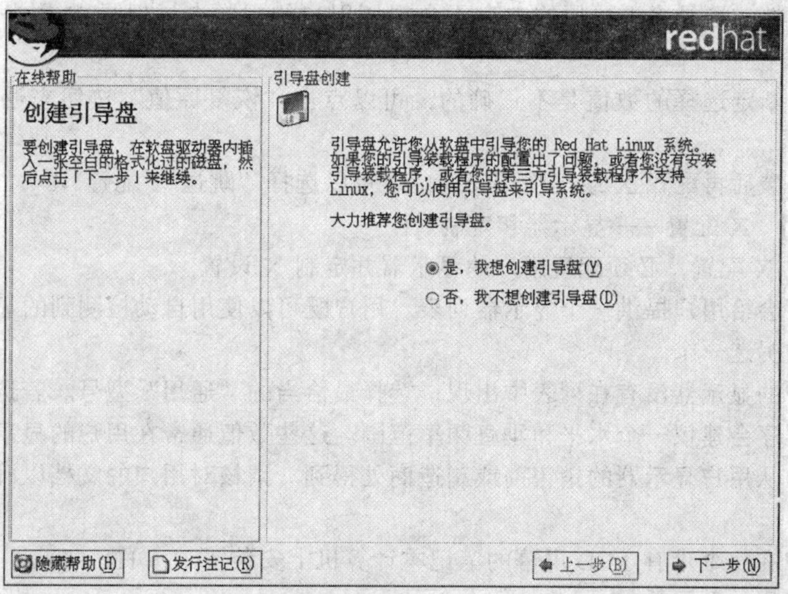

图 5－18　引导盘创建设置

【步骤 17】 视频卡配置。

安装程序现在将会给用户一个视频卡列表，以供用户选择。

如果用户决定要安装 X 窗口系统软件包，用户现在就有机会为用户的系统配置一个 X 服务器。如果用户的视频卡没有出现在列表中这说明 X 可能不支持它。如果用户对自己所用的视频卡有技术上的了解，可以选择“没列出的卡”，然后试图通过匹配视频卡的视频芯片与 X 服务器来配置它。如图 5－19 所示。

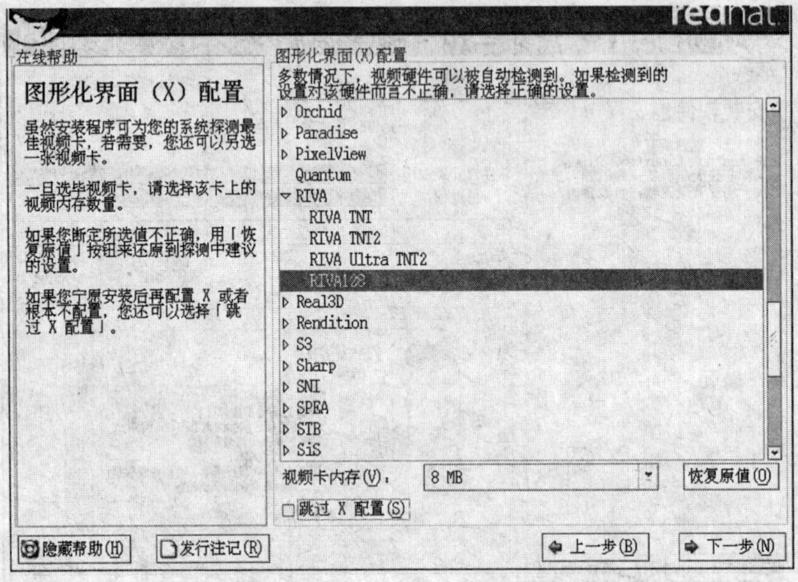

图 5－19　视频卡设置

下一步，需输入在用户的视频卡上安装的视频内存数量。如果用户不能肯定，请阅读用户的视频卡文档。选择多于可用的内存不会损坏用户的视频卡，但是 X 服务器可能会不能正确启动。

如果用户断定选择的数值是不正确的，可以点击“恢复原值”按钮来返回到建议的设置。

如果想安装后再配置 X 或干脆不安装，还可以选择“跳过 X 配置”。

【步骤 18】　X 配置——显示器和定制。

为了完成 X 配置，必须配置用户的显示器并定制 X 设置。

安装程序会给用户提供一个显示器列表。用户既可以使用自动检测到的显示器，也可以在这个列表中另选一个。

如果用户的显示器没有在列表中出现，选择最恰当的“通用”型号。若选择“通用”显示器，安装程序会建议一个水平和垂直频率范围。这些数值通常在用户的显示器文档中可以找到，也可以从用户显示器的销售商或制造商处得到。请核对用户的文档以确保这些数值已被正确设置。

如果用户在一个带有 LCD 屏幕的笔记本计算机上安装了 Red Hat Linux，用户应该选择最恰当的“通用”型号。

除非用户肯定所选显示器不超过所用显示器的能力，否则不要选择与用户的显示器相似的显示器设置，这么做可能会使用户的显示器由于超频而被损坏，如图 5－20 所示。

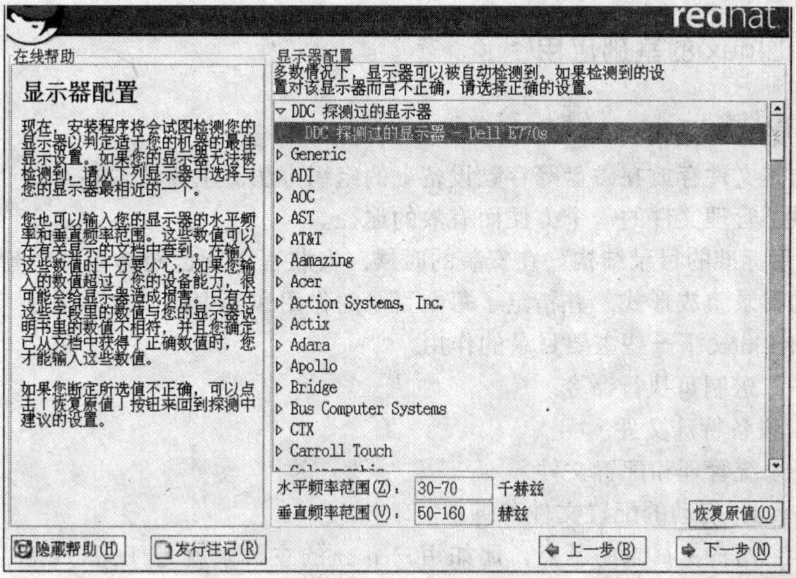

图 5-20　显示器设置

安装程序为用户系统建议的水平和垂直频率范围也显示在显示器列表之下。

如果用户确定所选的显示器或频率数值不正确，可以点击“恢复原值”按钮来返回到建议的设置中。当显示器配置完毕后，单击“下一步”。

如果用户执行的是定制或服务器安装，还可以选择在安装结束后，将系统引导入文本环境还是图形化环境。除非用户有特殊需要，推荐引导入图形化环境（与 Windows 环境相似)。如果用户选择要引导入文本环境，将会看到一个命令提示（与 DOS 环境相似)。

为用户的 X 配置选择正确的色彩深度和分辨率，如图 5-21 所示。

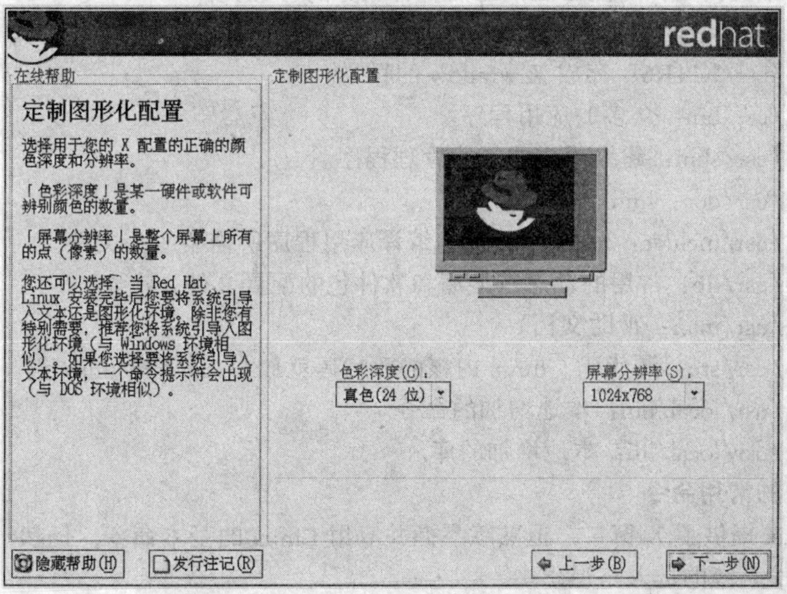

图 5-21　定制图形化配置

到此，Red Hat Linux 安装完成。

5.3.2 Linux的基础应用

1. Linux 的文件结构

文件结构是文件存放在磁盘等存贮设备上的组织方法，主要体现在对文件和目录的组织上，目录提供了管理文件的一个方便而有效的途径。

Linux 使用标准的目录结构。在安装的时候，安装程序就已经为用户创建了文件系统和完整而固定的目录组成形式，并指定了每个目录的作用和其中的文件类型。

下面列出 Linux 下一些主要目录的作用。

- /bin：二进制可执行命令。
- /dev：设备特殊文件。
- /etc：系统管理和配置文件。
- /etc/rc.d：启动的配置文件和脚本。
- /home：用户主目录的基点，比如用户 user 的主目录就是/home/user，可以用～user 表示。
- /lib：标准程序设计库，又叫动态链接共享库，作用类似 Windows 里的 .dll 文件。
- /sbin：系统管理命令，这里存放的是系统管理员使用的管理程序。
- /tmp：公用的临时文件存储点。
- /root：系统管理员的主目录。
- /mnt：系统提供这个目录是让用户临时挂载其它的文件系统。
- /lost+found：这个目录平时是空的，存放由于系统非正常关机而留下的文件。
- /proc：虚拟的目录，是系统内存的映射，可直接访问这个目录来获取系统信息。
- /var：某些大文件的溢出区，比如各种服务的日志文件。
- /usr：最庞大的目录，要用到的应用程序和文件几乎都在这个目录中，其中主要包含：

  /usr/X11R6：存放 X window 的目录。

  /usr/bin：众多的应用程序。

  /usr/sbin：超级用户的一些管理程序。

  /usr/doc：linux 文档。

  /usr/include：linux 下开发和编译应用程序所需要的头文件。

  /usr/lib：常用的动态链接库和软件包的配置文件。

  /usr/man：帮助文档。

  /usr/src：源代码，linux 内核的源代码就放在/usr/src/linux 里。

  /usr/local/bin：本地增加的命令。

  /usr/local/lib：本地增加的库。

2. Linux 的常用命令

虽然 Linux 提供了 X 窗口，但熟练掌握并应用 Linux 的基本命令，仍然十分重要。

(1) Linux 系统的进入与退出

进入 Linux 系统，必须要输入用户的账号，在系统安装过程中可以创建以下两种账号：

● root：超级用户账号（系统管理员账号），使用这个账号可以在系统中做任何事情。

● 普通用户：普通用户账号供普通用户使用，可以进行有限的操作。

一般的 Linux 使用者均为普通用户，而系统管理员一般使用超级用户账号完成一些系统管理的工作。如果只需要完成一些由普通账号就能完成的任务，建议不要使用超级用户账号，以免无意中破坏系统，影响系统的正常运行。

用户登录分两步。第一步，输入用户的登录名，系统根据该登录名识别用户；第二步，输入用户的口令，该口令是用户自己设置的一个字符串，对其它用户是保密的，是在登录时系统用来辨别真假用户的关键字。

当用户正确地输入用户名和口令后，就能合法地进入系统。屏幕显示：[root@loclhost / root]#

这时就可以对系统进行各种操作了。注意超级用户的提示符是“#”，其它用户的提示符是“$”。

Linux 是一个真正的多用户操作系统，它可以同时接受多个用户登录。Linux 还允许一个用户进行多次登录，这是因为 Linux 和 UNIX 一样，提供了虚拟控制台的访问方式，允许用户在同一时间从控制台进行多次登录。虚拟控制台的选择可以通过按下 Alt 键和一个功能键来实现，通常使用 F1～F6。例如，用户登录后，按一下 Alt-F2 键，用户又可以看到“login:”提示符，说明用户看到了第二个虚拟控制台，然后只需按 Alt-F1 键，就可以回到第一个虚拟控制台。一个新安装的 Linux 系统默认允许用户使用 Alt-F1 到 Alt-F6 键来访问前六个虚拟控制台。虚拟控制台可使用户同时在多个控制台上工作，真正体现 Linux 系统多用户的特性。用户可以在某一虚拟控制台上进行的工作尚未结束时，切换到另一虚拟控制台开始另一项工作。

不论是超级用户还是普通用户，需要退出系统时，在 shell 提示符下，键入 exit 命令即可退出。

(2) Linux 与用户有关的命令

● passwd 命令：出于系统安全考虑，Linux 系统中的每一个用户除了有其用户名外，还有其对应的用户口令。因此使用 useradd 命令增加用户时，还需使用 passwd 命令为每一位新增加的用户设置口令；用户以后还可以随时用 passwd 命令改变自己的口令。

该命令的一般格式为：passwd [用户名]。

其中用户名为需要修改口令的用户名。只有超级用户可以使用“passwd 用户名”修改其它用户的口令，普通用户只能用不带参数的 passwd 命令修改自己的口令。

● su 命令：这个命令非常重要。它可以让一个普通用户拥有超级用户或其它用户的权限，也可以让超级用户以普通用户的身分做一些事情。普通用户使用这个命令时必须有超级用户或其它用户的口令，如要离开当前用户的身份，可以输入 exit。

该命令的一般格式为：su [选项] [?] [使用者账号]。

(3) Linux 备份与压缩命令

● tar 命令：tar 可以为文件和目录创建档案。利用 tar，用户可以为某一特定文件创建档案（备份文件），也可以在档案中改变文件，或者向档案中加入新的文件。tar 最初被用来在磁带上创建档案，现在，用户可以在任何设备上创建档案，如软盘。利用 tar 命令，可以把一大堆的文件和目录全部打包成一个文件，这对于备份文件或将几个文件组合成为一个文件以便于网络传输是非常有用的。Linux 上的 tar 是 GNU 版本的。

命令格式：tar［主选项+辅选项］文件或者目录。

● gzip 命令：减少文件大小有两个明显的好处：一是可以减少存储空间，二是通过网络传输文件时，可以减少传输的时间。gzip 是在 Linux 系统中经常使用的一个对文件进行压缩和解压缩的命令，既方便又好用。

命令格式：gzip［选项］压缩（解压缩）的文件名。

● unzip 命令：用 MS Windows 下的压缩软件 winzip 压缩的文件如何在 Linux 系统下展开呢？可以用 unzip 命令，该命令用于解扩展名为 .zip 的压缩文件。

命令格式：unzip［选项］压缩文件名 .zip。

（4）Linux 常用命令集

Linux 常用命令集如表 5-2 所示。

表 5-2 Linux 常用命令

命令动词	简要说明
cd directory	进入指定的目录
cd ..	进入上一级目录
cd /directory	进入目录
cd	进入用户自己的目录
cp file-from file-to	拷贝文件
ln [-s] source linkname	为一个文件建立链接
ls [directory]	查看指定目录下的文件
ls -l [directory]	查看指定目录下文件的详细
ls -a [directory]	查看指定目录下的所有文件
mkdir new-directory	建一个新目录
more file	查看一个文本文件的内容
rmfile	删除一个文件
rm -r directory	删除一个目录
rmdir directory	删除一个目录
find . -name "file"	从当前目录开始查找指定的文件
adduser	创建新用户
alias	设置别名或替代名
bg fg	使挂起的进程继续运行
ps ax	查询当前进程
mount	连接文件系统
more less	浏览文件内容

(续表)

命令动词	简要说明
chown chgrp	改变文件的拥有者
chmod	改变文件属性
halt	关闭系统
man	显示手册页
passwd	改变用户口令
grep	查找字符串
find	查找文件
dd	复制磁盘或文件系统
kill	杀掉一个进程
killall	杀掉所有进程

5.4 实验报告

1. 写出 Red Hat Linux 系统的安装配置。

2. 使用 Red Hat Linux 的命令，写出使用 Linux 命令实现修改口令、多用户之间转换的操作过程。

3. 使用 Linux 的网络服务功能，写出启动 FTP 服务的过程。

5.5 相关知识

1. Linux 的起源和特点

Linux 是一套 UNIX-like 的作业系统，是 UNIX 的一种，控制整个系统基本服务的核心程序（kernel）是由芬兰人 Linus Torvalds 带头开发出来的，“Linux”这个名称便是以“Linus 's unix”来命名。

1991 年，当时还是个大学生的 Linus 在网络上首次发表 Linux 核心程序的原始码，并且选择用“大众公有版权（GPL）”的方式来发行这份程序，在网络日渐盛行以及 Linux 开放自由的版权之下，吸引了无数计算机高手投入开发、改善 Linux 的核心程序，使得 Linux 的功能日见强大。

除了核心程序以外，一个作业系统还需要其它的系统程序和应用程序才有实用性。Linux 系统中常用的系统程序大部分是美国自由软件基金会（Free Software Foundation）开发出来的软件，而且也有不少机构或个人利用自己的闲暇时间，不计报酬地为 Linux 开发应用程序。这些程序大多都是自由软件，任何人都可以在网络上免费取得。不过自行去取得这些程序再一一安装非常不便，于是便有某些有系统整合能力的公司去搜集、整合 Linux 上的程序，把“核心—系统程序—应用程序”总合起来构成一个完整的作业系统，让一般使用者可以简便地安装完整的系统，这就是所谓的“安装套件”（distribution）。

我们一般讲的 Linux 系统便是针对这些安装套件而言。Linux 安装套件的种类繁多，著名的有早期在台湾非常流行的 Slackware 套件，还有近来越来越多人使用的 Debian 和在国外占有率超过一半的 Red Hat Linux，这些不同的安装套件都算是 Linux 系统，同样都用 Linux 核心，收录的程序大同小异，相互之间的程序都可以共用，不同的地方只在于一些系统设定跟程序套件的管理方式不同而已。

同样是 Linux 系统，不同公司、机构整合出来不同的安装套件，这就是大家常常在网络上看到 Linux 有那么多种的原因。

Linux 具有 UNIX 系统的程序界面和操作方式，也继承了 UNIX 稳定、有效率的特点，Linux 可以在一般的 i386 PC 上执行，自然而然地接收了过去几十年来在 UNIX 上累积的程序资源和使用者，加上 GPL 的版权允许大家免费传播 Linux 的原始码，并针对自己的需求修改程序，目前 Linux 已经成为非常受欢迎的一个多用户、多任务、免费、稳定、高效率、可以在包括 i386，Sparc，Alpha，Mips，PPC 等众多不同计算机系统平台上执行的作业系统。

Linux 的特点如下：

(1) 图形整合接口　Linux 配备有 X Window System，这是 UNIX 机器的标准图形接口，最早由 MIT（麻省理工学院）开发。X Window System 提供多种窗口管理程序（Window Manager），让使用者能以更灵活的方式来管理窗口和使用软件。

(2) 多重开机管理　当我们在一台计算机中安装一套以上的操作系统时，需要安装多重开机管理程序，Linux 内建 LILO（Linux Loader）多重开机管理程序，使用者可利用它轻松地决定由哪个操作系统开机。

(3) 多用户多任务　Linux 是多用户使用的多任务操作系统，具有优异的内存和多任务管理能力，不仅可让使用者同时执行数十个应用程序，还能允许远程使用者联机登入执行程序。对于使用者账号的管理、权限、硬盘空间限制等等，都有完善的管理工具可以使用。

(4) 网络能力　Linux 沿袭 UNIX 系统使用 TCP/IP 为主要的网络通讯协议，内建 FTP、EMail 等功能。再加上稳定性高，因此许多 ISP 也都采用 Linux 或 UNIX 来架设 Mail Server，HTTP Server 与 FTP Server 等服务器。至于大多数用户采用拨号接入的方式连接网络，Linux 也提供 PPP（Point to Point Protocol）和 SLP（Serial Line Internet Protocol）通讯协议。

(5) 程序开发工具　由于 Linux 非常稳定，使得它成为优良的开发设计平台，在软件套件中包括多种程序语言与开发工具，加上 X Window System 的函数库，就可以开发出优秀的窗口应用程序。

2. Red Hat Linux 9 推荐的分区方案

(1) 一个交换分区（至少 32 MB）：交换分区用来支持虚拟内存。换句话说，当没有足够的内存来贮存用户的系统正在处理的数据时，这些数据就被写入交换区。用户的交换分区的最小值应该相当于用户的计算机内存的两倍。

例如，如果用户的内存小于等于 1 GB，用户的交换分区应至少与用户的系统内存相等或是它的两倍。如果内存大于 1 GB，建议使用 2 GB 交换区。创建一个有大量空间的交换分区将会在用户未来升级内存的时候特别有用。

（2）一个 /boot 分区（100 MB）：这个挂载在 /boot 上的分区包含操作系统的内核（允许用户的系统引导 Red Hat Linux），以及其它几个在引导过程中使用的文件。鉴于多数 PC BIOS 的限制，创建一个较小的分区来贮存这些文件是较佳的选择。对大多数用户来说，100 MB 引导分区应该是足够了。

（3）一个根分区（1.7～5.0 GB）：这是“/”（根目录）将被挂载的位置。在这个设置中，所有文件（除了贮存在 /boot 分区上的以外）都位于根分区上。一个大小为 1.7 GB 的根分区可以容纳与个人桌面或工作站相当的空间（只剩极少空闲空间），而一个大小为 5.0 GB 的根分区将会允许用户安装每一个软件包。

不要把用户的 /boot 分区创建为 LVM 分区类型。Red Hat Linux 中包括的引导装载程序无法读取 LVM 分区，将无法引导用户的 Red Hat Linux 系统。

在给用户的硬盘驱动器分区时，请留意，某些老系统内的BIOS无法进入硬盘上前 1 024 柱面以外的空间。如果情况如此，请在用户的硬盘驱动器前 1 024 柱面上为 /boot Linux 分区保留足够空间以便引导 Linux。其它的 Linux 分区可以放在 1 024 柱面之后。

如果用户的硬盘驱动器大于 1 024 个柱面，用户必须创建一个 /boot 分区才能使“/”（根）分区使用用户硬盘上的所有剩余空间。

实验六　Internet 接入

6.1　实验目的

1. 了解 Internet 接入的方式和各自的特点。
2. 掌握 Modem 的安装配置。
3. 了解常见的 ISDN 和 ADSL 的安装和基本配置。

6.2　实验要求

有条件的实验室提供 Modem，ISDN，ADSL 等至少各一种设备，让学生比较这三种常见设备和各自的特点。要求掌握 Modem 的工作原理，并能使用 Modem 将一台计算机连接上 Internet，能根据设备的指示灯等信息了解设备运行情况；了解 ISDN，ASDL 等设备的工作原理、安装和基本配置。

6.3　实验内容与步骤

6.3.1　Modem 的硬件安装

根据接口的不同，可以把 Modem 分为内置 Modem、外置 RS-232 接口 Modem 和 USB 接口的 Modem。外置 RS-232 接口 Modem 是比较常见的，从利用 Modem 拨号上网以来应用比较多，它的安装、使用、携带都很方便。内置 Modem 直接安装在计算机内部，但是不便于携带，它不占用额外的空间，无需外接电源，连线较少。USB 接口的 Modem 是一种新型的 Modem，也安装在计算机外面，但不使用计算机的串口，而是使用计算机的 USB 接口。下面分别介绍各自的硬件安装步骤。

1. 外置 RS-232 接口 Modem

【步骤 1】 关闭计算机系统，并关闭电源。

【步骤 2】 把电话入户线的插头插到 Modem 的 LINE 口上；把电话机配套提供的电话线一端接到 Modem 的 PHONE 口上，另一端接电话机。

【步骤 3】 把 Modem 配套提供的电缆（232 电缆）的公头（针状）插到 Modem 的 RS-

232 口，母头（孔状）插到计算机的串口上。

【步骤 4】 把随机电源变压器接到 220V 电源插座上，把插头插入 PWR 口。

【步骤 5】 如果要使用麦克风、耳机或音箱，可把麦克风插头插到 Modem 的 MIC 口，耳机或音箱插到 Modem 的 SPK 口。

通过上面的操作，就可以用 Modem 将计算机与外部网络连接上了。

【步骤 6】 检查电源、232 电缆、电话线是否插紧。打开电源插座开关，当 PWR 灯亮起后，表示 Modem 已经上电正常，同时 MR，HS（如果有）灯也亮起。

一般在 Modem 的前面板上有 9 个指示灯，Modem 上各种指示灯的名称和含义如表 6 - 1 所示。

表 6 - 1 Modem 指示灯含义

指示灯	名 称	含 义
PWR	电源指示	接电时常亮，表示电源正常
MR	Modem 就绪	Modem 初始化完毕，灯亮表示 Modem 核心电路工作正常
TR	终端就绪	灯亮表示与 Modem 相连的终端设备已经准备好与 Modem 通讯
CD	载波检测	灯亮表示 Modem 已经连接
SD	发送数据	发送数据时灯闪烁
RD	接收数据	接收数据时灯闪烁
AA	自动应答	Modem 为自动应答状态时灯常亮；检测到一个呼入时灯闪烁
OH	摘机指示	Modem 拨号时灯亮
HS	高速状态	连线速率在 9 600 bps 以上时灯亮

2．内置 Modem（PCI 接口）

【步骤 1】 关闭计算机系统，并关闭电源。

【步骤 2】 打开机箱，把 Modem 卡插入主机板上的 PCI 槽中，拧上 Modem 的挡板螺丝将 Modem 固定，盖上机箱。

【步骤 3】 把电话入户线的插头插到 Modem 的 LINE 口；把电话机配套提供的电话线一端接到 Modem 的 PHONE 口，另一端接电话机。

【步骤 4】 如果要使用麦克风、耳机或音箱，可把麦克风插头插到 Modem 的 MIC 口，耳机或音箱插到 Modem 的 SPK 口。

3．USB 接口的 Modem

USB 接口的 Modem 插入或拔下 USB 电缆时，不要求关闭计算机电源，安装相对简单。

【步骤 1】 把电话入户线的插头插到 Modem 的 LINE 口。

【步骤 2】 把配套提供的 USB 电缆的扁平头一端插到计算机的 USB 接口上。

【步骤 3】 把 USB 电缆的另一方形头插到 Modem 的 USB 口。如果驱动程序安装完毕，Modem 自检后 MR 灯亮，表示 Modem 已经准备好。

不管是哪一种 Modem，硬件安装完毕后，必须安装设备驱动程序，Modem 才能工作。

6.3.2 Modem 的安装检测

Modem 安装完毕后，应该检查 Modem 安装是否正常。具体操作如下：进入“控制面板”，双击“系统”图标，选择“设备管理器”，双击“调制解调器”，显示已经安装的 Modem 设备名称。如果该设备名称前没有“!”出现，则表示 Modem 安装正常，否则需要重新检查和安装。

6.3.3 Modem 的上网设置

Modem 正常安装完毕后，要上网还需要进行一些设置。

【步骤 1】 添加拨号网络组件。

在控制面板中，双击“添加/删除程序”图标，选择“Windows 安装程序”选项卡，双击“通讯”，选择“拨号网络”，如图 6－1 所示。连续单击“确定”可完成拨号网络组件的添加。

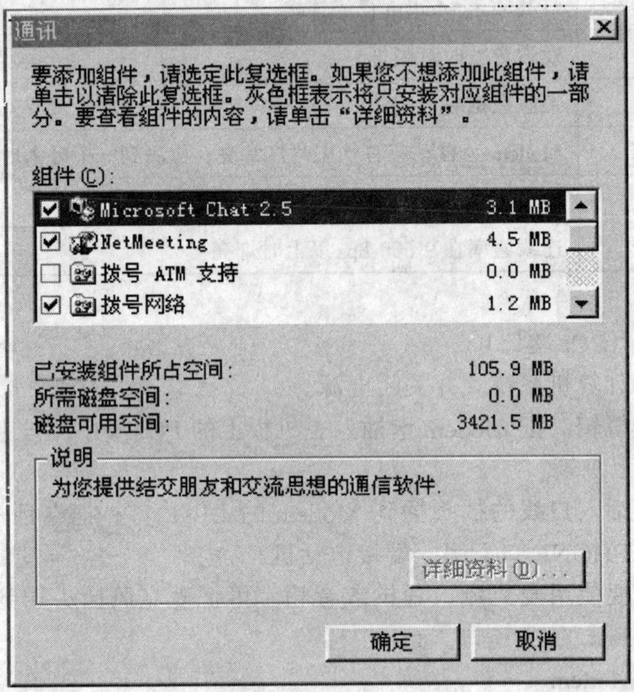

图 6－1 添加组件

【步骤 2】 建立一个连接（以 Windows98 为例）。

(1) 进入“开始”，选择“程序”，选择“附件”中的“通讯”，打开“拨号网络”，双击“建立新连接”图标。

(2) 选择正确的 Modem，也可以将“我的连接”修改成任何需要的名称（如 16300），如图 6－2 所示，单击“下一步”。

图 6-2　建立新连接

(3) 输入 ISP 的电话号码（如 16300），如图 6-3 所示，单击“下一步”。

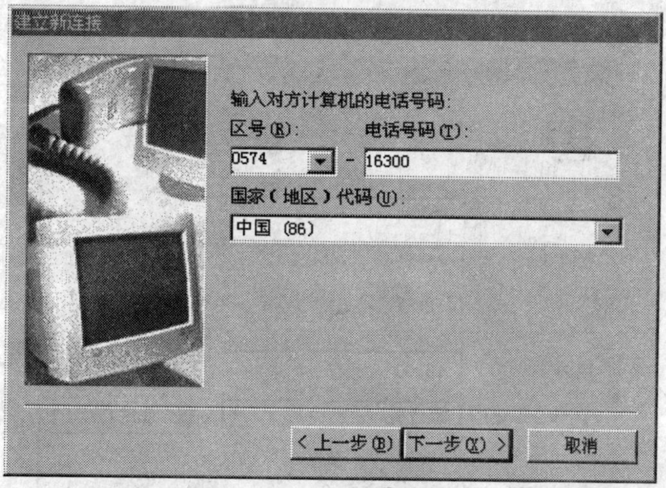

图 6-3　输入 ISP 电话号码

(4) 如图 6-4 (a) 所示，单击“完成”，就建立了一个拨号上网的连接，如图 6-4 (b) 所示。

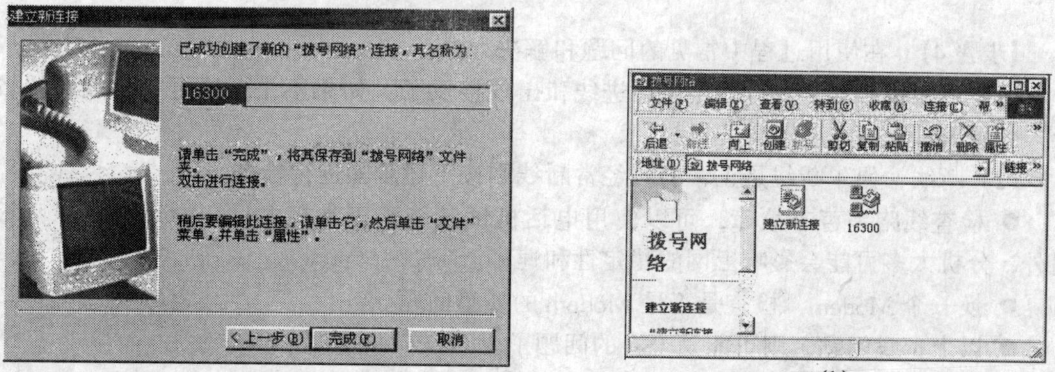

(a)　　　　(b)

图 6-4　完成连接的建立

(5) 如果根据不同的情况需要不同的拨号号码，可以建立多个上网的连接，重复上述1～4步的操作，并分别命名为不同的名称，上网时双击其中的一个连接即可。

【步骤3】 用建好的连接拨号上网。

(1) 选择“附件”下的“通讯”，打开“拨号网络”，双击刚才建立的连接16300，如图6－5所示，输入ISP用户名和密码，如果计算机是自己独用，为了省去每次输入密码的繁琐，可以选择“保存密码”。然后单击“连接”，开始拨号，会听到“吱吱嘎嘎”的Modem的拨号声。

(2) Modem拨号后，弹出一个窗口，显示“状态：正在检测用户名与密码”。登录成功后，任务栏上将会出现闪烁的两台计算机的小图标，此时Modem连接成功，就可以上网了。

(3) 如果以后要修改有关的拨号属性（如修改电话号码等），可以点击“拨号属性”来进行修改。

(4) 如果在拨号过程中，弹出“没有拨号音”或其它错误信息，应该重复检查Modem是否安装正确。如果找不到原因，建议在控制面板的“网络”中删除“拨号网络适配器”，重新安装“拨号网络适配器”。

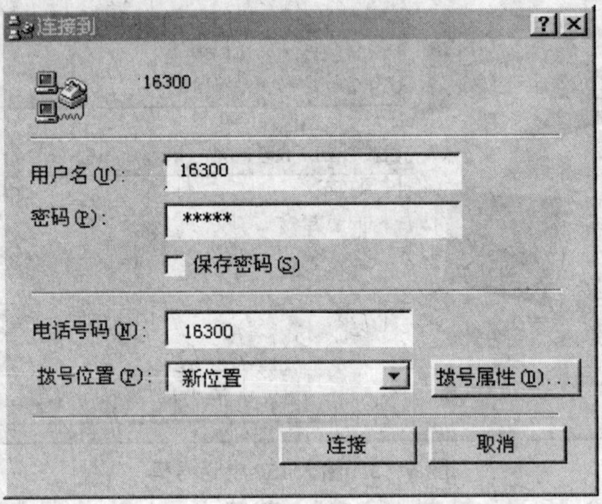

图6－5 开始进入连接

【步骤4】 在使用过程中常见的问题和解决办法。

(1) 不能拨号上网：可能是电话进线和出线接反了。如果不是，还可能是线路比较忙，换一个号码试试，或者等会儿再拨。

(2) 断线：偶尔断线是正常的。经常断线则按下述步骤进行检查：

● 检查线路是否有故障，可以使用电话机试试能否正常打电话。如果有故障则报修。另外，分机太多可能会影响上网的稳定性和速率。

● 换一个Modem，检查是否是Modem的质量问题。

● 以上都没问题，则可能是ISP的问题了。

6.4 实验报告

1. 比较接入 Internet 的方式和各自的特点。
2. 举例说明 Modem 上各种指示灯的名称和含义。
3. 分析在使用拨号方式上网过程中常见的问题和解决办法。

6.5 相关知识

6.5.1 接入方式

目前国内常见的接入方式有下述几种。

1. PSTN（公共电话网）

其主要的特点是覆盖区域广，费用低廉，易于使用。只要一条可以连接 Internet 服务供应商（ISP）的电话线、一个账号和一个 Modem 就可以访问 Internet。存在的主要的缺点是传输速度低，线路可靠性差。一般适用于可靠性要求不高的个人用户或小型企业，有时候也用作备份的网络连接。

2. ISDN（综合业务数字网）

国内大多数城市都有 ISDN 接入服务。用户能使用一条电话线连接各类终端设备，分别进行电话、传真、数据、图像等多种业务通信，或同时进行包括语音、数据和图像的综合业务通信。

3. ADSL（非对称数字用户环路）

可以在一对普通的电话铜缆上提供 1～8 M bps 的下行速率和 512k～1Mbps 的上行速率，可进行视频会议和影视节目传输，适用于企事业单位、中小企业、家庭和校园等。

4. DDN 专线

适合对带宽要求比较高的应用（如企业网站）。DDN 速率比较高，有固定的 IP 地址、可靠的线路运行、永久的连接，但独占整个链路，费用高，因此中小企业很少选择。

5. 光纤接入

光纤铺设到路边或者大楼，数据传输速率高、误码率低、安全保密性好，但铺设光缆费用高，所以一般适合于有高速率的宽带业务需求的大型企业。

6. 无线接入

采用无线通信技术代替部分或全部接入网络，可以提供一定程度的终端移动性，开设速度快，投资省，但是传输质量不是很高。其中卫星接入方式一般适合偏远地方又需要较高带宽的用户。

7. Cable Modem 接入

利用遍布全国的有线电视网，把放大器改成双向的既可实现多业务又可实现全业务的传输。Cable Modem 的工作方式是共享带宽的，所以有可能在某个时间段线路上用户激增时，出现速率下降的情况。

8. 高速以太网接入

在光纤到小区/大楼的基础上，采用高速以太网技术实现用户高速信息接入。能为用户提供双向 10Mbps/100Mbps 的标准以太网接口，在提供高速上网的同时，还能提供基于 IP 技术的所有业务，网络可扩展性强，投资规模小。但需要重新布线，所以比较适合于各种集团用户或新开发的小区、学校等。

下面简单介绍家庭用户常见的 Modem，ISDN，ADSL 和 Cable Modem 的工作原理。

6.5.2 Modem

Modem 的名称来源于 Modulate - DEModulate，网友们通常称之为“猫”。Modem 实现了基于数字信号的计算机和基于模拟信号的电话系统之间的连接。数据由计算机发出时要经过 Modem 的调制，计算机接收数据时要由 Modem 解调，所以又称为调制解调器。

Modem 的作用就是数据在数字格式和模拟格式之间转换。当计算机发送信息时，Modem 从计算机的串口接收到二进制信号后，将数字信号转换成模拟的音频信号，然后 Modem 将这些信号通过公用电话网络传输出去。在接收端，另一个兼容的 Modem 将这些音频信号转换成二进制信号，并发送给计算机。

Modem 可以工作在多种速度下，适用于多种标准。速度经常用波特率表示，波特率指每秒内信号变化次数，而位率（bps）是每秒传送的二进制位数，如果信号变化一次代表一位，则波特率就等于位率。常见的有 14.4Kbps，28.8Kbps，33.6Kbps，56Kbps 的 Modem 等。

Modem 的兼容性很重要。Hayes 公司（贺氏公司）生产的 Modem 在业界拥有相当的地位，其它厂家生产的 Modem 往往与之兼容。Hayes 公司推出了一套用于 Modem 编程的命令，这些命令都以 AT 开头（Attention 的头两个字母，表示引起 Modem 的注意），所以常称为 AT 命令集。如 ATDT123456 表示用音频拨号 123456，ATSO = 0 表示取消 Modem 的自动应答，ATH1 使电话摘机，ATH0 使电话挂机等。还有很多其它的 AT 命令，需要使用时可查看有关的手册和文档。

6.5.3 ISDN

1. ISDN 的定义

在 ISDN 出现以前，音频、视频和数据服务等由于传输媒介不同，所以需要通过不同的网络来传输。综合业务数字网 ISDN（Integrated Service Digital Network）是由 CCITT 和各国标准化组织开发的一组标准，将电话、传真、数据、图像等多种业务综合在一个统一的数字网络中进行传输和处理，用户只需一个电话端口即可实现电话、传真、数据、图像等的传送。从普通用户的角度来看，也就是说，利用同一根电话线可以一边打电话，一边在计算机上下载文件，中国电信又称其为“一线通”。1984 年 CCITT 对 ISDN 的定义是：“ISDN 是以综合数字电话网（IDN）为基础发展演变而成的通信网，能够提供端到端的数字连接，用来支持包括声音和非声音在内的多种业务。用户的访问是通过少量多用途用户网络接口标准实现的。”原先的 ISDN 称为窄带 ISDN（N－ISDN）。现在的 ISDN 使用光纤以得到更宽的带宽，称为宽带综合业务数字网（B－ISDN）。

2．ISDN 系统结构

用于家庭或小型企事业单位的 ISDN 方案中，在用户设备和 ISDN 交换系统之间放置一个第一类网络终端设备（NT1），NT1 放置在靠近用户设备一端，利用电话线和几公里以外的交换系统相连。NT1 装有一个连接器，无源总线电缆可插入连接器，最多有 8 个 ISDN 电话、终端或其它设备可连接到总线电缆，每个设备都有一个惟一的地址。NT1 除了接插板的作用外，还有网络管理、测试、维护、性能监视和设备争用等功能。

大型企事业单位中往往有很多电话同时进行对话，总线无法处理，所以需要一个第二类网络终端设备（NT2）。NT2 就是计算机交换分机 CBX，又称为 PBX，NT2 实际上是一个小规模的 ISDN 交换系统。在单位内部通电话或数字通信，和 ISDN 交换系统无关，只有拨外线时才需要 ISDN 交换系统的服务。除了 NT2 外，该方案中可能还有 NT1，TA（终端适配器），TE1（标准 ISDN 终端，通过双绞线来连接到 ISDN 网络上）和 TE2（非标准 ISDN 终端，必须经过 TA 转换后才能连接到 ISDN 网络上）。其中数字电话机、四类传真机等属于标准 ISDN 终端，可以直接连接 ISDN 线路使用。而我们熟悉的计算机、普通电话、普通传真机都属于非标准 ISDN 终端，它们需要通过适配器与 NT1 连接然后才能连上 ISDN 线路使用。

3．ISDN 接口

CCITT 对 ISDN 定义了交换设备和用户设备之间的两种数字位管道接口：基本速率接口 BRI（Basic Rate Interface）和主速率接口 PRI（Primary Rate Interface，有些地方也称为一次群接口）。

BRI 通常提供给普通的 ISDN 接入用户，有专线和拨号线路两种接入方式，我国目前一般是拨号线路接入。BRI 包括两个 B 通道和一个 D 通道，B 通道 64Kbps，常简称为 2B＋1D，用于传输声音和数据；D 通道 16Kbps，是一个传输建立和管理线路控制信号的分组交换数据通道。能支持的最大传输速率是 144Kbps。

PRI 通常用在局间连接。在美国和日本 PRI 通常使用 24 个 B 信道，其中的一个用作 D 信道（或使用另外一条 8Kbps 的信道作为数据传输管理信道），简称为 23B＋1D，这样 ISDN 能够提供共 1.544Mbps 的带宽，相当于一条 T1 线路的数据传输率。在欧洲，PRI 使用 30 个 B 信道和 1 个 D 信道，提供 2.048Mbps 的数据传输率，相当于一条 E1 线路。我国采用的是 30B＋1D 的标准。

在实际应用时，用户拨号上网后会忘记断掉连接，这会导致长时间无效的连接造成不必要的经济损失。ISDN 提供了按需拨号（Dial on Demand）的功能，需要与外界连通时 ISDN 自动拨通，当无流量时自动断开连接。

另外，ISDN 还提供了一种带宽按需增加的功能。传输不同数据时需要的带宽是不同的，当传输量较小时可以只用一个 B 通道，传输量大时 ISDN 自动把另外一个 B 通道打开，使大数据量畅通无阻。当数据流量减小时，又能自动关闭第二个 B 通道，以节省网络开销。这需要 MultiLink PPP 协议的支持。

4．ISDN 的硬件安装

用户打交道的首先是与电信部门 ISDN 交换机相连的 NT1 设备，通过 NT1 完成用户终端信号和线路信号的转换。NT1 由电信部门提供（不同地方情况可能不同，有些是让用户一次买断，有些是免费赠送给用户），一般由电信部门上门安装和调试，用户可以不关心它怎样与外线连接。与用户关系较为密切的是连接到 NT1 的接口和设备，NT1 一般提供一个 U 接口，一个或两个数字接口（S/T 接口）。U 接口与 ISDN 外线连接，S/T 接口则让用户的数字设备与之直接连接，所有用户的 ISDN 终端设备都是通过 NT1 设备上的一个或两个 S/T 接口接入网络的。U 接口一般采用 RJ11 或 RJ45 插头，S/T 接口采用 RJ45 插头。TE1 可直接连到 NT1 设备上，但我们通常使用的电话机和计算机等 TE2 设备都是模拟设备，不能直接接到 NT1 的数字接口，需要借助终端适配器 TA，将模拟接口（R 接口）转换为数字接口（S/T 接口）。TA 有外置的和内置的不同型号，都能满足用户的需要。

ISDN 适配器（TA）与 Modem 很相似，都是通过电话线路来连接计算机。两者的主要区别是：Modem 是通过载波来进行调制和解调数据，然后在电话线路上进行数据传输的；而 ISDN 适配器是用来连接计算机与数字线路的设备，只是简单地进行数据传输。因为 ISDN 适配器并不是通过一个载波来调制和解调数据的，所以从技术上来说，“ISDN 调制解调器”这样的说法是不准确的。

5．ISDN 的软件安装

【步骤 1】 准备设备：关闭计算机，按上述要求准备好计算机或电话、传真等与 NT1，TA 的连接。

【步骤 2】 安装 AT 驱动程序：单击“开始”、“设置”、“控制面板”、“添加/删除硬件”，安装 TA 驱动程序并启动计算机。内置的 TA 显示在“网卡”中，外置的 TA 在“调制解调器”中出现。

【步骤 3】 通过设备管理器了解 TA 连接的电话交换机的类型（电话局提供 ISDN 服务的设备品牌和软件版本级别）。

【步骤 4】 安装网络协议：在“控制面板”的“网络”中安装网络组件（拨号网络适配器和 TCP/IP 协议）。

【步骤 5】 配置拨号网络：双击桌面上“我的电脑”图标，打开“拨号网络”，双击“新建连接”，输入连接的名称，并选择调制解调器为相应的 ISDN 设备。单击“下一步”按钮，输入对方电话号码。进入下一个窗口，单击“下一步”按钮，最后单击“完成”即可上网了。

【步骤 6】 如果要使用两个 B 通道（128K）上网，即使用 MultiLink PPP，则应设置：

（1）在拨号网络里，“新建的连接”上单击鼠标的右键，单击“属性”。在连接属性窗口，“电话号码”输入框中输入使用上网的号码（如 16300），“连接方式”选择 ISDN Channel 0（或 Channel 1），单击“多重链接”菜单项，选择“使用附加设备”，单击“添加”。

（2）添加 ISDN Channel 1，“电话号码”输入框中添加使用上网的号码（如 16300），单击“确定”。

（3）再添加 ISDN Channel 0，电话号码也选 16300，单击“确定”。这时就可使用 2 个 B 通道 128K 上网了。但有时 ISP 为保证用户接通率，在接入服务器端设置不允许使用 Multilink PPP。因此要做上述的设置需先确认 ISP 是否支持 128K 接入，可以尝试在用户较少时拨号，这样应能试出是否支持 128K 接入。

（4）同样可以在属性窗口配置按需拨号和带宽按需增加的功能。

实际安装时由于设备和操作系统的不同，可能与上述步骤略有不同，更详细的安装和配置请参考设备使用说明书等相关资料。

由于 ISDN 费用低廉，使用方便，能自动识别通信业务等特点，前几年国内 ISDN 业务发展很快。但近来由于 ADSL 和 Cable Modem 等技术的发展，ISDN 的使用已经不是那么广泛了。对于那些需要周期性地传输大量数据的公司来说，ISDN 应该是非常好的选择。另外还有些单位使用 ISDN 作为冗余广域网链路，即将路由器设置成当主要链路失效时，数据通过 ISDN 线路传输。

6.5.4 ADSL

1. 概述

ADSL 是英文 Asymmetrical Digital Subscriber Loop（非对称数字用户环路）的英文缩写。DSL 作为最后一公里接入技术而非广域网主流范畴，有着众多的衍生物（ADSL，SDSL，HDSL，RADSL，VDSL 等统称为 xDSL），它们可在现有电话线上为用户提供高带宽的数据或多媒体传输，不需要添加任何放大器或中继器，且使用 xDSL 工作的同时不影响打电话。

xDSL 设备与 Modem 非常相似，安装在电话线的两端，接收基带数据，然后通过调制技术形成高速模拟信号进行传输。

xDSL 有对称与非对称之分来满足不同的用户需求，所谓对称与非对称是指上行与下行的带宽是否相同，即是单向还是双向需要高带宽。所谓非对称是指用户线的上行速率与下行速率不同，上行速率低，下行速率高，特别适合传输多媒体信息业务，如视频点播（VOD）、多媒体信息检索和其它交互式业务。目前 ADSL 的国际标准主要由 ANSI 制定。1994 年 T1E1.4 工作组通过了第一个 ADSL 草案标准，采用离散多音频调制（DMT）作为线路码型标准，支持 6Mbps 或更高速率以及更远的距离。ADSL 典型的上行速率为 16K～640Kbit/s，下行速率如表 6－2 所示：

表 6－2　ADSL 传输速率

接口速率	传输速率（Mbit/s）	传输距离（m）
T1	1.544	6 000
E1	2.048	5 000
DS2	6.312	4 000
E2	8.448	3 000

ADSL 系统配置只需在通讯的两端各安装一台 ADSL Modem，就能提供非对称高速数字信道。ADSL Modem 主要分为 3 种：PCI 接口（内置），USB 接口和 RJ45 接口（外置）。其中 PCI 的价格便宜，但是安装麻烦；USB 接口安装免拆机，很受用户的欢迎；RJ45 接口的不用安装驱动程序，但是要配合以太网卡使用。

2. ADSL 的接入模型

ADSL 的接入模型主要有中央交换局端模块和远端模块组成，如图 6－6 所示。中央交换局端模块包括在中心位置的 ADSL Modem 和接入多路复合系统，处于中心位置的 ADSL

Modem 被称为 ATU－C（ADSL Transmission Unit－Central）。接入多路复合系统中心 Modem 通常组合成一个接入节点，也被称作"DSLAM"（DSL Access Multiplexer）。远端模块由用户 ADSL Modem 和滤波器组成，用户端 ADSL Modem 通常被称为 ATU－R（ADSL Transmission Unit－Remote）。

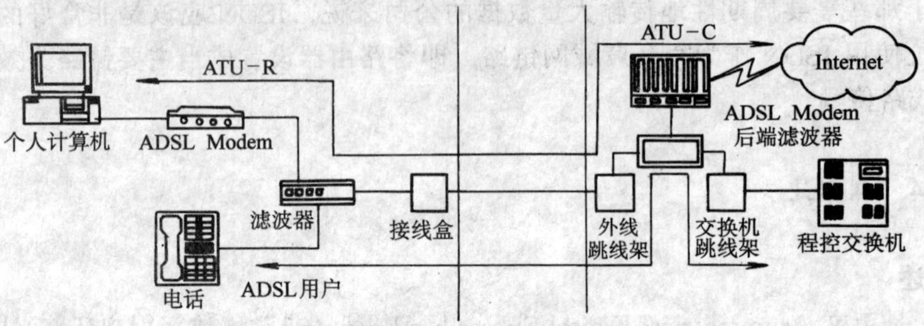

图 6－6　ADSL 的接入模型

3. ADSL 的安装

下面以外置 ADSL Modem，Windows 98 环境为例来介绍 ADSL 的安装步骤。

外置 ADSL Modem 主要包括以下几个部件：滤波器，它使上网和打电话互不干扰；ADSL Modem，数据传输设备；交叉网线，用于连接 Modem 和网卡；用户光盘，包括使用说明和拨号软件。

【步骤 1】 安装网卡。

【步骤 2】 安装滤波器：滤波器有三个接口：外线输入（LINE），电话信号输出（PHONE），数据信号输出。外线输入端接电话入户线，如有分机应在分线器前接入滤波器；电话信号输出接电话机，可以在上网的同时进行电话通话，如图 6－7 所示。

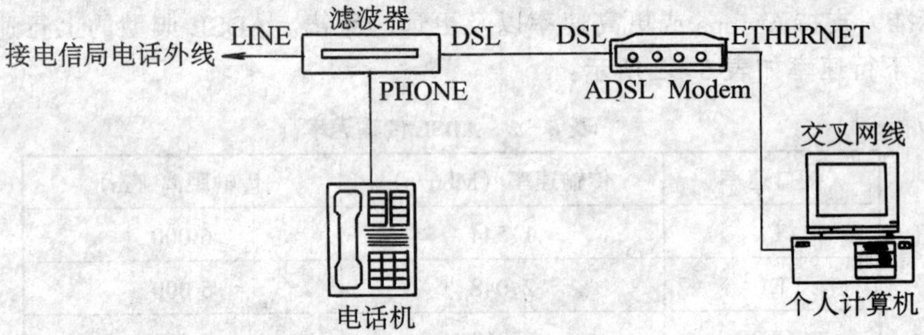

图 6－7　用户端的连接

【步骤 3】 安装 ADSL Modem：滤波器的数据信号输出接到 ADSL Modem 和电话 LINK 端口，交叉网线连接 ADSL Modem 的 Ethernet 口和网卡的 RJ45 口。

【步骤 4】 ADSL Modem 没有确实的通讯实体，只能依靠软件建立一个提供拨号的实体。可以利用电信局提供的专用软件 Enternet 300，直接运行其安装程序即可。如果使用其它虚拟拨号软件，请参考该软件的使用说明。

【步骤 5】 建立一个新的连接：双击"Create New Profile"，会出现"Connection Name"的窗口，输入连接的名称（如 16300）。然后是"ser Name and Password"，输入电信部门的用户名和密码。接着是"Servers"提示，如果硬件连接都没有问题，直接进入到下一步就可以了。

可能会出现如下问题：出现“Devices”的窗口提示选择网卡，表示和网卡连接有问题，直至连接正常；窗口中会出现一只“手”的图片表示和数据线的连接问题，检查电话线和ADSL Modem的连接。

【步骤6】 接下来的是“Personal Firewall”的设置，可根据实际情况确定是否需要。在下一个窗口中，直接确定就完成了连接的设置。在主窗口中会出现刚建立的连接16300。双击这个连接，连接成功后会在任务栏中出现连接的小图标，一黄一绿两个闪动的小计算机，然后就可以上网了。双击这个图标会显示连接的信息，单击其中的“Details”还可以看到更详细信息，包括IP地址，DNS地址等。由于各地情况不同，具体细节请查询当地相关的电信部门。

实际安装时由于设备和操作系统的不同，可能与上述步骤略有不同，更详细的安装和配置请参考设备使用说明书等相关资料。

4．ADSL与其它接入服务的比较

具有普通拨号Modem的最高速率56K，ADSL在同一电话线上分别传送数据和语音信号，数据信号并不通过电话交换机设备，所以连线并不需要拨号，即上网无须缴纳额外的电话费而只缴上网费。

ADSL与ISDN的相同点是都能够进行语音、数据、图像的综合通信。但ADSL的速率是ISDN的60倍左右。ISDN提供的是2B+1D的数据通道，其速率最高可达到144Kbps。而ADSL的下行速率可达8Mbps，语音部分走传统PSTN网，数据部分接入宽带ATM平台。

ADSL非对称接入方式，上行最高640Kbps，下行最高8Mbps，比DDN对称性的数据传输更适合现代网络的特点。更重要的是ADSL费用要低廉得多，接入方式也较灵活。

ADSL在网络拓扑的选择上采用星型拓扑结构，为每个用户提供固定的、独占的带宽，而且可以保证用户发送数据的安全性。而Cable Modem的线路为总线型，信道带宽是一群用户共享的，一旦用户数增多，每个用户所分配的带宽就会急剧下降，而且共享型网络拓扑致命的缺陷就是它的安全性，数据传送基于广播机制，同一个信道的所有用户都可以接收到该信道中的数据包。

正是基于上述原因，近年来ADSL才日益普及。

6.5.5 Cable Modem

HFC网是在目前覆盖面很广的有线电视网CATV的基础上开发的一种宽带接入网。HFC网可在传送CATV的同时，提供电话、数据和其它宽带交互型业务。

现有的CATV网是树型拓扑结构的同轴电缆网络，HFC网需对CATV网进行改造。经过改造之后，主干采用光缆，具有很宽的频带，能进行双向传输，但需要每个家庭都安装一个用户接口盒。

用户接口盒要提供三种连接：

（1）使用同轴电缆连接到机顶盒，然后再连接到用户的电视机；

（2）使用双绞线连接到用户的电话机；

（3）使用线缆调制解调器（Cable Modem）连接到用户的计算机。

Cable Modem 是为 HFC 网使用的调制解调器，最大特点是传输速率高。其下行速率一般在 3M～10Mbps，最高可达 30Mbps，而上行速率一般为 0.2M～2Mbps。但 Cable Modem 比普通电话线上的 Modem 要复杂得多，并且不是成对使用的，只安装在用户端。

HFC 网也存在一些问题，最主要的问题是 HFC 是一种模拟技术，并不符合“数字化”的大方向。另外将现有的 450Mbps 单向传输的有线电视网改造成 750Mbps 双向传输的 HFC 网也需要相当的资金和时间，在电信政策方面也有些需要解决的问题，国内已有一些地方启动了 HFC 的试点工程。

实验七　局域网连接

7.1　实验目的

1. 了解在局域网组网实践中可能用到的网络设备及其性能和功能。
2. 了解局域网的拓扑结构。
3. 掌握 Switch 的安装和基本配置。
4. 了解利用 HUB，Switch 能实现的网络管理。
5. 掌握 Switch 的 VLAN 设置。
6. 了解能提升网络性能的 Switch 的高级配置。

7.2　实验要求

提供一些局域网常用的网络设备供学生观察；自己动手安装和配置网卡、连接 HUB 和 Switch，实现若干台计算机的网络互联；观察网络设备的运行情况；配置 Switch 端口；在 Switch 上划分 VLAN，并验证 VLAN 划分的结果。

本实验介绍局域网连接的过程和常见的一些配置，实验中以实达交换机 STAR - S2024M 和 S2024 为例。其它厂家或其它型号的交换机的设置与这里的介绍类似，但会有些区别，具体的请参考各自的产品使用说明书或向厂家咨询。

7.3　实验内容与步骤

7.3.1　连接局域网

假设由 20 台计算机构成一个局域网：10 台计算机 PC1 ~ PC10（IP 地址为 100.100.100.1～100.100.100.10）连接到 S2024M 的端口 1～10 上，另外 10 台计算机 PC11～PC20（IP 地址为 100.100.100.11～100.100.100.20）连接到 S2024 的端口 1～10 上。其中 S2024M 是可管理的交换机，S2024 单独使用时是不可网管的，但作为 S2024M 的堆叠从机即变为可管理的。

7.3.2 选择配置方式

S2024M/S2024 提供两种工作模式：Port VLAN 模式和 Tag VLAN 模式，两种工作模式的管理界面和功能是不同的。管理与配置时端口的表示采用“设备号+端口号”的方法，“设备号”指端口所在的设备号，S2024M 的设备号为 1～4，其中 1 为主机，2～4 为从机 1～3；“端口号”指端口在设备中的编号，如端口 1/1 指主机的 1 号端口。

1. 通过 Telnet 终端仿真程序

Telnet 是基于 TCP/IP 的协议，连接到交换机任意端口的计算机都可通过 Telnet 客户端软件远程登录，对交换机进行管理。

2. 通过配置（console）口的 Out－of－Band（带外）管理

带外管理是通过配置（console）口连接到交换机的串口，通过串口通讯程序（如 Windows 的超级终端）登录，在本地对交换机进行管理，不占用网络带宽。带外串口通讯的参数为：波特率 9 600bps，8 位数据位，1 位停止位，无校验，无流量控制。

Telnet 与带外管理两者的表现形式虽然不同，但是两者在内容与界面上是类似的。

注意：Telnet 和 Web 管理使用前，应使用带外管理为交换机设置一个 IP 地址（如后文中图 7－7）。

登录以后，首先进入管理界面的根菜单。因为 S2024 在 Port VLAN 与 Tag VLAN 两种工作模式下的管理内容不同，所以管理界面在两种工作模式下也有所不同。

如果交换机当前工作模式为 Port VLAN，显示如图 7－1 所示的根菜单：

```
==================STAR－S2024（超级管理员）===============
                 ==============================
                 * (S) 系 统
                 * (N) 网络
                 * (P) 端 口
                 * (V) Port VLAN
                 * (T) Trunk
                 * (A) AAA 服务
                 * (E) 安全
                 * (O) 优先级设置
                 * (L) 选择语言
                 ==============================
=============================================
输入菜单前面快捷键进入相应菜单，'Esc' 返回上一级菜单。
=============================================
输入菜单选项：
```

图 7－1 Port VLAN 的根菜单

如果交换机当前工作模式为 Tag VLAN，显示如图 7－2 所示的根菜单：

==============STAR－S2024（超级管理员）==============
==========================
* （S）系 统
* （N）网络
* （P）端口
* （V）Tag VLAN
* （T）Trunk
* （A）AAA 服务
* （E）安全
* （O）优先级设置
* （L）选择语言
==========================
=====================================
输入菜单前面快捷键进入相应菜单，'Esc'返回上一级菜单。
=====================================
输入菜单选项：

图 7－2　Tag VLAN 的根菜单

3. 基于 Web 管理（WBM）

将一台计算机连接到交换机 S2024M 上，启动本机上的浏览器，在浏览器的地址栏中输入交换机的 IP 地址，回车后即开始连接，如图 7－3 所示。Web 管理采取三级用户安全策略：Supervisor，Administrator 与 Monitor。不同级别的用户拥有不同的权限，其中 Supervisor 对交换机的管理具有完全权限；Administrator 没有 Supervisor 的恢复到出厂设置、文件传输、安全管理的权限；Monitor 具有 Administrator 可访问对象的读权限。在此以 Supervisor 登录的中文界面为例进行说明。

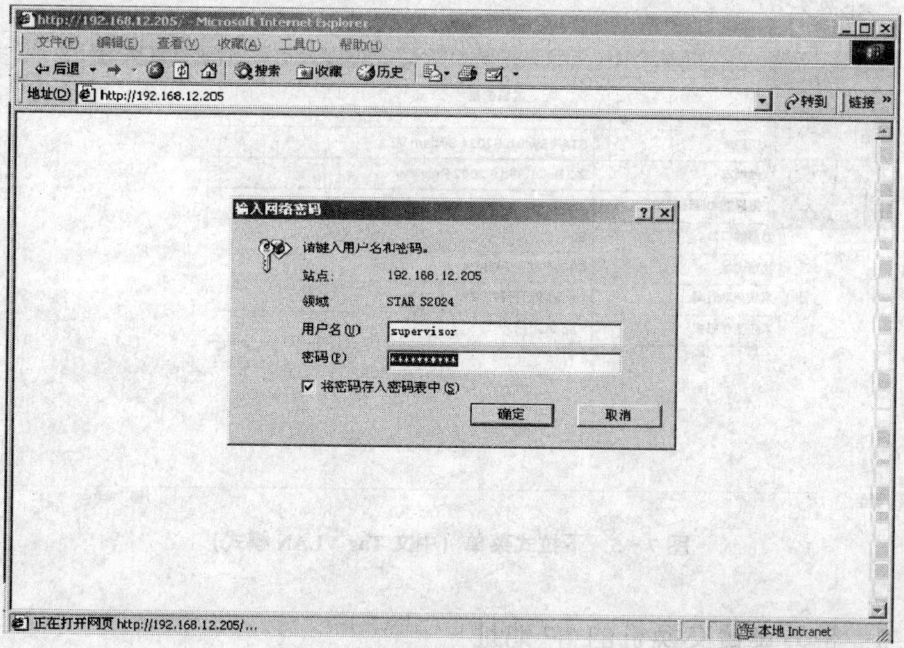

图 7－3　登录 S2024 的 Web Server

在主页点击"中文版"进入中文系统信息页面，图 7－4 是 Port VLAN 模式下的主界面，Tag VLAN 模式下的主界面见图 7－5。

图 7-4　下拉式菜单（中文 Port VLAN 模式）

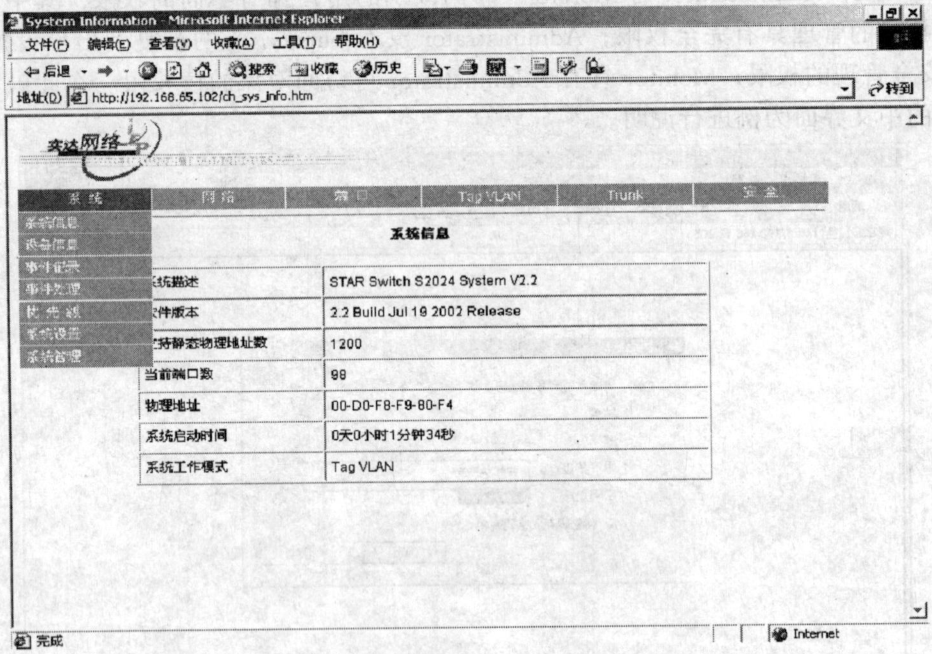

图 7-5　下拉式菜单（中文 Tag VLAN 模式）

7.3.3　带外设置交换机的 IP 地址

在图 7-1 或图 7-2 所示的顶层菜单下输入“N”进入图 7-6 所示的网络菜单，按“I”键进入图 7-7 所示的交换机 IP 地址菜单。在 S2024M 上输入新的 IP 地址

100.100.100.100，修改后的设置只有在交换机重新启动后才能生效。用同样的方法设置S2024的IP地址为100.100.100.200（IP地址出厂时的默认值为192.168.12.200）。

```
=========================================
                网    络
=========================================
     ================================
     (I) IP 设置
     (S) 静态地址
     (D) 动态地址
     (F) MAC 地址过滤
     (G) IGMP Snooping
     (T) STP 设置
     (A) Trap 管理
     (P) Ping
     ================================
=========================================
输入菜单前面快捷键进入相应菜单，'Esc'返回上一级菜单。
=========================================
输入菜单选项：
```

图7-6 网络菜单

另外可能需要修改交换机的工作模式，在图7-1或图7-2所示的顶层菜单下输入“S”进入系统菜单，输入“W”进入工作模式切换界面直接修改工作模式即可。

```
==============IP 设置=================
         ==========================
         (I) 系统 IP 地址              192.168.12.200
         (G) 缺省网关                  192.168.12.1
         (M) 子网掩码                  255.255.255.0
         (T) IP Default TTL            64
         (A) ARP 表项老化时间（分钟）   10
         ==========================
     ==============================
     输入菜单前面快捷键进入相应菜单，'Esc'返回上一级菜单。
     ==============================
     输入菜单选项：
```

图7-7 IP设置菜单

7.3.4 观察设备LED指示灯

交换机的每个端口对应着不同的LED指示灯，LED指示灯以亮、暗、闪烁来指示端口的状态，常见的LED指示灯功能如表7-1所示。用户可直观地了解每个端口所处的状态，并判断交换机的故障原因。

表 7-1 常见的 LED 指示灯功能表

LED 指示灯	功 能	指示灯状态		
		亮	暗	闪烁
电源指示 LED (POWER)	表示交换机是否上电	交换机上电	1) 电源线和电源插座及交换机未连接正确 2) 电源插座供电不正确	
链接/活动指示灯 (Link/ACT)	表示端口是否检测到网线另一端上有网络设备或端口是否在接收或发送数据	已经检测到远端设备并已建立起正确链接	1) 未接上网线 2) 交换机未上电 3) 网线错误或者是一个内部交叉的网线 4) 远端没有设备 5) 相连网线超长	有一个设备和本端口之间在接收或发送数据
全双工或半双工状态指示 LED (Full duplex)	表示端口工作在全双工或半双工方式下	端口工作于全双工方式	端口工作于半双工方式	
100Mbps 状态指示灯 (100Mbps)	表示端口的工作速率	端口的传输速率是 100Mbps	端口的传输速率是 10Mbps	

7.3.5 交换机的端口配置

在图 7-1 或图 7-2 所示的顶层菜单下输入“P”进入图 7-8 所示的端口菜单。其中端口安全菜单下可以设置端口的三级安全级别（无、一般和严格）；端口监控菜单下可以监控指定端口的输入/输出帧的统计信息；端口配置菜单下可以设置端口流控、协商能力等。

```
====================端  口====================
    =====================
    (C) 端口配置
    (S) 端口统计
    (L) 环路测试
    =====================
==============================================
输入菜单前面快捷键进入相应菜单,'Esc'返回上一级菜单。
==============================================
输入菜单选项:
```

图 7-8 端口菜单

在图 7-9 的端口配置界面中可根据需要配置流控、广播过滤、镜像口、端口安全等。

```
====================端 口 配 置====================
(I) 端口：1/1
(G) 输入过滤：关闭
(O) 优先级选项：关闭
(S) 管理状态：Enabled
(-) 类型：10Base-T/100Base-TX
(-) 连接状态：Linkdown
(F) 流 控：打开
(-) 实际流控：关闭
(T) 广播过滤：关闭
(M) 镜 像 口：无
(N) 协商能力：10MH-10MF-100MH-100MF-自动协商
(-) 速度/双工：未知
(A) 端口安全：关闭
(V) 缺省 VID：1
========================================
输入菜单前面快捷键进入相应菜单，'Esc'返回上一级菜单。
========================================
输入菜单选项：
```

图 7-9　端口配置界面

7.3.6　Port VLAN 配置

在图 7-1 的根菜单下按“V”键进入图 7-10 所示的 VLAN 设置菜单。

```
==================PORT VLAN 配 置==================
        ====================
        (S) 显示当前 VLAN 设置
        (N) 设 置 VLAN
        (M) 修 改 VLAN
        (D) 删 除 VLAN
        ====================
========================================
输入菜单前面快捷键进入相应菜单，'Esc'返回上一级菜单。
========================================
输入菜单选项：
```

图 7-10　Port VLAN 设置菜单

【步骤 1】　显示当前 VLAN 设置：在图 7-10 所示的菜单下按“S”键，显示与图 7-11 类似的交换机当前的 VLAN 设置信息。

```
========================================
VLAN                VLAN 成员端口
========================================
1           1/1, 1/2, 1/3, 1/4, 1/5, 1/6, 1/7, 1/8, 1/9, 1/10,
            1/11, 1/12, 1/13, 1/14, 1/15, 1/16, 3/1, 3/2, 3/3, 3/4,
            3/5, 3/6, 3/7, 3/8, 3/9, 3/10, 3/11, 3/12, 3/13, 3/14,
            3/15, 3/16,
            Trunk 3, Trunk 4, Trunk 5, Trunk 6, Trunk 7
========================================
使用'B'查看上一个 VLAN 的成员端口,'N'查看下一个 VLAN 的成员端口,'Esc'返回。
```

图 7-11　交换机当前的 VLAN 设置信息

【步骤 2】 设置 VLAN：在图 7-10 所示的菜单下按"N"键，进入设置 VLAN 界面。系统首先提示输入 VLAN 号，在输入正确的 VLAN 号后，出现与图 7-12 类似的界面，下面举例说明 VLAN 设置前后的区别。在设置 VLAN 前，在 PC1 和 PC6 之间互相 Ping 一下是否连通，只要局域网连接和网卡设置正常应该是通的。然后将 S2024M 的端口 1～5 设为 VLAN1，端口 6～10 设为 VLAN2，再重新测试，PC1 和 PC6 之间就不通了。

```
====================设置 VLAN====================
    ========================================
    VLAN                VLAN 成员端口
    1                   1/1, 1/2, 1/3, 1/4, 1/5, 1/6, 1/7, 1/8, 1/9, 1/10,
                        1/11, 1/12, 1/13, 1/14, 1/15, 1/16, 3/1, 3/2, 3/3, 3/4,
                        3/5, 3/6, 3/7, 3/8, 3/9, 3/10, 3/11, 3/12, 3/13, 3/14,
                        3/15, 3/16,
                        Trunk 3, Trunk 4, Trunk 5, Trunk 6, Trunk 7
========================================
'Esc'返回,'M'修改设置,'T'设置 trunk 口的 VLAN 属性,'S'确认。
========================================
```

图 7-12　VLAN 设置界面

【步骤 3】 修改 VLAN：在图 7-10 所示菜单下按"M"进入修改 VLAN 界面。系统首先提示输入 VLAN No.，在输入正确的 VLAN No. 后，出现与图 7-12 类似的界面。按"A"键可以添加成员端口；按"D"键可以删除成员端口；按"T"可以添加该 VLAN 中的 Trunk 成员；按"R"可以删除该 VLAN 中的 Trunk 成员；按"S"键确认。

【步骤 4】 删除 VLAN：在图 7-10 所示的菜单下按"D"键，进入删除 VLAN 菜单。系统首先提示输入所要删除的 VLAN 号，在输入正确的 VLAN 号后，系统提示是否确认，确认后该 VLAN 将被删除。

7.3.7 基于 802.1Q 的 Tag VLAN 配置

基于 802.1Q 的 Tag VLAN 用 VLAN id（或简写为 VID）来划分不同的 VLAN，当数据

帧通过交换机的时候，交换机根据帧中 tag 头（tag header）的 VID 信息来识别它们所在的 VLAN，然后交换机将根据当前的 VLAN 设置决定这些帧发往哪些端口。交换机的上述处理过程可以分为三步：

（1）决定帧所归属的 VLAN（即输入规则）：如果帧中包含 tag header 和有效 VID 信息，则该帧属于该 VLAN；否则根据接收该帧端口的缺省 VID 来识别所属的 VLAN。

（2）决定帧发往哪些端口（即转发规则）。

（3）决定帧输出时要做的变动（即输出规则）：为帧加 tag，不加 tag（untag）或不做改动（unchange）。

在图 7－2 所示的顶层菜单下输入“G”进入图 7－13 所示菜单。

```
================TAG VLAN 配置===================
    ====================
     (S) 显示当前 VLAN 设置
     (N) 配置一个 Tag VLAN
     (M) 修改 VLAN
     (D) 删除 VLAN
     (P) 修改 TAG VLAN 成员端口属性
    ====================
==========================================
输入菜单前面快捷键进入相应菜单,’Esc’返回上一级菜单。
==========================================
输入菜单选项:
```

图 7－13　Tag VLAN 设置菜单

【步骤 1】　显示当前 VLAN 设置：在图 7－13 所示菜单下按“S”键显示与图 7－14 类似的交换机当前的 VLAN 设置信息。

```
==================Tag VLAN 设置信息=================
VLAN No.: 1          VLAN Id: 1
1/17   Untag   1/18   Untag   1/19   Untag   1/20   Untag
1/21   Untag   1/22   Untag   1/23   Untag   1/24   Untag
1/25   Untag   1/26   Untag   2/1    Untag   2/2    Untag
2/3    Untag   2/4    Untag   2/5    Untag   2/6    Untag
2/7    Untag   2/8    Untag   2/9    Untag   2/10   Untag
==========================================
使用’B’查看上一个 VLAN 的成员端口,’N’查看下一个 VLAN 的成员端口,’Esc’返回。
==========================================
```

图 7－14　当前 VLAN 设置信息

【步骤 2】　设置 VLAN：在图 7－13 所示菜单下按“N”进入设置 VLAN 界面。在输入正确的 VLAN 号和 VID 后，出现与图 7－12 类似的界面，与 Port VLAN 一样的方式可以设置 VLAN。两者的区别在于 Port VLAN 中的各 VLAN 不能有相同的成员；而 Tag VLAN 可以把一个端口加入多个 VLAN 中，这个端口称为 VLAN 中继端口。例如：把 S2024M 的端口 1～5 和 S2024 的端口 1～5 设置为 VLAN1，如果两个交换机是通过两个端口 5 实现的级联，则可把 S2024M 的端口 5～10 和 S2024 的端口 5 设置为 VLAN2，则两个端口 5 就是中继端口，两个 VLAN 之间的成员之间的通信分别通过这一个级联线即可实现。设置完 VLAN 的成员口按“S”键后，系统提示设置 VID，然后要求设置每个 VLAN 成员口的输出规则为 tag，Untag 或 unchange。

【步骤 3】 修改 VLAN：在图 7－13 所示菜单下按“M”进入修改 VLAN 界面：可以修改 Tag VLAN 成员端口或 VLAN id。其中成员端口的修改与 Port VLAN 的类似，而 VID 的修改直接输入对应的有效值即可。

【步骤 4】 删除 VLAN：与 Port VLAN 的操作相同。

【步骤 5】 修改 Tag VLAN 成员端口属性：在图 7－13 菜单下按“P”键进入修改 Tag VLAN 成员端口子菜单；可以修改成员端口的缺省 VID 和成员端口的输出规则。

7.3.8 基于 Web 的管理（WBM）

S2024M 的 Web Server 为用户提供了 Web 管理的界面，用户可以通过 Web 浏览器和 S2024M 连接直观地进行管理。在某台计算机的浏览器地址栏中输入交换机的 IP 地址，回车即开始连接，显示如图 7－3 所示界面。登录成功后，可以直观地实现上述的端口配置和 VLAN 配置，下面以 Tag VLAN 配置为例来介绍 Web 方式的管理功能。

在图 7－5 所示的界面中选择 Tag VLAN 菜单，出现如图 7－15 所示的 Tag VLAN 设置界面即可直观地来配置。如果要显示当前存在的 Tag VLAN，从“VLAN”下拉式列表中选择要查看的 VLAN，则显示该 VLAN 的 VID，VLAN 成员端口以及成员端口输出规则，如图 7－16 所示。

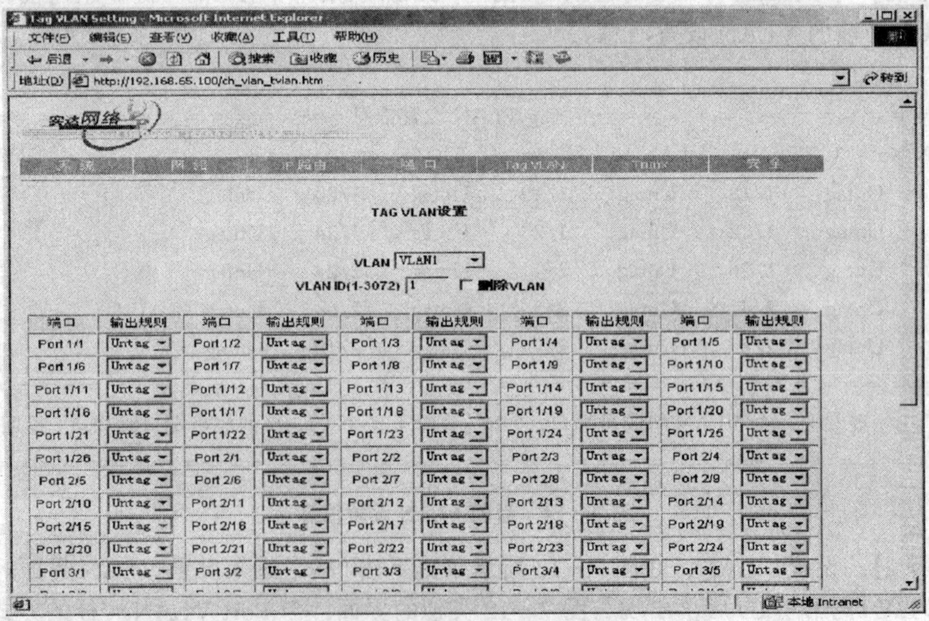

图 7－15 Tag VLAN 设置

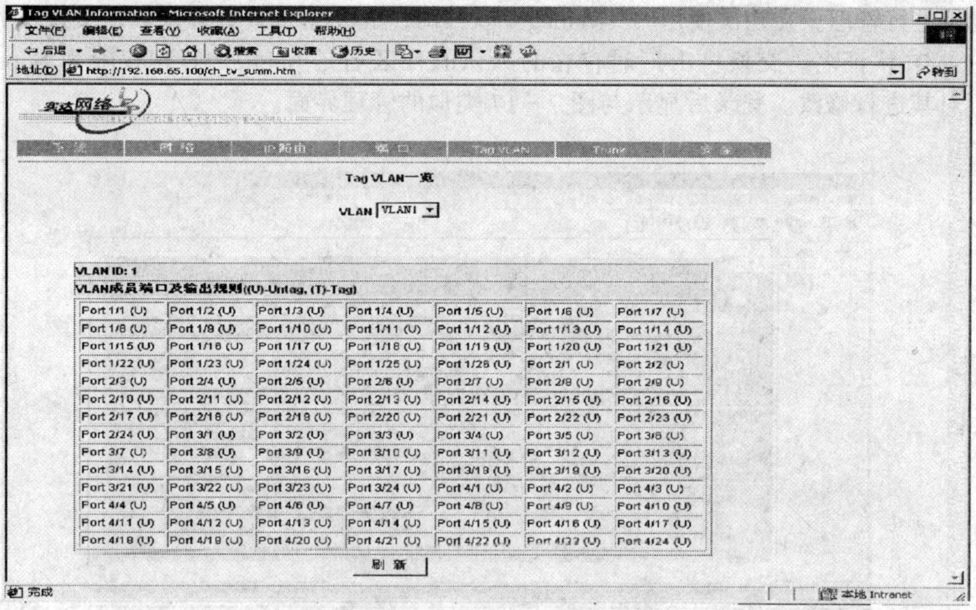

图 7-16　Tag VLAN 一览

7.3.9　SNMP 客户端软件的使用

S-Manager 是针对实达管理型网络设备的 SNMP 客户端管理软件，实现了对 MIB-II，Ethernet-like MIB，Bridge MIB，Start-Enterprise MIB 等 MIB 对象的管理，还提供 MIB-Browser 工具对符合 SNMPv1，SNMPv2 标准的所有管理对象进行管理，Rmon View 工具用于方便快速浏览 RMON 统计值。

S-Manager 管理也采取了三级用户安全策略：Supervisor，Admin 与 Monitor。

S-Manager 管理主界面由五部分组成，如图 7-17 所示：

（1）菜单：由文件、操作、设置、信息及帮助组成，包括查找网络设备、本机 IP 地址选择、保存交换机设置、恢复为出厂参数、复位交换机、工作模式切换和 Telnet，Outband，Web 设置，SNMP 设置，STP，优先级等设置。

（2）工具栏：可通过工具栏调用 S-Manager 的常用命令。

（3）网络设备管理树：列出网络中找到的交换机，可在 Add Start Device 中添加交换机。

（4）交换机面板示意图：显示交换机端口的连接状态，端口显示为黄色表示该端口连接状态为 Linkup，否则为 Linkdown。右键单击交换机界面，选择交换机管理项可对交换机进行相应管理；左键双击端口，可进行端口设置；右键单击端口，可进行端口监控与端口设置。

（5）Trap 信息：根据菜单的软件选项中的对应设置打开相应的 UDP 端口接收 Trap，对所有发往该 UDP 端口的 Trap 进行跟踪，并在软件界面上进行即时输出。

【步骤 1】　S-Manager 安装：进入安装目录，双击 S-Manager 安装程序，直接按照安装向导即可完成。另外，正常工作之前还需安装 S2024 功能模块部分。

【步骤 2】　在硬件连接完成，确定主机 IP 地址和 SNMP 认证名后，便可使用 S-Manager 登录进行管理。在初次使用 S－Manager 软件时，先使用带外管理来确定交换机的 IP 地址与 SNMP 认证名。交换机出厂时存在的默认的社区名是 public，管理权限为 Supervisor，用户可对其进行修改。登录后显示与图 7－17 类似的管理界面。

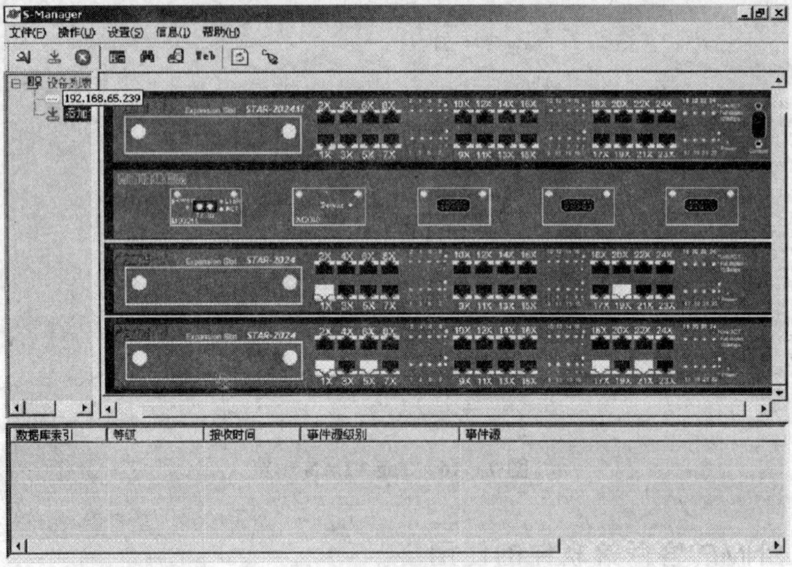

图 7－17　S－Manager 管理主界面（带 2 台从机的 S2024M）

【步骤 3】　左键双击端口，可进行端口设置。如图 7－18 所示为 Tag VLAN 的设置界面，设置方式与 Web 管理类似，具体操作方法不再详细介绍。

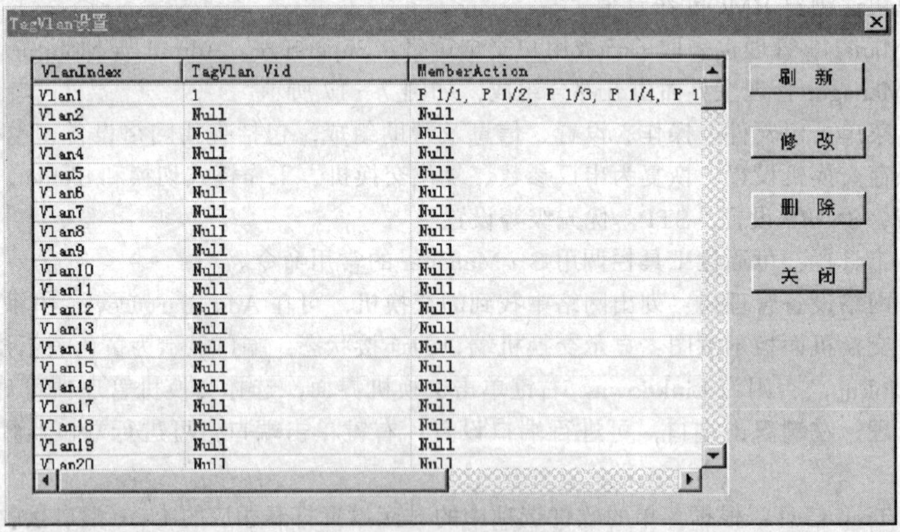

图 7－18　Tag VLAN 设置

另外，现在有些交换机有命令行接口的配置界面，如实达的 S2126 交换机，配置方式与实验九中的路由器配置很类似，在此不再介绍。

7.4 实验报告

1. 画出实验室内的网络连接示意图，标出各计算机所用的 IP 地址、连接所用的网络设备的型号和 IP 地址。

2. 所用的交换机支持几种配置方式？实验中用什么方式进行配置？

3. 什么是 VLAN？为什么要划分 VLAN？实验中是如何划分 VLAN 的？如何验证 VLAN 的划分？

4. 实验室内所用的交换机还有哪些功能？分别是如何实现的？

5. 利用实验室内的设备还能实现哪些网络管理？

7.5 相关知识

7.5.1 端口的自动学习地址功能与自动协商能力

交换机的各个端口具有自动学习地址的功能，通过端口发送和接收的帧的源地址（MAC 地址）将被存储到地址表中。从一个地址记录加入地址表以后开始计时，如果在老化时间内各端口未收到源地址为该 MAC 地址的帧，则该地址将被清除。

一般交换机还提供自动协商功能，使设备可以在一个链路段上交换关于各自功能的信息，这样就可以使设备能进行自动配置，以链路上最好的操作模式来实现自动调整传输方式（全双工或半双工）和传输速度（10Mbps，100Mbps 或 1000Mbps）的功能，将端口最优化处理。不同类型的端口可选择的协商能力不同。

静态地址是不会老化的 MAC 地址，区别于一般的由学习得到的动态地址。静态地址一旦被加入，在被删除之前将一直有效，而不受老化时间的限制。这对于某些相对固定的连接来说，是相当有用的，可以提高交换机的效率。

7.5.2 流量控制

S2024M/S2024 在全双工方式下具有符合 IEEE 802.3x 基于 PAUSE 的流量控制功能，网络上的设备资源不足，设备无能力继续接收到来的数据时，设备向外发送 PAUSE 帧，收到该帧的设备会根据 PAUSE 帧停止一段时间的数据发送操作。停止的时间以 Quanta 为单位，长短与物理链路有关，一个 Quanta 表示在物理链路上面传输 512bit 数据的时间。

半双工方式下具有背压（Back-pressure）流量控制功能：当两个设备同时在网络上发送数据时会产生冲突，一旦发生冲突，发送站点就会检测到冲突，自动停止一段随机时间后再重新发送，但这样会降低网络效率。因此网络上的设备都会侦听网络以确定网络是否可用，当设备的资源不足时就会启动流量控制，发送一组载波信号脉冲串（假冲突信号），设备检测到网络上的载波信号就会认为网络由于正在被其它设备使用而发生冲突，半双工网络上的其它站点就会停止发送数据。

7.5.3 广播过滤

广播风暴是指由于网络上的被转发的广播帧数量急剧增加而影响正常的网络通讯的反常现象。交换机的广播过滤功能允许端口对网络上出现的广播帧进行过滤以防止广播风暴。

7.5.4 过滤地址

过滤地址表记录了交换机过滤的 MAC 地址，交换机将不转发以过滤地址为目的地址的帧。通过修改该地址表，可以过滤不期望的帧，达到安全的目的。

7.5.5 端口镜像（Port Mirror）

将某个端口（被镜像端口）的发送/接收帧拷贝一份，转发给指定的端口（镜像端口），以便网管人员可以对被镜像端口的数据帧进行分析、评估。例如可能由于一些工作的疏忽，造成一些信息的丢失，怀疑是某个网段上的计算机所为，可以为该网段所连接的交换机端口设置一个镜像端口，通过观察该网段上的计算机的行为，从而获得相关的依据。也可以为连接的端口设置一个镜像端口，观察本交换机所管辖的局域网内与外面的通信行为，以此获取网络流量统计等信息，为计费等网络管理提供相应的依据。

7.5.6 虚拟局域网 VLAN（Virtual Local Area Network）

当交换机同时处理多个网络管理任务时，设置 VLAN 可以减少资源消耗，提高网络的效率。VLAN 是由多个设备构成的灵活可变的一个逻辑设备组，其设备可以位于网络的任何地方，而设备之间的通讯连接如同处于同一个物理分区中。通过 VLAN 可把网络划分成多个分区，却不需要改变设备之间的物理连接。一般交换机支持 Port VLAN 和 802.1Q Tag VLAN 两种 VLAN 模式。

1. Port VLAN

Port VLAN 是基于端口的 VLAN，一般是在一个交换机的内部进行划分，只有处于同一个 VLAN 的端口才能相互通信，可有效地屏蔽广播风暴，并提高网络的安全性。设置 Port VLAN 需要配置 VLAN ID（VLAN 的编号：不同厂家和不同型号的交换机所能支持的 VLAN 个数是有区别的）和 VLAN 所包含的成员端口。交换机出厂时缺省的 Port VLAN 设置是存在 1 个 VLAN（VLAN 号为 1），所有端口都处于该 VLAN 中。Port VLAN 不允许只包含一个成员端口，也不能把一个端口划分到不同的 VLAN 内。

2. 802.1Q Tag VLAN

如果 VLAN 成员是同一交换机的端口，VLAN 成员间的通信则比较简单，一个端口只能接收到属于同一 VLAN 的其它端口发来的信息。如果 VLAN 成员属于不同交换机的端口，则 VLAN 成员间的通信就变得复杂了。一种方法是有多少个 VLAN，交换机间就有多少条链路，显然这是不实际的。另一种方法是不管有多少个 VLAN，交换机间只有一条链路，使用 802.1Q 标准来解决跨交换机的 VLAN 成员间的通信问题。而且在 VLAN 初始时，各厂商的交换机互不识别、不能兼容，在 802.1Q 标准成立后使不同厂商的设备可同时在同一网络中使用，符合 IEEE802.1Q 的交换机可以和其它交换机互通。另外，网络管理人员不必到配线间将电缆连接到一个不同的局域网，就可以通过在符合 802.1Q 的交换机上将一个端口配置为属于不同的 VLAN，从而远程地完成这项任务。

基于 802.1Q 的 VLAN 可以跨多台交换机，在交换机之间的 VLAN 可以通过在每个帧中插入一个数值为 1 到 4 096 之间的 VID 来实现。802.1Q 标准在 MAC 层的数据帧中增加了一个 12 位的 VID，这是 802.1Q 的 16 位包头的一部分，放于源 MAC 地址之后。余下的 4 位包头信息中，3 位用于标识 802.1P 的优先级，1 位的 MAC 说明是大头还是小头，如图 7－19 所示。

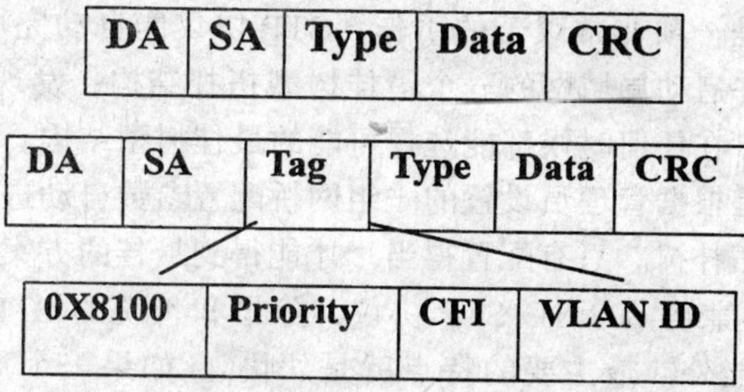

图 7－19　802.1Q tag header

3. VLAN 间的通信

VLAN 是一个独立的逻辑子网，VLAN 间是不能直接进行通信的，解决 VLAN 间的通信主要有三种方法：

(1) 外接路由器：在两个 VLAN 间跨接一个路由器来实现 VLAN 间的通信，这是传统的解决方法。但由于路由器是网络层设备，必须层层剥掉 MAC 帧头、尾和 LLC 帧头尾，转发速度慢，使路由器成为网络的瓶颈，而且路由器的价格一般比较贵。

(2) 三层交换机：利用三层交换机来实现 VLAN 间的通信，速度比路由器快，是目前比较流行的方案。

(3) 应用层网关：某些终端通常是服务器可以成为多个 VLAN 的成员，有些网卡能支持 VLAN 的交换机之间只存在一条链路的情况下，并允许多个不同 VLAN 的终端同时访问服务器，这些 VLAN 内成员可通过该服务器完成相互通信。

VLAN 技术的出现为解决网络站点的灵活配置和网络安全性等问题提供了良好的手段，在网络建设中得到了广泛的应用，从而为提高网络的工作效率发挥更大的作用，因此局域网连接中，要使局域网的工作性能更好，必须合理地设置 VLAN。

7.5.7 Trunk

级联交换机之间的级联线、交换机和服务器之间的链路经常成为网络的瓶颈，Trunk 提供了一种端口聚合的机制，能将几个低速的连接组合在一起形成一个高速的连接。例如将四个全双工 200Mbps 快速以太网端口使用 Trunk 技术集中在一起形成总带宽为 800Mbps 的连接，这几个端口可以当作一个端口来看待。可使负载在 Trunk 各个端口进行均匀地分配，而且当 Trunk 的某条成员链路断开时，交换机自动将此链路上的数据分配到 Trunk 的其它链路上，当断开的链路重新连接上时将恢复原先的负载分配。

7.5.8 STP 协议

STP 是生成树（Spanning Tree Protocol）的英文缩写，是用来避免链路环路产生的广播风暴、并提供链路冗余备份的协议。

对二层以太网来说，两个 LAN 间只能有一条活动着的通路，否则就会产生广播风暴。但是为了加强一个局域网的可靠性，建立冗余链路又是必要的，而且其中的一些通路必须处于备份状态。当网络发生故障，另一条链路失效时，冗余链路就必须被提升为活动状态。手工控制这样的过程显然是一项非常艰苦的工作，STP 协议能自动完成这项工作，能使一个局域网中的交换机发现并启动局域网的一个最佳树型拓扑结构；发现故障并随之进行恢复，自动更新网络拓扑结构，在任何时候都能选择可能的最佳树型结构。

局域网的拓扑结构是根据管理员设置的一组网桥配置参数自动进行计算的。使用这些参数能够生成最好的一棵拓扑树。只有配置得当，才能得到最佳的方案。

RSTP 协议完全向下兼容 802.1D STP 协议，除了和传统的 STP 协议一样具有避免回路、提供冗余链路的功能外，最主要的特点就是“快”。如果一个局域网内的网桥都支持 RSTP 协议且管理员配置得当，一旦网络拓扑改变而要重新生成拓扑树时，这一过程只需要不超过 1 秒的时间（传统的 STP 需要大约 50 秒）。

7.5.9 IEEE802.1X 认证

传统的以太网具有开放的特性，用户只要连接到网桥上，就可以通过网桥进入任何网络服务。有些交换机还提供了 IEEE 802.1X 认证功能，这是一种基于工作站/服务器模式的输入控制机制和认证协议，管理员可以约束网络服务只提供给允许访问的用户。

IEEE 802.1X 标准定义了恳请者（Supplicant）、认证者（Authenticator）、认证服务器（Authentication Server）三个角色。恳请者是最终用户所扮演的角色，请求对网络服务的访问，并对认证者的协议请求报文进行应答。认证服务器是最终用户的认证服务的实际提供者，认证用户的身份并将认证结果通知认证者，服务器必须是支持扩展 EAP（Extensible Authentication Protocol）协议的 RADIUS（Remote Authentication Dial - In User Service）安全系统。认证者控制恳请者对网络服务的访问，实际在认证过程中只是一个认证信息交换的途径，负责与恳请者通信，将恳请者的认证请求发往认证服务器，而后根据认证服务器的指示执行对恳请者的授权。

认证者一般为交换机等接入控制设备。此时交换机除了支持 IEEE802.1X 规定的 Authenticator 标准，还必须支持 RADIUS Client。恳请者和认证者之间通过 EAPOL 协议交换信息，而认证者和认证服务器通过 RADIUS 协议交换信息。当收到恳请者发来的 EAP 的报文，如果要往认证服务器转发，认证者就将其中的报文实体封装到 RADIUS 报文中，即转换成认证服务器认识的报文，而后再转发给服务器。同样，认证者收到认证服务器发来的要往恳请者转发的 RADIUS 报文时，也要将其转换成恳请者认识的 EAP 报文再转发给恳请者。通过这种转换，保证了认证过程的正常执行。

当交换机刚加电或交换机探测到端口状态从未连接改变为已连接时，交换机将发送一个 EAP－request/identity 报文给客户端请求回应，此时客户端应回送一个 EAP－response/identity 报文以表示可以开始后续的认证过程。另外，如果用户的 PC 加电后没有收到交换机发来的 EAP－request/identity，则用户可以从恳请者客户端程序发送一个 EAPOL－start 报文，交换机收到这个报文后，将按照上述交换机发起的过程，发送一个 EAP－request/identity 报文给客户端，客户端再回送一个 EAP－response/identity 报文，开始后续的认证过程。在客户端发送了 EAP－response/identity 报文后，交换机就开始其认证信息交换途径的功能，为客户端和认证服务器转发认证报文。如果认证成功，交换机将允许该用户使用网络，否则用户将无法正常使用全部网络服务。另外交换机还可以根据超时时间设定，定时要求认证重新进行，以保证用户实时性。这个定时时间缺省值推荐为 3 600 秒，且从上一次认证通过开始计算。用户如果需要退出认证状态，可以发送一个 EAPOL－Logoff 报文通知交换机，交换机收到此报文后，将自动将此用户从认证状态中退出，典型的认证过程如图 7－20 所示。

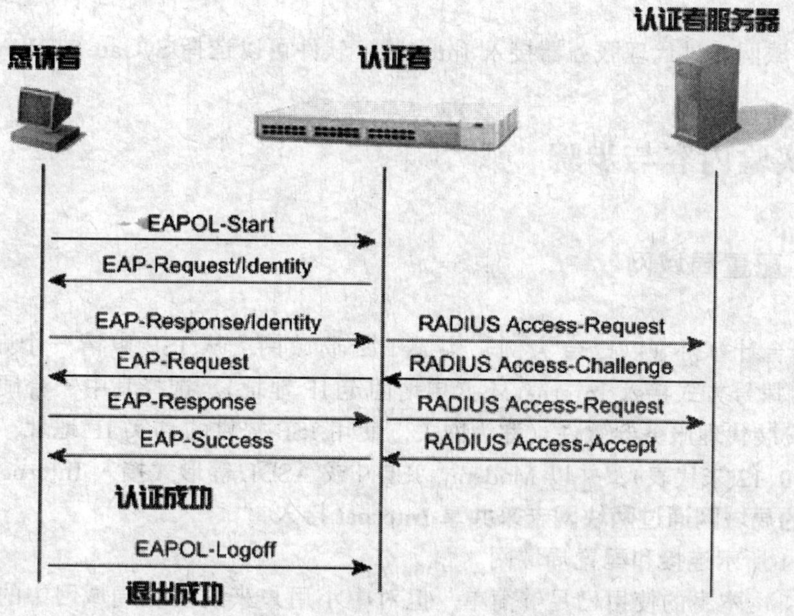

图 7－20　典型的 802.1X 的认证过程

实验八　代理服务器安装

8.1　实验目的

了解代理服务器有关的基本概念，掌握一个局域网如何通过代理服务器接入 Internet。

8.2　实验要求

将一个局域网通过代理服务器接入 Internet，软件可以选择 SyGate 或 WinRoute 等。

8.3　实验内容与步骤

8.3.1　配置局域网

连接若干台计算机（以三台为例）构成一个局域网，从 ISP 申请一个账号和 IP 地址（模拟 Modem 拨号方式接入 Internet 不必申请固定 IP 地址）。选择其中一台硬件性能较好的计算机 PC1 安装代理服务器软件（称为网关，使用 ISP 提供的真实 IP 地址，在后面的例子中用 10.20.10.12 来代表），并以 Modem，ISDN 或 ASDL 等形式接入 Internet。

1. 传统的局域网通过两块网卡来共享 Internet 接入

如图 8－1 所示连接和配置局域网。

虽然 SyGate 本身的使用已足够简单，但对中小用户来说要在局域网中的一台机器上安装和配置第二块网卡仍然不是很方便，而且可能还需要专业人员的指导才能完成。在新一代的 Internet 共享解决方案中采用了单网卡技术。

2. 单网卡共享 Internet 连接

如图 8－2 所示连接和配置局域网。

单网卡技术使用虚拟网卡，使用户不必安装第二块网卡就能共享 Internet 连接，从而大大简化了 Cable Modem，ADSL 等的安装过程。真实的已安装的网卡用来连接 Cable Modem 或 ADSL 等，虚拟网卡用来和局域网中的其它计算机进行通信。SyGate server 运行在 PC1 上，并创建了一个虚拟的 IP 地址 192.168.0.1。

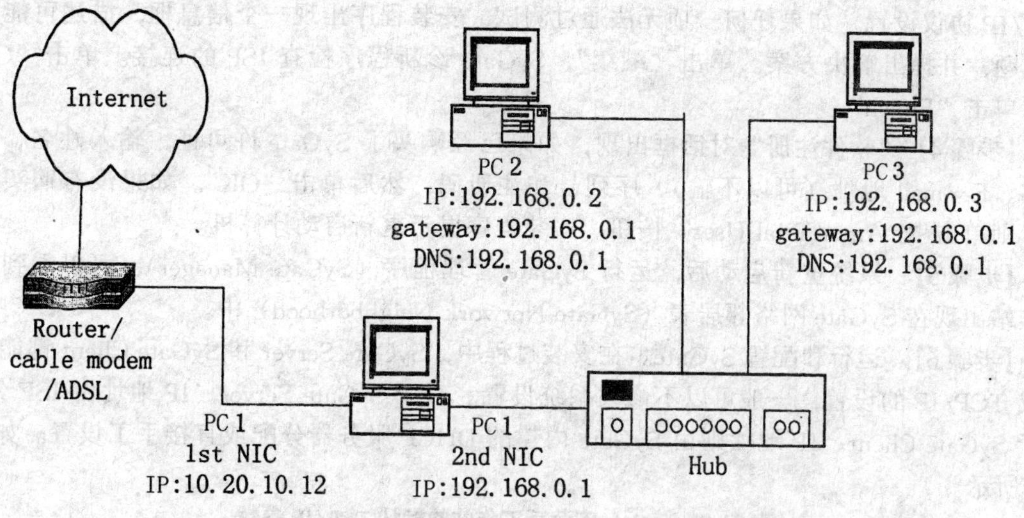

图 8-1 双网卡实现共享 Internet 接入

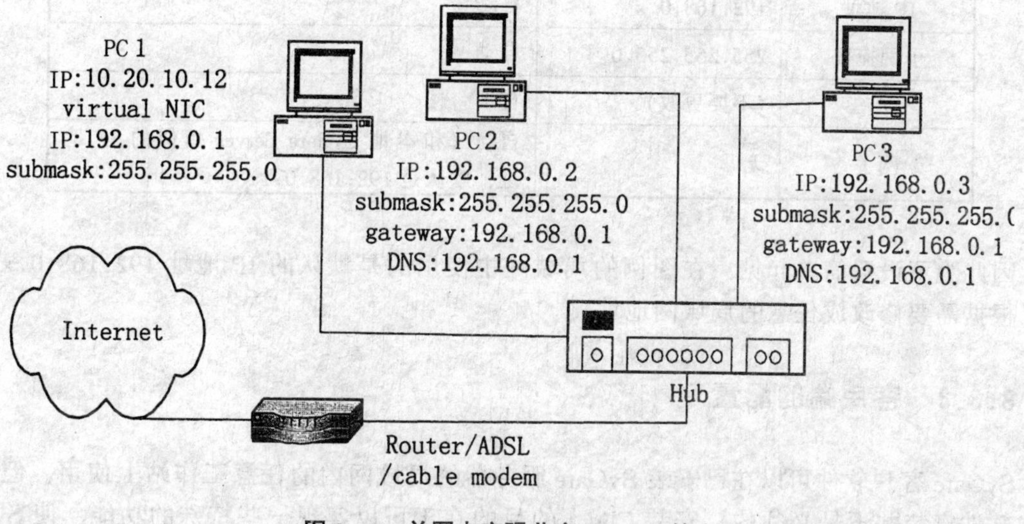

图 8-2 单网卡实现共享 internet 接入

下面以 SyGate 4.2 为例来介绍代理服务器的安装和配置过程。

8.3.2 安装 SyGate

【步骤 1】 如果从已经下载的文件安装，指定正确的文件存放路径；如果是从 SyGate CD 安装，将 CD 放入 CD-ROM。双击安装程序图标，当解压完成后，欢迎窗口出现。单击“下一步”，出现软件使用协议，仔细阅读后单击“是”。

【步骤 2】 选择 SyGate 的安装路径，单击“下一步”，程序组对话框出现，需要的话可以改变程序组名称。

【步骤 3】 单击“下一步”，安装程序开始安装，然后选择执行“Server”安装，单击“OK”。安装程序开始执行 SyGate 诊断程序（SyGate Diagnostics）测试系统设置、网卡、

TCP/IP 协议设置，如果任何一项无法通过测试，安装程序出现一个信息框，描述可能存在的问题，并提出解决方案。单击“继续”，SyGate 诊断程序检查 ISP 的连接。单击“OK”，然后单击“Finish”。

【步骤 4】“软件注册”对话框出现，如果已经购买了 SyGate 许可证，输入姓名、公司名称、E-mail 地址（可以不输）、序列号和注册码，然后单击“OK”。如果没有购买许可证，则单击“I Am a Trial User”按钮，安装程序提示重新启动计算机。

【步骤 5】 系统重新启动后，运行 SyGate 管理程序（SyGate Manager），可以看到本地工作站出现在 SyGate 网络邻居表（SyGate Network Neighborhood）中。

【步骤 6】 运行和配置 SyGate。在安装过程中，SyGate Server 和 SyGate Client 都能自动完成 TCP/IP 的设置，一般可以不修改系统设置。对于 SyGate Server，IP 地址由 ISP 分配；对于 SyGate Client，IP 地址则由 SyGate 内建的 DHCP 服务器分配或直接手工设置。如表 8-1 所示。

表 8-1 SyGate 安装后工作站的默认 TCP/IP 参数

设置	Server 工作站	Client 工作站
IP 地址	192.168.0.x	自动
子网掩码	255.255.255.0	自动
DNS	(不要更改)	自动
网关	无	自动（和本地 SyGate Server 相似的 IP 地址，默认是 192.168.0.1）

因此为了设置简单起见，在图例的局域网中使用的是默认的 IP 地址 192.168.0.x，也可以根据需要修改成任意的局域网地址。

8.3.3 客户端的配置

SyGate 客户软件可以在已安装 SyGate 服务器的局域网内的任意工作站上使用，但客户端的软件安装并不是必须的。安装 Client 的目的在于可以实现一些特殊的功能，使 SyGate 工作得更好，使用户的系统效率更高。例如将 SyGate Client 组件安装在一台管理员用的计算机上，或者是一台高层领导的计算机上，他们就可以通过自己所使用的工作站远程管理 SyGate 服务器，而不必担心因为远离主机存在管理上的麻烦。

双击安装程序图标，单击多次“下一步”，直至安装程序开始安装，选择“Client”安装，单击“OK”。安装程序开始执行 SyGate 诊断程序测试系统设置、网卡、TCP/IP 协议、TCP/IP 设置、分配的 IP 地址、与 SyGate Manager（服务器）的连接等，如果任何一项无法通过测试，安装程序出现一个信息框，描述可能存在的问题，并提出解决方案。单击“Finish”。安装程序将自动启动 SyGate Manager（Client），在 SyGate 网络邻居表中可以看到本地工作站，这和在服务器端看到的是一样的。

8.3.4 验证安装

安装和配置完 SyGate Server 或 SyGate Client 后，需要验证其是否能正常工作：启动 SyGate Manager，在右侧窗口中可以看到 SyGate 网络邻居清单上罗列了所有正在运行 SyGate Manager 的工作站，同时还可以看到计算机的类型（Server 或 Client）、运行状态（只对 Server 有效）、IP 地址、子网掩码、网关（只对 Client 有效）和 DNS 地址等信息。如果在任意工作站上，打开浏览器能浏览某个网站上的信息，则说明安装成功。

8.3.5 SyGate 的管理

启动 SyGate Manager 可以对网络进行配置和控制，如图 8－3 所示，包括开始和取消 Internet 连接共享功能，开始和断开拨号网络连接，在网络计算机之间提供打印机和文档共享的功能，在线帮助，使用户可以配置自己的 Sygate 网络，控制网络安全，管理 Internet 内容等高级管理功能。

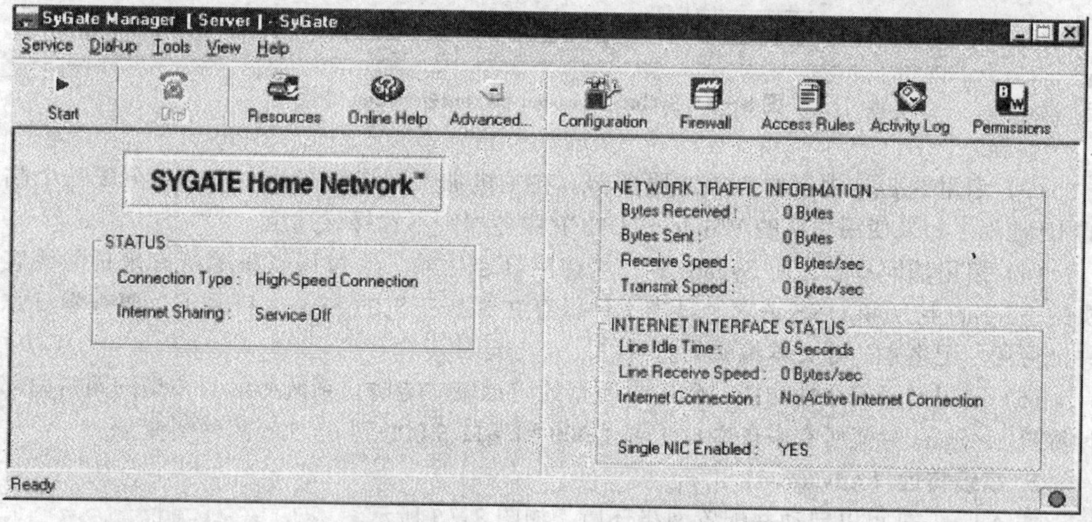

图 8－3 SyGate Manager 的主界面

1. 配置（configuration）

通过配置网络连接设置来优化 Sygate，如图 8－4 所示。主要功能有：

（1）自动启动 Sygate 服务：Server 机开机时在后台自动启动和运行 Sygate，否则就只能从 Windows 的开始菜单手动启动 Sygate 服务。当 Server 机关机或关闭了 Sygate 服务时，其它工作站就不能再访问 Internet 了。

（2）实现自动断线：在一定时间内如果没有数据传输，服务器端主机会自动断开拨号连接。其设置方法为，在“Dialup Settings”框中，“Never hang up”复选框前打勾，然后再在“Auto hangup the...”内输入时间间隔（单位是秒），此时间即表示多长时间后断开拨号连接。

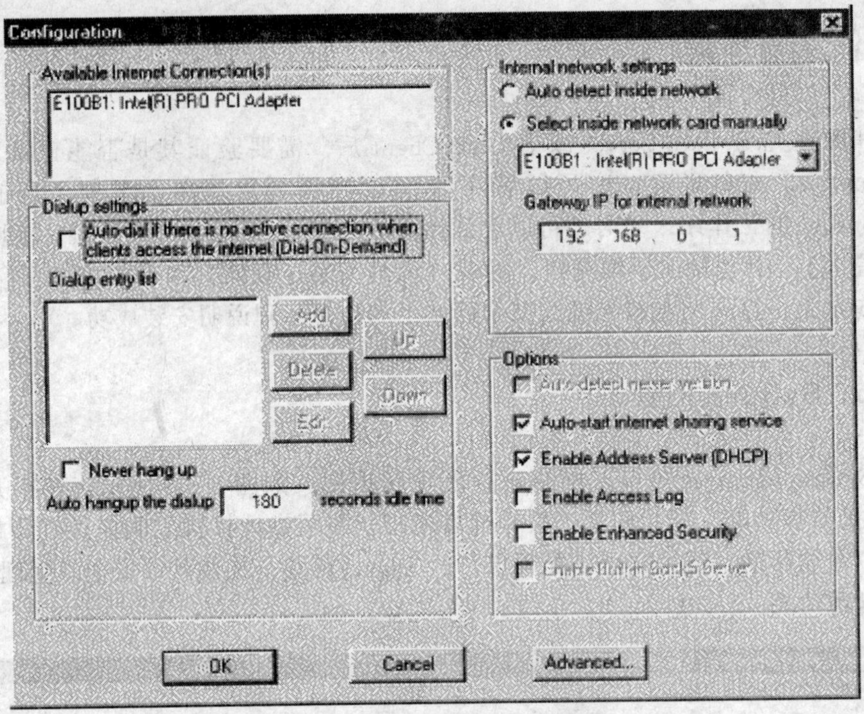

图 8－4　SyGate Manager 的 configuration 特性

（3）启用 Sygate 内嵌的 DHCP 服务器：在主机加入网络时能为主机自动分配一个临时的 IP 地址，如果使用主机的 Windows DHCP 服务器则不选择该选项。

（4）启用访问日志：使 Sygate 客户端访问日志生效，这样可以跟踪所有来自网络客户机的 Internet 访问和 DNS 请求。日志文件保存在 Server 机的 Sygate 目录下。要查看日志文件，可用“记事本”等文本编辑器打开。

（5）启用增强安全性功能：形成封闭型的防火墙，能防止系统外的用户访问网络内部的计算机。Sygate 封锁所有来自端口 1 到 1 000 和端口 5 000 到 65 536 的网络流量。

2．高级特性（Advanced）

按 Advanced 可以启动并配置网络环境，如图 8－5 所示。

（1）DHCP 选项卡：控制 Sygate 的内嵌式 DHCP 服务器，可以自动检测或手动限制 IP 地址范围，以防止与本地网络的其它 IP 地址冲突。

（2）DNS 服务器搜索顺序：为防止主 DNS 服务器失效，可以指定一个备用的 DNS 服务器。

（3）超时（Timeout）：可以改变某个程序的超时时间。

3．许可（permission）

此功能可以控制网上不合适的内容和游戏等。

（1）管理黑名单：可以禁止网络用户访问特定的站点。如图 8－6 所示，在“Permissions Editor”界面中选择“Black List”项，单击“Add”按钮，出现添加记录窗口，如图 8－7 所示，从下拉列表中选择协议类型（TCP 或 UDP）；空白表示入口可应用于所有的内部 IP 地址，若输入内部工作站的 IP 地址则表示其被禁止访问 Internet；选择包含/排除的时段；选择开始时间设置；选择持续时间设置。随时可以根据需求修改和删除黑名单。

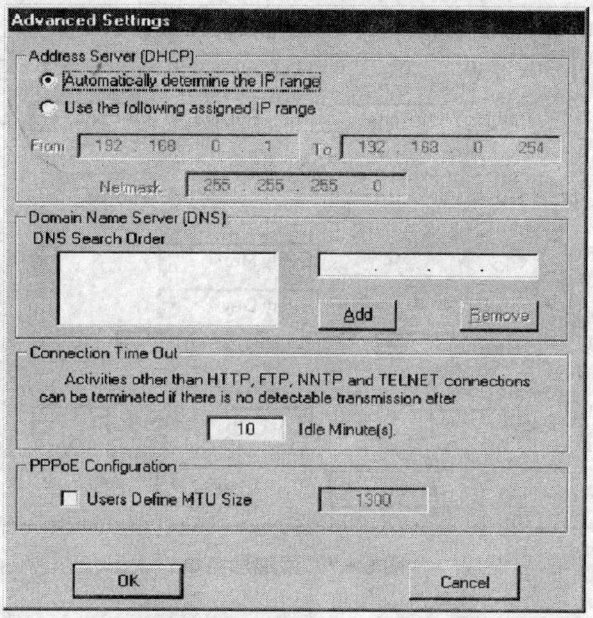

图 8-5　SyGate Manager 的 Advanced 特性

（2）管理白名单：可以限制网络用户只能访问特定的站点。在“Permissions Editor”界面中选择“WhiteList”项，其添加、修改、删除白名单的设置与黑名单的管理完全相同。

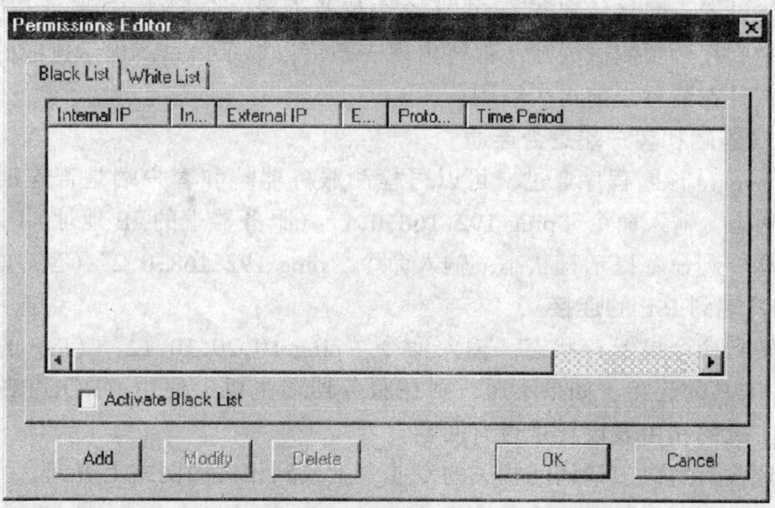

图 8-6　黑名单管理

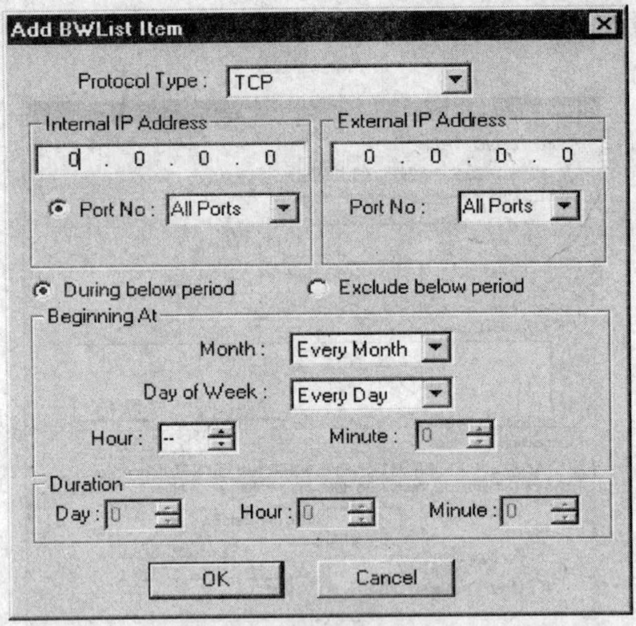

图 8-7　添加黑名单

8.3.6　故障排除

在运行 Sygate 服务器端或客户端主机遇到问题时，可以用下述方法检测并排除故障。

1. 运行 Sygate 诊断程序

在服务器端，启动 Sygate Manager，在 Tools 菜单中选择“Diagnostics”开始检测系统配置，包括：系统设置、网络适配器、TCP/IP 协议及设置、分配的 IP 地址与服务器的连接。如果以上各项中有任一项测试失败，都将出现一条错误提示信息，提示可能的故障原因，并推荐解决方案，且在运行之前再次检测。

2. 检查服务器端和客户端是否连通

如果运行 Sygate 诊断程序通过，可以再检测服务器端和客户端是否连通。在客户端转到命令提示符状态，输入命令“ping 192.168.0.1”（服务器端的 IP 地址），看看是否连通；或者从服务器端转到命令提示符状态，输入命令“ping 192.168.0.2”（客户端的 IP 地址）。

3. 检查客户端到 ISP 的连接

在客户端转到命令提示符状态，输入命令“ping 10.20.10.12”（ISP 的 DNS 的 IP 地址），以检测到 ISP 的连接。如果不通，则在服务器端主机上使用“ROUTE PRINT”命令检查服务器端主机的路由表设置是否有问题。

如果问题还没有解决，请询问相关的专业人士或到相关的网站上查询。

8.4　实验报告

1. 画出通过代理服务器连接的网络示意图，标出局域网内部各台计算机所用的 IP 地址和代理服务器所用的内/外 IP 地址，分析这些地址的设计原则。

2. 分析通过代理服务器能实现哪些访问限制。

3. 分析能否通过代理服务器实现计费和网络管理。

4. 了解目前常见的有哪些代理服务器软件，并比较各自的功能和特点。

8.5 相关知识

8.5.1 共享上网

1. 共享上网的目的

一般办公室上网需要精打细算，力争以最少的钱办最多的事，特别是对中小型企业来说，办公室内的计算机数量不是很大，办公室上网的原则应该是“经济、可靠、易用、安全”。为每台计算机申请一条链路和一个账号的费用太高，所以共享一条上网线路成为办公室上网的首选方式。上网以后，总是希望能尽量充分利用网络资源，而不是让员工在上班时间经常聊天、游戏等，也不希望内部资料泄漏出去，所以在办公室共享上网以后还需考虑对用户进行强有力的管理以及提高内部网络的安全性等问题。

共享上网中最主要的功能是针对已经实现局域网连接的企事业单位，让所有联网的计算机一起共享一个上网账号和线路，既满足工作需要又大幅度节约经费。另外，这种共享上网方式不一定会降低上网的速度，因为一条线路被一个用户专用是很浪费资源的，例如在阅读网页时线路是空闲的，而且访问一些较慢的网站时，线路传输速度可能远低于线路的连接速度，所以只要机器数量不是很大，一般不用担心带宽不够。如果使用的是 ADSL 等宽带连接的话，即使多人共用一条线路可能也比独立的 56K 拨号要快。再加上一些高速缓存的支持，可以使一些用户访问的网络资源在本地暂存一段时间，当网内其它用户访问相同资源时，就可以在本地直接获取相关信息，这有效地提高了访问的速度。

2. 实现共享上网的条件

共享上网的实现首先必须具备一定的条件：一些连成局域网且正常工作的计算机、安装上 TCP/IP 协议、一条连接互联网的线路（如 56K MODEM，ISDN 拨号，ADSL 等)。

3. 共享上网的分类

共享上网从技术实现角度来说分为使用硬件实现的共享上网和使用软件实现的共享上网。软件共享上网就是在办公室局域网中的一台具有连接 Internet 链路的计算机上安装共享上网软件，以实现整个局域网共享 Internet。而硬件共享上网就是由硬件来实现共享上网的功能。其中软件共享上网技术又可以分为 Proxy 服务器型和 NAT 网络地址转换型（又称为网关型）两种。

8.5.2 代理服务器（Proxy）型的共享上网

代理服务器的英文全称是 Proxy Server，一般配置在局域网连接 Internet 的出口处，主要功能是代理网络用户去获取网络信息，就好像是网络信息的中转站。一般情况下，我们使用浏览器直接连接其它 Internet 站点获取信息时，都是先发送请求信号，对方再把所请求的信息发送回来。代理服务器是介于客户机网络应用程序和 Internet 相应服务器之间的一台服务器。例如客户机是浏览器，则 Internet 上是 Web 服务器作响应。有了代理服务器后，浏览器不是直接到 Web 服务器上取回网页而是向代理服务器发出请求，由代理服务器向 Web 服务器取回所需的信息并传回给浏览器。而且大部分代理服务器都有缓存功能，有很大的存储空间，可以把新取到的信息存储到本机的存储器上，如果浏览器所需的信息在本机的存储器上已经存在而且是最新的，则不必在每次阅读时从 Web 服务器上获取信息，而是直接将本机存储器上的数据传送给用户的浏览器即可，这就可以显著提高网络的浏览速度和效率。由于 Internet 上有多种应用协议，如 Web，FTP，POP3 等，所以代理服务器一般都具有同时支持多种应用的能力。

局域网使用代理服务器连接 Internet 有很多优点。代理服务器的缓存功能可以加快对网络访问的速度。由于代理服务器对每种网络应用的代理都是独立工作的，所以对用户有很强的控制管理能力。但是这同时也是代理服务器方式的缺点：对于新出现的网络应用无法支持，每种网络应用都需要预先进行正确的配置，每个客户端的每种应用软件也需要进行配置。

目前在局域网上所使用的 Proxy 型软件有很多，常见的运行于 Windows 9x，NT 或 Windows 2000 上作为共享上网服务器的有：WinGate，Winproxy，AnalogX Proxy，CProxy Server 等，需要时可以从网上下载获得。

8.5.3 NAT 型的共享上网

NAT 是网络地址转换技术 Network Address Translation 的英文缩写，采用这种技术，局域网内部的“非法 IP 地址”通过 NAT 技术可以转化为外部的“合法的 IP 地址”，实现对外界网络如 Internet 的合法访问。NAT 的实质可以这样理解，就是一个数据包底层的 Proxy 代理，它不再为每种互联网协议（HTTP，FTP，TELNET 等）作代理工作，而是作每个 TCP/IP 数据包的代理。采用地址转换技术，NAT 将内部客户机发出的每个 IP 数据包地址进行检查和翻译，把包内的请求端 IP 地址数据记录并重新打包成合法的外部 IP 地址后发送到 Internet 上。然后 NAT 把由 Internet 上获得的数据包根据请求端的记录把目的 IP 地址在数据包内进行重组，使其转换成局域网内客户端的 IP 地址，然后发送到客户端。

NAT 共享上网的优势在于内部的机器只需要把共享服务器的地址设置为客户端机器的网关，服务器软件就能完成所有工作，而客户端的机器就像一台真正具有连接 Internet 的链路一样。由于 NAT 针对每个数据包转换，也就不存在不同网络应用协议需要分别代理和处理的问题，用户不需要考虑每种网络应用程序进行连接代理的配置工作，使用起来无拘无束，所以有时也称为“透明代理”。NAT 的全透明、全底层的工作方式，对客户机所使用的网络应用程序的管理控制能力比 Proxy 型要差，但随着开发公司对 IP 数据包研究的加深，控制管理能力也在逐步增强，现在的 NAT 共享软件控制能力就比这种产品刚推出时有了很大提高。

常见的 NAT 型软件有 WinRoute，Sygate，Internet GateWay Server，Windows 2000&Windows 98Se/Me 自带的 ICS（Internet Connection Share），i.Share 等，需要时也可

以从网上下载获得。

8.5.4 软件共享上网的优缺点

不管是使用 Proxy 还是 NAT 型软件共享上网，其主要的优点都是费用低廉，有些共享上网软件甚至是免费的，而且软件更新较快，可以比较快地适应互联网新的接入技术和应用协议，另外还有一个优点是具有防火墙功能。当外界主动连接局域网时，由于局域网对外只有一个合法的 IP 地址，外界连接的也只是用于共享上网的那台服务器，所以内部其它的客户机是无法访问的，当然也就无法侵入。所以共享上网与每台机器独立上网相比，局域网内计算机的数据安全性大大提高了。

软件共享上网的缺点是需要专门使用一台机器作为共享上网服务器，为其它机器提供上网能力，而且这台机器的性能不能太低。另外，软件共享上网依赖于操作系统，是一个专用的应用程序，所以稳定性与硬件相比要弱一些。

当共享上网软件安装完毕后，还需要利用 Modem，ISDN，路由器或宽带等技术将安装了该软件的机器（简称为服务器）连接到 Internet 上，另外还需要一个网卡把服务器与局域网相连，并把局域网内其它机器的 IP 地址都设置成相同的网络号，其它机器还要把默认网关设置为服务器连接局域网的那张网卡的 IP 地址。

8.5.5 硬件共享上网

硬件共享上网通常使用共享上网路由器（也称为访问服务器），这种设备除了具有共享上网的功能外，还具有 HUB 的连接计算机成为星型局域网的功能。它们通过内置的硬件芯片来完成 Internet 和局域网间数据包的交换管理，实际上是在芯片中固化了共享上网软件，当然不是指功能强大的大型路由器。

由于硬件不依赖于操作系统，所以硬件共享上网的优点是稳定性较好。但硬件共享上网的缺点是可更新性较差，需要另外投资购买硬件。目前访问服务器的价格与大型路由器相比也不算太贵，而且近年来价格也一直在下降。

访问服务器的功能一般有：为位于任何地方的远程计算机提供拨号登录、访问本地局域网的服务器，称为远程访问服务器 RAS（Remote Access Server）；为本地局域网用户提供使用一个 ISP 账号和一条链路共享访问 Internet 的能力，设备内置的 DHCP 服务器和 NAT 能自动为网络用户分配 IP 地址，简化用户登录的操作；有些访问服务器还可以提供 LAN－to－LAN 的路由能力，从而可以实现不同局域网之间的互连等。在此主要介绍访问服务器的共享上网功能。

访问服务器的共享上网功能是通过一个共享 Modem 或 ISDN 终端适配器，使整个局域网用户都能接入 Internet。Modem/ISDN TA 的共享使我们不必为每个单一用户都购置一个线路适配设备，占用一条线路。有些访问服务器能支持带宽的灵活配置，如两个 COM 口都可以单独连接模拟 Modem 或 ISDN 终端适配器，通过普通电话线或高速 ISDN 可很方便地与 Internet 互连，用户可以在网络交通繁忙时同时使用两个 COM 口建立 Internet 连接，从而加倍广域网互连的带宽，彻底解决数据传输的瓶颈问题。另外，有些访问服务器的按需拨号功能，使该设备在无网络流量时自动断开连接，当检测到网络有流量时重新建立连接，用户还可以设定某一 WAN 口在指定的时间段内建立或断开与 Internet 的连接等，从而最大限度地节省用户的资金，增强用户使用的灵活性。

常见的访问服务器类产品有 3COM 公司的 RAS 1500、CISCO 公司的 2509 和 2511，神州数码网络有限公司的 DI－520，DI－540，DP－602 等。如图 8－8 所示连接的方案中，只要将 DI－520 的工作方式设置成“Internet Server”，并设置 Modem 拨号连接的有关属性，局域网内的计算机无需其它设置就可实现同一 Internet 链路的共享。

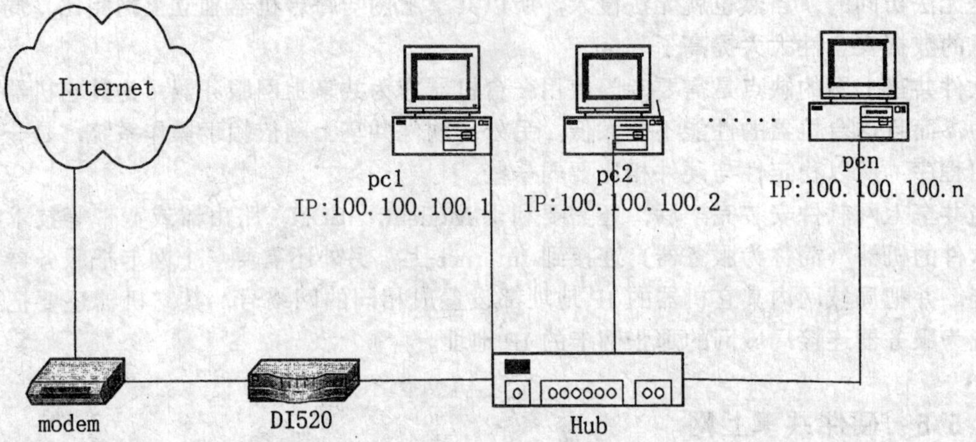

图 8－8　利用访问服务器共享上网方案举例

总之，无论是软件或是硬件方式实现共享上网，其工作原理都是把局域网内部的网络请求作转换处理后，通过连接 Internet 的链路发送到网上，然后把从网上接收到的数据在处理后发送到发出该请求的内部计算机上。

8.5.6　SyGate 4.2 简介

SyGate 4.2 是一种能支持多用户访问 Internet 的软件，只通过一台计算机和一个账号，就能使局域网上的多个用户迅速、快捷、经济地访问 Internet。SyGate 4.2 能在 Windows9x，Windows NT，Windows 2000 等操作系统上运行，还支持模拟 Modem，ISDN，Cable Modem，ADSL 等多种连接方式。安装也十分方便，使用默认设置就能直接使用，当然要获得比较好的性能和较强的管理能力，就必须根据需求进行相关的设置。

每次 SyGate 服务器通过网卡接收到局域网上的客户请求数据包后，将该数据包的源 IP 地址转换成自己对外的 IP 地址，并经过 Internet 传递到目的地，同时记录发出该请求的客户机地址。当对应的应答从 Internet 上回送至 SyGate 服务器时，SyGate 服务器再将此应答传递给发出请求的客户机。

要获取 SyGate 相关的软件或有关信息，以及更详细的使用说明等可访问 www.sygate.net.cn 或 www.mader.com.cn 或 www.sygate.com 等站点。

实验九　路由器设置

9.1　实验目的

1. 了解登录到路由器的方式。
2. 熟悉路由器的命令行界面。
3. 掌握路由器的路由协议和 NAT 的配置。
4. 了解路由器的其它配置。

9.2　实验要求

有条件的实验室内尽量提供不同生产厂商和多种型号的路由器。要求学生掌握路由器的静态路由、RIP 协议的配置；了解 OSPF 协议的配置过程，能分析路由表中的信息，并利用路由器实现与 Internet 的连接和局域网之间的互连。

9.3　实验内容与步骤

9.3.1　安装硬件

本实验以实达 STAR－R2501＋企业级路由器为例来介绍，不同厂家和不同型号的路由器的设置可能略有不同，使用时请参考路由器的使用说明书。假设局域网内的 20 台计算机通过一个 STAR2024M 交换机互联，STAR2024M 交换机的 IP 地址为 100.100.100.100，而 20 台计算机的 IP 地址分别从 100.100.100.1～100.100.100.20。

STAR－R2501＋提供两个同步口（一个备份口，一个控制口）和一个扩展槽（可配双口 10M/100M 自适应以太网端口卡，出厂时扩展槽中已插有单口以太网端口卡），如图 9－1 所示。

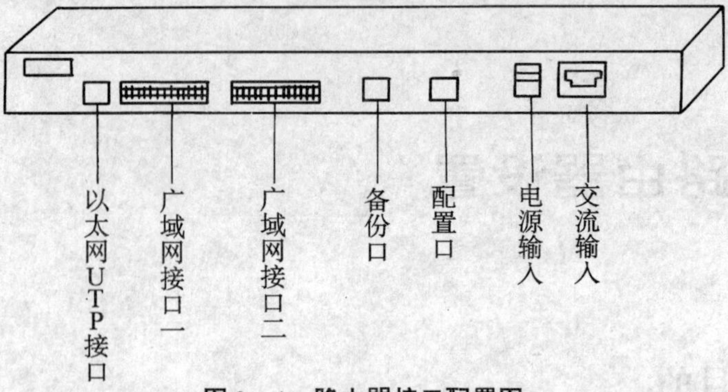

图 9-1　路由器接口配置图

【步骤 1】将交流电源线的一端连接路由器电源输入口，另一端插入电源插座。

【步骤 2】路由器第一次加电，IP 地址可能不对，要通过配置口（Console）配置。将配置电缆一端插在路由器 Console 口上，另一端通过转接头插在微机串口上。使用下文中 9.3.4“LAN 口和 WAN 口的配置”中所述方法将路由器上 LAN 口的 IP 地址设为 100.100.100.200，并将 20 台计算机的网关也设为 100.100.100.200。

【步骤 3】将局域网线一端插在路由器 LAN 口上，另一端接在 STAR2024M 交换机上。将广域网接口电缆插在路由器广域网 WAN1 或 WAN2 口上。如果广域网是 DDN 线路，将广域网接口电缆（V.35 DTE 电缆）的另一端插在数字 Modem 的 V.35 接口上。

【步骤 4】如果有备份要求，则需安装备份电缆和 Modem。将备份电缆一端插在路由器 AUX 口上，另一端通过转接头插在 Modem 串口上。

电缆连接完毕后，打开路由器电源开关就可以对路由器进行配置了。

9.3.2　选择配置方式

STAR-R2501+路由器可通过几种不同的连接方式进行配置。通过终端本地配置、利用 Modem 进行远程配置、通过 Telnet 终端仿真程序。

【步骤 1】通过字符终端配置路由器。

将一字符终端通过 RS232 串口线与路由器的控制台口连接，如图 9-2 所示。

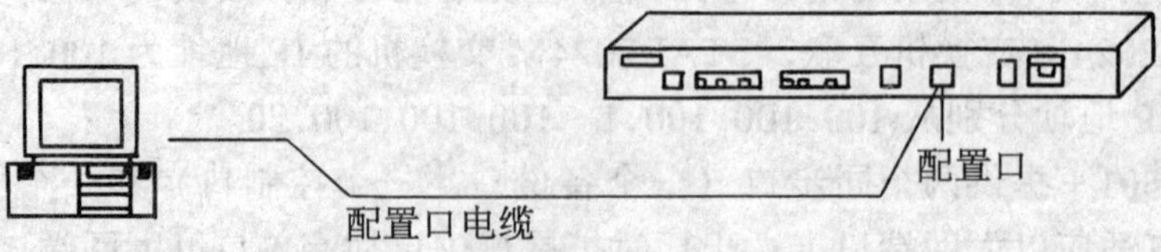

图 9-2　路由器本地配置连接图

设置终端通信参数为 9600bps、8 位数据位、1 位停止位、无校验和无流控，并选择终端类型为 VT100，如图 9-3 所示（此图以超级终端为例）。

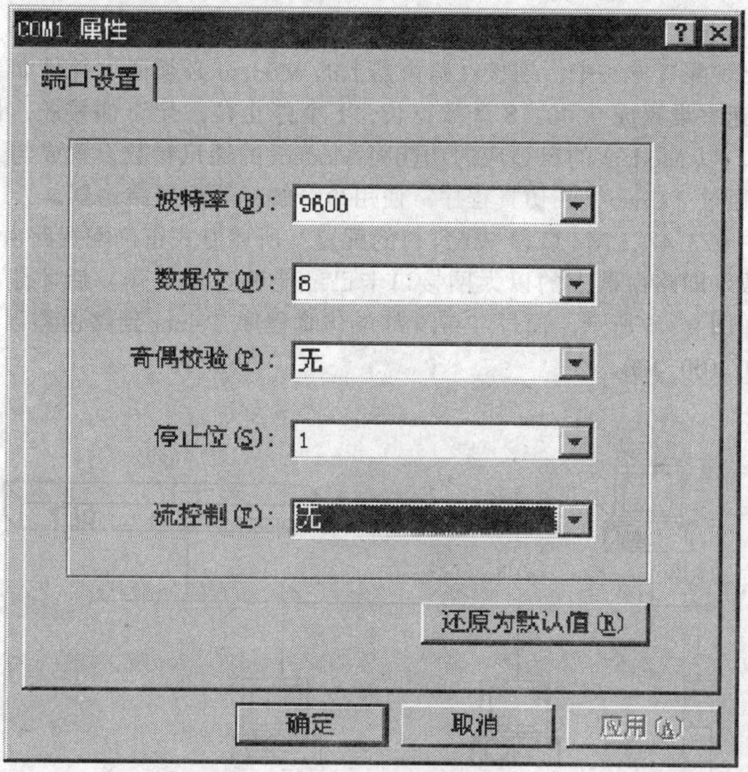

图 9-3　串口属性设置图

连接上路由器后，按下回车键，路由器即显示“Star>”的命令行提示符，此时可直接进入路由器普通用户层的配置界面，并实现各种配置。

【步骤 2】 通过 Modem 进行远程配置。

连接方式如图 9-4 所示。远程可以是一台通过 Modem 通讯的终端，也可以是一台运行 Windows 操作系统的微机，在微机中使用的是超级终端。

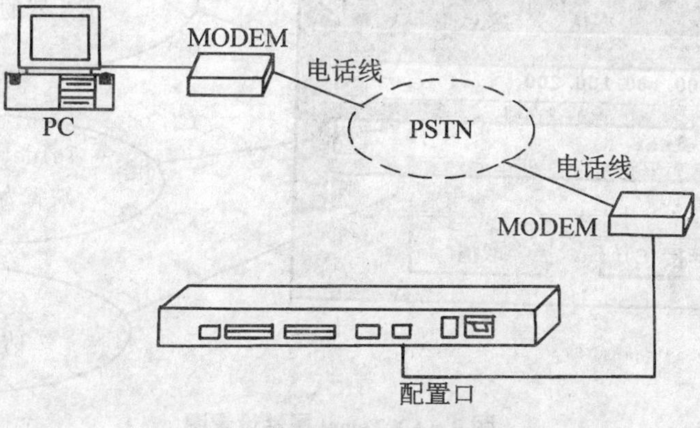

图 9-4　路由器远程配置图

设置终端（远程）的通讯参数为：波特率 9600，数据位 8 位，停止位 1 位，无奇偶校验和无流控（如图 9-3 所示），并设置终端类型为 VT100。设置好与目标路由器配置口所连接的 Modem 的电话线的电话号码，开始拨号与路由器建立连接，开始对路由器的配置，法与【步骤 1】相同。

注意，在此种配置方法中，连接在路由器上的 Modem 必须通过软件如 Windows 超级终端，把 DTE 的速率设置成 9600，8 个数据位，1 个停止位，无奇偶校验，同时把该配置保存到 Modem 中。以 Modem 的自适应的功能将 Modem 的通讯参数设置成与 DTE 一致。

【步骤 3】通过 Telnet 终端仿真程序，使用命令解释器配置路由器。

按照下文中 9.3.4 "LAN 口和 WAN 口的配置" 所述方式正确配置路由器上的以太网接口卡的相关参数（即路由器上的以太网接口卡已经能够正常工作）后才能实现本方式的配置，连线方式如图 9-5 所示。通过 Telnet 终端仿真程序 Telnet 到路由器以太网卡所配置的 IP 地址 100.100.100.200。

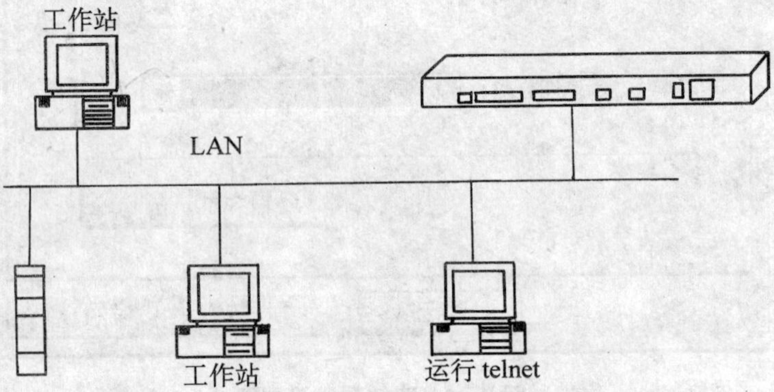

图 9-5　局域网路由器配置图

Telnet 终端仿真程序相关参数的配置如下：路由器以太网卡的 IP 地址，目标机（路由器）的 Telnet 端口，终端仿真的类型等，如图 9-6 所示。

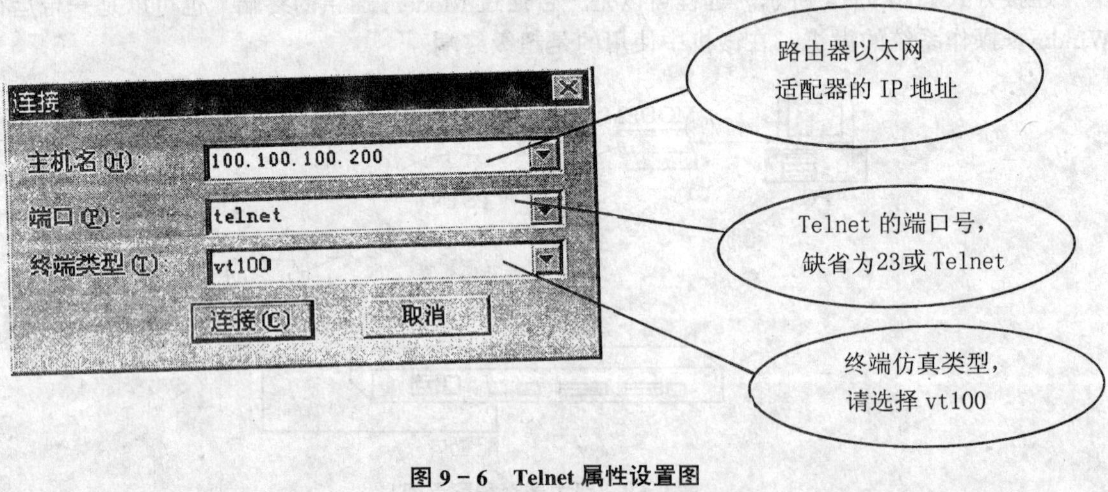

图 9-6　Telnet 属性设置图

运行 Telnet 的微机可以是本地的（指的是和路由器处于同一个子网），也可以是远程的（指的是和路由器处于不同子网，可以跨网段和跨路由），只要 Telnet 的目标地址所对应的路由器上的接口卡配置好就行。

【步骤 4】 通过浏览器进行配置。

在浏览器对路由器进行配置前，必须通过连上路由器的 Telnet 或超级终端在全局配置模式下执行 ip http server。在浏览器的地址栏输入路由器 ip address 即可进入路由器的主页面。

9.3.3 熟悉实达路由器的命令行界面

实达路由器的命令解释器使用了层次化的命令结构，在每个命令层次下都提供一些相关的命令，可用于配置路由器相关参数，显示路由器的运行状态。

1. 命令层的功能

命令层包括：普通用户层、特权用户层、全局配置层、路由 RIP 配置层、路由 OSPF 配置层、路由 EIGRP 配置层、以太网口配置层、异步口配置层、同异步口配置层、BRI 口配置层、VOIP 口配置层、Dialer 设备配置层、虚拟模板配置层、VPDN 组配置层、GRE 通道配置层、Line 配置层。

普通用户层主要包括一些基本的状态显示命令。当用户处在普通用户层时，可通过 enable 命令（需要授权密码）切换到特权用户层。进入特权用户层后，用户可更改路由器的所有设置，此时用户具有最高的权限。在特权用户层下，用户可配置一些普通的参数，或进行一些测试。在特权命令层下，用户可键入 config terminal 进入全局配置层。全局配置层是配置路由器全局参数的命令层，可对路由器名字、静态路由表等一些参数进行配置。路由 RIP 协议配置层的命令用于配置动态路由 RIP 协议的相关参数。路由 OSPF 协议配置层命令用于配置 OSPF 动态路由协议的相关参数。以太网配置层可对路由器上的 10Mbps 的以太网卡进行配置，如网卡的物理地址（MAC 地址）、IP 地址等。异步口配置层可对路由器上的异步通讯口的参数进行配置。同异步口配置层的命令用于配置同异步通讯口（也叫广域网口）的相关参数，如同步通讯口所封装的协议的类型、同步通讯口的 IP 地址，所封装的 X.25 协议的相关参数等。BRI 口配置层可配置 BRI 口的有关参数，Dialer 设备配置层可配置 Dialer 设备的有关参数，Line 配置层可配置 Line 的有关参数。

只要用户所在层不是普通用户层，用“Ctrl + Z”可以回到特权命令层；用“Ctrl + C”可以中断当前正在运行的命令，或者清除当前正在编辑的命令行的内容。在特权用户层用“Disable”可返回普通用户层，“Exit”可以断开 Telnet 的连接。如果是利用 console 口配置路由器，则路由器一加电后，配置用的终端可直接进入普通用户命令层，当前的提示符为“Star＞”，而不需要密码。

2. 在线帮助

任何命令层下输入 help 命令都可以获得有关帮助的简单信息。任何命令层下只要输入“?”就可获得当前命令层可以执行的所有命令列表及命令功能的简单描述。任何命令后加入一个空格，再输入一个“?”，就可以看到这个命令的后续命令元。输入的字符串命令后紧跟一个？可列出以这些字符串打头的所有相关的命令及命令功能的简单描述。

对命令的解释采用不完全匹配的方法，只要用户输入的命令不具二义性，命令解释器就可正常地解释，如命令“show user all”，只要键入“sh u a”即可。另外还具有适当的时限机制，如果终端在一定时间限制内没有动作，就提示相应的信息，或采取相应的动作。

9.3.4 LAN 口和 WAN 口的配置

将 STAR－R2501＋的以太网口（LAN 口）的 IP 地址设为 100.100.100.200，子网掩码为 255.255.255.0，并设局域网内 20 台计算机的网关为 100.100.100.200。而广域网口（WAN 口）的 IP 地址必须为电信局分配的真 IP 地址（如分到的 IP 地址为 10.20.8.26，子网掩码为 255.0.0.0）。

```
Star＞show interface e 0                      查看以太网口配置及状态
Star＞enable                                  进入特权用户层，需要密码校验
Star＃config terminal
Star（config）＃ip routing
Star（config）＃int e 0                       进入路由器以太网口的配置
Star（config－if）＃ip address 100.100.100.200 255.255.255.0
Star（config－if）＃no shutdown
Star（config－if）＃exit
Star（config）＃int s 0                       进入路由器广域网口的配置
Star（config－if）＃ip address 10.20.8.26 255.0.0.0
Star（config－if）＃encap ppp
Star（config－if）＃int v35                   设置基带 Modem 的线缆接口类型
Star（config－if）＃no shutdown
Star（config－if）＃exit
Star（config－if）＃ip route 0.0.0.0 0.0.0.0 s 0        配置静态路由
Star（config）＃exit
Star＃wr                                      保存上述配置
Star＃reboot                                  重启路由器
```

在上述配置过程中可以使用 ping，traceroute，show，debug 等命令校验配置。其中 ping 命令一般用于测试网络是否通畅，traceroute 用于跟踪信息报文的传输路径，show 用于显示基本的系统信息，debug 打开调试模式设置调试参数。

9.3.5 静态路由

配置静态路由的命令主要有两条：

1. 增加一条静态路由

ip route *ip－address mask* ｛*interfacce－name*｜*gateway－addree*｝［metric－value］

如果 IP 地址和子网掩码均指定为 0.0.0.0，则该路由为缺省路由。metric value 用于衡量路由的好坏，值越小越好。

2. 删除一条静态路由

no ip route *ip－address mask*

另外，在路由器中可用“show ip route”来查看路由表信息，配置路由器应该学会看路

由表信息。如图 9－7 所示的路由表信息中，以列表的方式显示路由表，每一行代表一条路由，每一行的信息从左到右依次为：协议、目的地址、子网掩码、下一跳、输出接口、度量值。

```
Star＃show ip route
Codes：C － connected，S － static，R － RIP，O － OSPF
C 127.0.0.0 mask 255.0.0.0 via127.0.0.1 loopback 0
C 192.168.10.0 mask 255.255.255.0 via 192.168.10.2 ethernet 0 0
S 192.168.12.0 mask 255.255.255.0 via192.168.10.1 ethernet 0 1
```

图 9－7　路由表摘要信息

如图 9－8 所示，图中所有 IP 地址的子网掩码均为 255.255.255.0，要求通过配置静态路由，使任意两台主机或路由器之间都能两两互通。

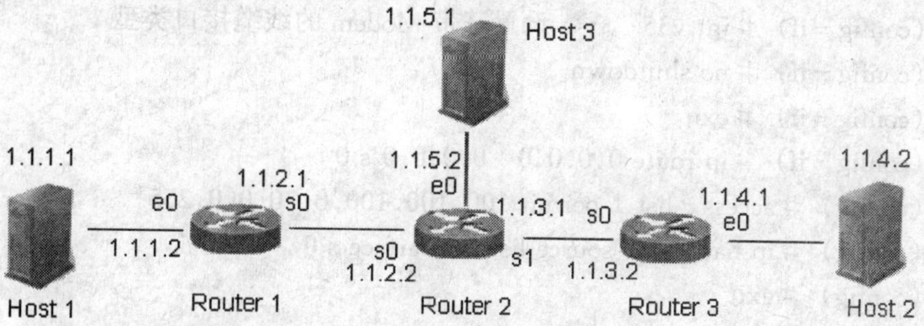

图 9－8　静态路由配置举例组网图

【步骤 1】 配置路由器 Router 1 静态路由。

star（config）＃ip route 1.1.3.0 255.255.255.0 1.1.2.2

star（config）＃ip route 1.1.4.0 255.255.255.0 1.1.2.2

star（config）＃ip route 1.1.5.0 255.255.255.0 1.1.2.2

或只配缺省路由："star（config）＃ip route 0.0.0.0 0.0.0.0 1.1.2.2"。

【步骤 2】 配置路由器 Router 2 静态路由。

star（config）＃ip route 1.1.1.0 255.255.255.0 1.1.2.1

star（config）＃ip route 1.1.4.0 255.255.255.0 1.1.3.2

【步骤 3】 配置路由器 Router 3 静态路由。

star（config）＃ip route 1.1.2.0 255.255.255.0 1.1.3.1

star（config）＃ip route 1.1.5.0 255.255.255.0 1.1.3.1

star（config）＃ip route 1.1.1.0 255.255.255.0 1.1.3.1

或只配缺省路由："star（config）＃ip route 0.0.0.0 0.0.0.0 1.1.3.1"。

【步骤 4】 如果配置三个主机的 IP 地址，并在主机 1 上配缺省网关为 1.1.1.2，

主机 2 上配缺省网关为 1.1.4.1，

主机 3 上配缺省网关为 1.1.5.2。

至此，图中所有主机或路由器之间能两两互通。

9.3.6 NAT 的配置

以下是用 DDN 通过 NAT 进行转换的一个实例配置过程。

```
Star (config) #int e 0
Star (config-if) #ip address 100.100.100.200 255.255.255.0
Star (config-if) #ip nat inside
Star (config-if) #no shutdown
Star (config-if) #exit
Star (config) #int s 0
Star (config-if) #ip nat outside
Star (config-if) #ip address 10.20.8.26 255.0.0.0
Star (config-if) #encap ppp
Star (config-if) #int v35          设置基带 Modem 的线缆接口类型
Star (config-if) #no shutdown
Star (config-if) #exit
Star (config-if) #ip route 0.0.0.0  0.0.0.0 s 0
Star (config) #access-list 1 permit 100.100.100.0  0.0.0.255
Star (config) #ip nat inside source list 1 interface s 0
Star (config) #exit
Star#wr
```

9.3.7 RIP 的配置

1. 在全局配置模式下进入 RIP 全局参数配置状态

激活 RIP 功能使用“router rip”命令；结束 RIP 功能使用“no router rip”命令。

2. RIP 全局参数配置命令

network 指定需要发送报文的网络地址；neighbor 指定一系列需要定点发送报文的目的地址；version 指定 RIP 报文的版本值，分为版本 1 和版本 2 两种，缺省为版本 1，版本 2 支持发送子网掩码信息和安全认证。

3. 接口层 RIP 配置命令

ip rip authentication none 接口 RIP 报文不要认证；

ip rip authentication simple word 接口 RIP 报文要认证 RIP（版本 2 可以支持认证，版本 1 不支持认证）；

ip rip receive version {1|2|1 2} 指定接口接收 RIP 报文的版本号；

ip rip send version {1|2|1 2} 指定接口发送 RIP 报文的版本号。

4. 使用范例

```
star (config-router) # ?                      显示 RIP 命令的用法
star (config-router) #network 192.168.9.0     指定 192.168.9.0 为发送网络地址
```

star (config - router) # neighbor 125.102.0.1　　指定 125.102.0.1 为定点发送地址
star (config - router) # version 1　　设置报文缺省版本号为 1
star (config - router) # version 2　　设置报文缺省版本号为 2

5. 配置案例

设路由器 R1 的 e 0 口的 ip address 是 192.168.12.1，e 1 口的 ip address 是 192.168.20.1；路由器 R2 的 e 0 口的 ip address 是 192.168.11.1，e 1 口的 ip address 是 192.168.20.2.；两个路由器通过 e 1 连接。

【步骤 1】 配置路由器 R1。

```
!
interface ethernet 0
ip address 192.168.12.1 255.255.255.0
!
inteface ethernet 1
ip address 192.168.20.1 255.255.255.0
!
router rip
network 192.168.12.0
network 192.168.20.0
```

【步骤 2】 配置路由器 R2。

```
!
interface ethernet 0
ip address 192.168.11.1 255.255.255.0
!
nteface ethernet 1
ip address 192.168.20.2 255.255.255.0
!
router rip
network 192.168.11.0
network 192.168.20.0
```

6. 路由器的核验

路由器核验可用语句 show ip route，show ip route rip，debug ip rip，show ip protocol 等。

为了验证上述配置，可在 R1 上 ping 192.168.11.1 或在 R2 上 ping 192.168.12.1，通则说明配置正确。

9.3.8 OSPF 的配置

OSPF 的配置比较复杂，学生可以选作本实验。OSPF 的配置需要在各路由器之间相互协作。在未作任何配置的情况下，路由器的各参数使用缺省值，发送和接收报文都无须进行验证，接口也不属于任何一个自治系统的分区。在改变缺省参数的过程中，必须保证各路由器之间的配置相互一致。

配置 OSPF 可能需要完成下列工作：激活 OSPF、配置 OSPF 的区域、配置 OSPF 的接口参数、配置 NBMA 的接口运行 OSPF、创建和配置虚连接、配置路由器的 ID 号等。在配置过程中可以使用表 9－1 所示的命令对 OSPF 的运行进行监控和维护。

表 9－1　OSPF 的监控和维护

操　　作	命　　令
显示 OSPF 的主要信息	Show ip ospf
显示 OSPF 连接状态数据库信息	Show ip ospf database
显示 OSPF 接口信息	Show ip ospf interface
显示 OSPF 邻接点信息	Show ip ospf neighbor
显示 OSPF 路由表信息	Show ip ospf route

如图 9－9 所示的网络连接中的三个路由器的 OSPF 协议配置步骤为：

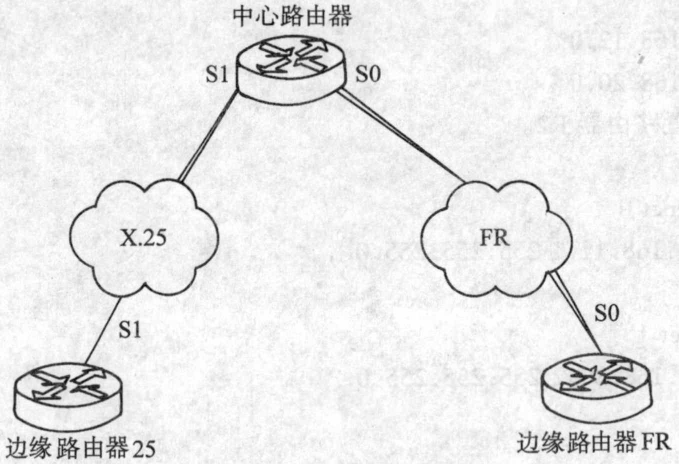

图 9－9　OSPF 配置举例

【步骤 1】 配置中心路由器 R1。

```
!
frame－relay switching
!
ip subnet－zero
!
interface ethernet 0
ip address 20.20.20.1 255.255.0.0
!
interface serial 0
    ip address 10.10.30.1 255.255.255.0
```

```
        no clock external
        interface v35
        no shutdown
        encapsulation frame - relay
        frame - relay intf dce
        frame - relay local - dlci 555
!
interface serial 1
        ip address 10.10.20.2 255.255.255.0
        no clock external
        interface v35
        no shutdown
        ip ospf network point - to - point
        encapsulation x25 dce
        x25 address 222
        x25 map ip 10.10.20.1 111 broadcast
!
line aux 0
    speed 115200
    stopbits 1
    dadabits 8
    modem out
!
router ospf
        network 10.10.20.0 255.255.255.0 area 0
        network 10.10.30.0 255.255.255.0 area 0
        network 20.0.0.0 255.0.0.0 area 0
!
no ip domain - lookup
```

配置完成后，可用 show ip route 核验结果：

```
c 10.10.20.0 mask 255.255.255.0 is directly connected, serial 1
o 10.10.10.0 mask 255.255.255.0 via 10.10.20.1 serial 1 metric 2
c 10.10.30.0 mask 255.255.255.0 is directly connected, serial 0
c 20.20.0.0 mask 255.255.0.0 is directly connected, ethernet 0
o 30.30.30.0 mask 255.255.255.0 via 10.10.30.1 serial 0 metric 2
c 127.0.0.0 mask 255.0.0.0 is directly connected, loopback 0
```

【步骤 2】 配置边缘路由器 X25。

```
!
ip subnet - zero
```

```
!
interface ethernet 0
ip address 10.10.10.1 255.255.0.0
!
interface serial 0
    no ip address
    shutdown
!
interface serial 1
  ip address 10.10.20.1 255.255.255.0
  interface v35
  no shutdown
  ip ospf network point-to-point
  encapsulation x25 dte
  x25 address 111
  x25 map ip 10.10.20.2 222 broadcast
!
line aux 0
  speed 115200
  stopbits 1
  dadabits 8
  modem out
!
router ospf
    network 10.10.10.0 255.255.255.0 area 0
    network 10.10.20.0 255.255.255.0 area 0
!
no ip domain-lookup
```

配置完成后，可用 show ip route 核验结果：

```
c 10.10.10.0 mask 255.255.255.0 is directly connected, ethernet 0
c 10.10.20.0 mask 255.255.255.0 is directly connected, serial 1
o 10.10.30.0 mask 255.255.255.0 via 10.10.20.2 serial 1 metric 2
o 20.20.0.0 mask 255.255.0.0 via 10.10.20.2 serial 1 metric 2
o 30.30.30.0 mask 255.255.255.0 via 10.10.20.2 serial 1 metric 3
c 127.0.0.0 mask 255.0.0.0 is directly connected, loopback 0
```

【步骤 3】 配置边缘路由器 FR。

```
!
ip subnet-zero
!
```

```
interface ethernet 0
ip address 30.30.30.1 255.255.255.0
!
interface serial 0
    ip address 10.10.30.1 255.255.255.0
    interface V35
    no shutdown
    encapsulation frame - relay
!
interface serial 1
    no ip address
    no shutdown
!
line aux 0
  speed 115200
  stopbits 1
  dadabits 8
  modem out
!
router ospf
    network 10.10.30.0 255.255.255.0 area 0
    network 30.30.30.0 255.255.255.0 area 0
!
no ip domain - lookup
```

配置完成后，可用 show ip route 核验结果：

```
c 10.10.30.0 mask 255.255.255.0 is directly connected, serial 0
o 10.10.10.0 mask 255.255.255.0 via 10.10.30.2 serial 0 metric 3
o 10.10.20.0 mask 255.255.255.0 via 10.10.30.2 serial 0 metric 2
o 20.20.20.0 mask 255.255.0.0 via 10.10.30.2 serial 0 metric 3
c 30.30.30.0 mask 255.255.255.0 is directly connected, ethernet 0
c 127.0.0.0 mask 255.0.0.0 is directly connected, loopback 0
```

【步骤 4】 OSPF 排错。如果按前述步骤配置了 OSPF 后，OSPF 不能正常运行，则按照下述步骤检查。

(1) 检查物理连接及下层协议是否正常运行。可通过 Ping 命令测试，若从本地路由器 Ping 对端路由器不通，则表明物理连接和下层协议有问题。

(2) 如物理连接和下层协议正常，则检查在接口上配置的 OSPF 参数，必须保证与相邻路由器的参数一致，包括 hellointerval，deadinterval 和 authentication 等。

(3) 检查在同一接口上 deadinterval 值应至少为 hellointerval 值的 4 倍。

(4) 若网络的类型为广播网或 NBMA，至少有一个接口的 priority 应大于零。

(5) 检查同一网段的区域（area）号必须相同。

(6) 若配置了两个以上的区域，则至少有一个区域为骨干区域（即 area 号为 0）。

(7) 应保证骨干区域与所有的区域相连接。

(8) 虚连接不能穿越 stub 区域。

9.3.9 配置 SOHO 路由器

SOHO 路由器适用于小型企业、家庭、网吧等需要宽带接入的场合，可配合 ADSL Modem 和 Cable Modem 等使用，为用户高速上网提供最佳的方案，用户可简单快速地配置路由器。所以 SOHO 路由器也是最容易接触到的路由器，在此以 STAR－SOHO 系列路由器为例简单介绍其配置。物理接口的配置与前述的路由器类似，此外还具有自身特色的支持 PPPOE 和 DHCP 以及 HTTP 配置功能。

1. PPPOE 配置

PPPOE 是 PPP over ethernet 的英文缩写。当用户在 Ethernet 1 口上封装 PPPOE 时，建议 MTU 设置取值为 1488，可以提高线路的利用率。常用的命令有：Encapsulation ppp 配置 ethernet 1 口封装 PPPOE 协议，No encapsulation ppp 取消封装 PPPOE 协议，max－idle－timeout seconds 配置最大 idle 秒数（缺省 60 秒）。

2. DHCP 配置

DHCP 配置的命令比较多，在此不一一介绍了，以下是一个配置 DHCP 的简要示例：

```
start（config）＃ip dhcp pool network0                //创建一个 dhcp IP 地址池
start（config－dhcp）＃network 192.168.12.0 255.255.255.0
                                                      //设置地址池的地址范围
start（config－dhcp）＃name－server 202.101.143.141 202.101.98.55
                                                      //设置 DNS 服务器
start（config－dhcp）＃default－router 192.168.12.1 192.168.10.1
                                                      //设置默认网关的 IP 地址
start（config－dhcp）＃boot－file c：\ boot.img        //设置启动路径
start（config－dhcp）＃option 253 hex 00d0.f810.02df
                                                      //设置 DHCP 选项
start（config－dhcp）＃option 251 ip 1.1.1.1 2.2.22.2 3.3.3.3
start（config）＃ip dhcp pool host0                   //创建一个 dhcp 地址池
```

3. HTTP 配置

STAR－SOHO 系列路由器提供了通过浏览器来配置路由器的方法：在浏览器地址栏输入路由器 LAN 口的 IP 地址，输入密码显示图 9－10 所示的 Setup 页面。可以配置路由器名、LAN 口 IP 地址、WAN 口 IP 地址、WAN 口是否启用 PPPOE，PPPOE 的用户名和口令，还可以选择“修改路由器口令”和“路由器当前状态”两个功能。配置完成后按“应用”按钮，配置结果立刻生效。

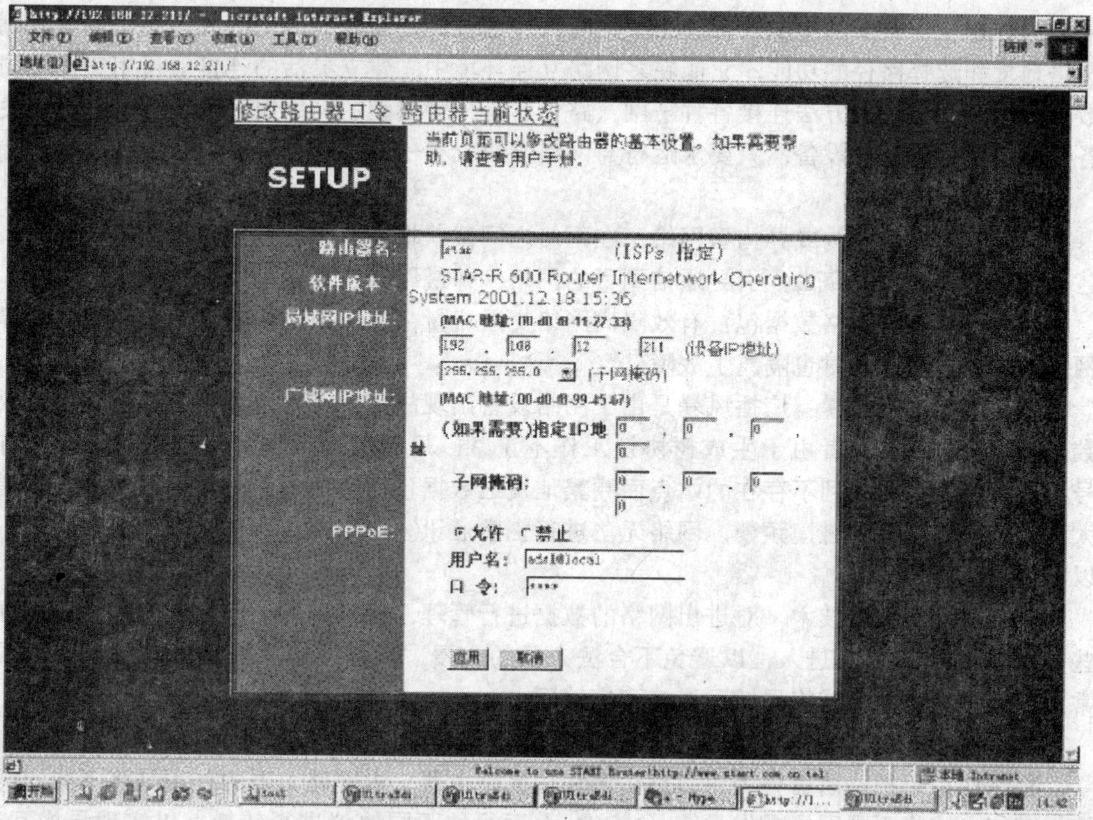

图 9－10　Setup 页面

9.4　实验报告

1. 画出互联的网络图，标出两个网络的 IP 地址和路由器的 IP 地址，总结实验中 IP 地址设计的规则。

2. 写出实验室所用的路由器的相关性能参数。

3. 写出实验中路由器的配置过程、所用命令和参数，并验证实验的结果。

4. 了解实验所用路由器还有哪些功能？有时间可以验证这些功能及其参数。

5. 如果配置了 OSPF 协议，总结 OSPF 的配置过程。

6. 通过路由器访问到了哪些对方网络的资源？

9.5　相关知识

9.5.1　路由器基础知识

路由器用于连接多个逻辑上分开的网络。所谓逻辑网络是代表一个单独的网络或一个子网。当数据从一个子网传输到另一个子网时，可通过路由器来完成。因此，路由器具有判断网络地址和选择路径的功能，它能在多网络互连环境中，建立灵活的连接。可用完全不同的数据分组和介质访问方法连接各种子网，路由器是一种典型的网络层互连设备，它不必关心各子网所使用的硬件设备，只要求运行与网络层协议相一致的软件。

1. 路由器的功能

（1）连接多种同构或异构型网络，在网络之间截获报文，起转发的作用。

（2）选择合理的路由，引导通信到目的网络，并最终到达特定的节点地址。

（3）隔离共享网络数据包：有效隔离网络交通流量，使局域网内的流量只在网内，提高网络的整体效率，同时也隔离了故障。

（4）隔绝广播风暴：广播风暴是由于网络设备出现故障，某站点频繁发送有效和无效的数据包而造成的；或者由于生成树协议工作不正常，局域网内形成环路，使网络上总有信号；或主机因为联络到不存在的站点而频繁地发送数据包而造成的。一个网络中的广播信号太多，会使网络信号碰撞频繁，网络无法进行正常通讯。使用路由器连接两个逻辑网段，可以有效隔离广播风暴。

（5）提供防火墙技术，对进出网络的数据进行管理，提供多种访问控制策略，能设置某些 IP 地址允许或禁止进入，以避免不合法人员的入侵，增强网络的安全性。所以路由器通常用来连接大型网络或将局域网连接到广域网上。

2. 路由器的分类

根据应用可把路由器分为内部路由器和边界路由器。内部路由器的作用是将不同的网段连接起来，或将不同网络操作系统（NOS）上运行的不同协议进行转换，以实现异构互通。而边界路由器则以同步方式（X.25，帧中继，ISDN）或以异步方式（V.34，V.90）通过专线或公网接入 Internet 或实现 LAN to LAN 的连接。

3. 路由器的工作流程

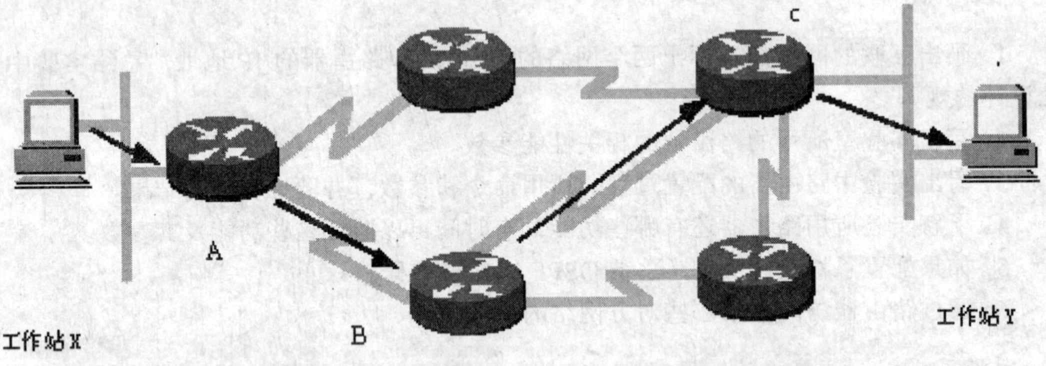

图 9－11　路由器的工作流程

在图 9－11 中，工作站 X 将工作站 Y 的地址和数据以数据帧的形式发送给路由器 A。A 收到 X 的数据帧后，从包头取出地址，根据路由表计算出发往工作站 Y 的最佳路径为依次经过路由器 A－B－C，并将数据帧发送给路由器 B。B 重复 A 的工作，并将数据帧发送给路由器 C。C 取出目的地址，发现该地址就在其所连接的网段上，于是将该数据帧直接发送给工作站 Y。Y 接收到工作站 X 的数据帧，一次通信结束。

4. 路由协议

路由器利用路由表来识别其它网络主机到达该网络的路径和相关的开销代价。路由器根据所收到的数据包上的目的主机地址选择一个合适的路径，将数据包传送到下一个路由器，通路上最后的路由器负责将数据包送交目的主机。路由器转发数据包的关键是路由表。路由表中一条路由项表明，将数据包转发到某子网或某主机，应通过路由器的哪个物理端口发送，然后就可到达该路径的下一个路由器，或者不再经过别的路由器而传送到直接相连的网络中的目的主机。

根据路由的目的地不同，可以分为子网路由（目的地为子网）和主机路由（目的地为主机)。根据目的地与该路由器是否直接相连，又可分为直接路由（目的地所在网络与路由器直接相连）和间接路由（目的地所在网络与路由器不是直接相连)。为了不使路由表过于庞大，可以设置一条缺省路由。凡遇到查找路由表失败的数据包，就选择缺省路由转发。

路由表中的路由项可以是手工配置，也可能通过各种动态路由协议自动产生。经手工配置产生的路由称为静态路由，经路由协议产生的路由称为动态路由。动态路由选择可以根据网络环境的改变而进行实时调整。路由器分析接收到的路由更新信息，路由选择算法重新计算路由并将新的路由更新信息发送出去。这些信息在网络中传输，使相关的路由器都重新计算路由并改变其路由表。动态路由能动态地检查路径情况，始终维持最新的可用的路由信息，但可能为此需要保持一个较大的路由表，这会影响到路由选择的效率。

动态路由协议有距离矢量协议和链路状态协议两种：

(1) 距离矢量法（如 RIP 协议)：通过距离值来维护路由表，并且周期性的将路由表向它们的相邻设备传送。距离矢量协议通过跳数单位来计算出最佳路由，易于配置和使用。但路由信息占用带宽大，RIP 最多可以支持 15 个路由器。

(2) 链路状态法（如 OSPF 协议)：向网络上所有节点广播路由信息，但每个路由器只在路由信息发生改变时发送链路状态变化的路由信息。因此路由信息占用的带宽小，可以支持 65 535 个路由器。链路状态协议能够快速响应网络拓扑结构的变化，但需要更大的带宽和更多的资源，所以实现代价较高。

9.5.2 静态路由

在组网结构比较简单的网络中，只需要配置静态路由表就可以使路由器正常工作。静态路由表是在路由器进行路由选择之前由网络管理员手工建立的。一般路由表信息在路由器工作过程中是不会改变的，除非网络管理员重新设置。

IP 在发送报文时，首先根据报文的目的地址寻找路由表中与之匹配的路由。只有路由指定了下一跳地址，链路层才能通过下一跳 IP 地址找到对应的链路层地址，所以配置静态路由时需要指定发送接口或下一跳 IP 地址。此外，静态路由包括的信息还有目的地址（标识 IP 包的目标地址或目标网络）和子网掩码（和目标地址一起标识目标网络)。把目标地址和子网掩码进行逻辑与运算即可得到目标网络，如目标地址为 192.168.8.10，子网掩码为 255.255.255.0，则目标网络为 192.168.8.0。子网掩码必须是连续的，可以用点分十进制的方式表示，也可以用子网掩码中连续的 1 的个数来表示。

使用静态路由表的算法简单、可靠性高、使用很少的带宽，适用于网络流量可以预测且网络结构比较简单的情况，路由选择效率高。但是静态路由不能自动响应网络中的变化，所以可能会导致目的不可达。当网络规模不断扩大时，手工设置静态路由将是一件很烦琐的事，因此静态路由不适用于大型、经常变化的网络环境。

9.5.3 RIP 协议

RIP 是路由信息协议（Routing Information Protocol）的英文缩写。RIP 是一种内部网关协议，适应于小型网络，这是一种相对陈旧简单的动态路由协议，但在实际使用中有着广泛的应用。RIP 是最简单的一种基于距离矢量算法的协议，通过 UDP（User Datagram Protocol）数据包交换路由信息，每隔 30 秒（缺省值）向外发送一次路由更新。如果路由器经过 180 秒（缺省值）或在用户设定的时间内没有收到来自对方的路由更新信息，则将所有来自此路由器的路由信息标志为不可达，并且如果在其后 120 秒内（缺省值）或在用户设定的时间后仍没有收到更新信息就将其删除。

RIP 使用跳数（hop count）来衡量到达目的地的距离，称为路由权（Routing Metric），表示在路由中所经过的路由器的数量。在 RIP 中路由器到与它直接相连的网络的跳数为 0（在某些协议中被定义为 1），到通过一个路由器可达的网络的距离为 1 跳，其余依此类推。为限制收敛时间，RIP 规定 metric 为 1～15 间的整数，若跳数超过或等于 16 就被当作无穷大，即该目的地址被认为是不可达的。

当 RIP 路由器收到邻近路由器的路由表后，要经过计算来决定是否更新自己的路由表。如果自己的路由表需要更新，路由器在更新完毕后会立即把更新的内容发送到邻近的路由器。一般如下原因会引起路由表的变化：启动了一个新的接口、使用中的接口出现了故障、邻近路由器的路由表改变、路由表中的某条记录的生存周期结束被自动删除等。

RIP 将路由器分为两种类型，一种是主动的，一种是被动的。主动路由器既可以发送自己的路由表，也可以接收邻近路由器的路由表。被动路由器只能接收邻近路由器的路由表。一旦启动了 RIP 协议的某个端口学到了一条路由，它就将保留这条路由，直到学到更好的可以取代这条路由的路由。一旦有端口广播说某条路由失败了，其它收到这条消息的端口都应该对通过 RIP 获得的路由信息做过时处理。

考虑到效率的原因通常会采用一些技术来改变路由更新周期的大小，常用的有水平分割（Split Horizon）和破坏逆转（Poison reverse）：

（1）水平分割：当接口启动 RIP 时，通过与其直接相连的接口建立路由表。在和邻近路由器交换路由信息，建立一个稳定的最优化的路由表的过程中，有可能出现信息回路。一旦路由器收到了以自己作为中间跳转的路由，就肯定出现了信息回路。水平分割可以避免这种信息回路的产生，其原则是传播到某端口的路由信息都不能是从此端口获得的。

（2）破坏逆转：通过设置邻近路由器的路由开销为无限大，因而不可达，以此来阻止网络中的信息回路。

9.5.4 OSPF 协议

OSPF 是开放最短路由优先协议（Open Shortest Path First）的英文缩写，OSPF 协议是

IETF 组织开发的一个基于链路状态的自治系统内部路由协议，通过收集和传递自治系统的链路状态来动态地发现并传播路由、支持 IP 子网和外部路由信息的标记引入、支持基于接口的报文验证以保证路由计算的安全性、使用 IP Multicasting 方式发送和接收报文。简单地说，OSPF 协议只保存路由器所在的 IP 域和邻近路由器的路由信息，而不是整个网络的路由信息，因此克服了 RIP 协议在复杂网络中的局限性。

每个支持 OSPF 协议的路由器都维护着一份描述整个自治系统拓扑结构的数据库，这个数据库是收集所有路由器的链路状态广播而得到的。每个路由器总是将描述本地状态的信息（如可用接口信息、可达邻居信息等）广播到整个自治系统中去。在各类可以多址访问的网络中，如果存在两台或两台以上的路由器，该网络上就要选举出“选举路由器”和“备份选举路由器”，选举路由器负责将网络的链路状态播出去。引入这一概念有助于减少在多址访问网络上各路由器之间邻接关系的数据。OSPF 协议允许自治系统的网络被划分成区域来管理，区域间传送的路由信息被进一步抽象，从而减少了占用网络的带宽。

根据链路状态数据库，各路由器构建一棵以自己为根的最短路径树，这棵树给出了到自治系统中各节点的路由。外部路由信息出现在叶节点上，外部路由还可由广播它的路由器进行标记以记录关于自治系统的额外信息。每个路出器把更新信息送给邻近的路由器以保证路由表的一致。

OSPF 使用 4 类不同的路由，按优先顺序依次是：区域内路由、区域间路由、第一类外部路由、第二类外部路由。区域内和区域间路由描述的是自治系统内部的网络结构，而外部路由则描述了应该如何选择到自治系统以外目的地的路由。一般来说，第一类外部路由对应于 OSPF 从其它内部路由协议所引入的信息，这些路由的花费和 OSPF 自身路由的花费具有可比性；第二类外部路由对应于 OSPF 从外部路由协议所引入的信息，它们的花费远大于 OSPF 自身的路由花费，因而在计算时，将只考虑外部的花费。

OSPF 把网络分为不同的区（AREA)，非骨干区都和骨干区相连。每个区都有一个 32 位长的惟一的 area-id 号，当路由器中至少有一个接口在 OSPF 包广播的区域时，路由器就会处理该 OSPF 包，同一区中的所有路由器的链路状态数据库是一致的。区内的拓扑结构对区外来说是不可见的。OSPF 的区域划分为 Area 0，stub 区和 not-so-stubby 区三种类型。

（1）Area 0：一个 OSPF 网必须有一个以 0.0.0.0 标识的区，称为骨干区（Backbone)。一个自治系统的所有区都必须和骨干区相连。骨干区允许区边缘路由器之间的概要信息交换。当设计一个 OSPF 网络的时候，必须从 0 区开始。所有的区域都必须在逻辑上连续，为此骨干区域上特别引入了虚连接的概念以保证即使在物理上有分割的区域仍然在逻辑上具有连通性。

（2）Stub：一个 stub 只能连接到一个区（通常是骨干区)。路由信息不广播到 stub 区，通过建立 stub 区，可以减少路由器的内存的使用和处理器的工作量。

（3）Not-so-Stubby（NSSA)：一个 not-so-stubby 区和 stub 区有些类似，区别在于自治系统学习到的外部路由会广播到 NSSA，一个 NSSA 学习到的外部路由也可以广播到其它区。

在同一区域内的所有路由器都应该一致同意该区域的参数配置。因此在配置区域内的路由器时，应该注意大多数配置数据都应该以区域为基础来统一考虑，错误的配置可能会导致相邻路由器之间无法相互传递信息，甚至导致路由信息的阻塞或者自环等。

9.5.5 NAT 技术

NAT（Network Address Translation）是网络地址转换（地址代理）的英文缩写，用来实现私有网络地址与公有网络地址之间的转换，NAT 技术的提出是为了解决 IP 地址短缺所面临的问题。私有地址是指内部网络（局域网内部）的主机地址，而公有网络地址是局域网的外部地址。

地址转换的机制是将局域网内主机的 IP 地址和端口替换为路由器的外部网络地址和端口，以及从路由器的端口转换为主机的 IP 地址和端口。地址转换使内部网络的多个主机可以使用一个或几个公有网络地址访问网外资源，而且外部网络地址只看到这些公有地址，这样就为内部主机提供了“隐私”（privacy）保护。但 NAT 技术需要对数据包文进行 IP 地址的转换，则涉及 IP 地址的数据包的报头不能被加密；网络调试也变得更加困难，如某一台内部网络的主机试图攻击其它网络，则很难指出究竟是哪一台机器是恶意的，因为主机的 IP 地址被屏蔽了。

9.5.6 DHCP

DHCP 是动态主机配置协议（Dynamic Host Configuration Protocol）的英文缩写，广泛应用在局域网环境里来动态分配 IP 地址。

DHCP Client 发出目的 IP 地址为 255.255.255.255 的 DHCP 请求报文来找寻 DHCP Server，并请求获取 IP。DHCP Server 收到 DHCP 请求报文后，根据一定的策略来给 Client 分配 IP，发出 DHCP 响应报文。一旦 DHCP Client 收到确认的响应报文后，就认为自己获得了一个合法的 IP 地址，以后就绑定这个 IP 地址开始正常的网络通讯。

按照通常的 DHCP 应用模式（Client－Server 模式），由于 DHCP 请求报文的目的 IP 地址为 255.255.255.255，因此每个子网都要有一个 DHCP Server 来管理这个子网内的 IP 动态分配情况，为此引入了 DHCP Relay Agent 的概念。DHCP Relay Agent 把收到的 DHCP 请求报文转发给 DHCP Server，同时把收到的 DHCP 响应报文转发给 DHCP Client。DHCP Relay Agent 就相当于一个转发站，负责沟通不同广播域间的 DHCP Client 和 DHCP Server 的通讯。这就实现了局域网内只要安装一个 DHCP Server 就可对所有网段的动态 IP 管理，即 Client，Relay Agent，Server 模式的 DHCP 动态 IP 管理。

如图 9－12 所示，VLAN 10 和 VLAN 20 分别对应 10.0.0.1/16 和 20.0.0.1/16 的网络，而 DHCP Server 在 30.0.0.1/16 的网络上，30.0.0.2 的 DHCP Server 要对 10.0.0.1/16 和 20.0.0.1/16 的网络进行动态 IP 管理，只要在作为网关的交换机上打开 DHCP Relay Agent，并指定 DHCP Server IP 为 30.0.0.2 就可以了。

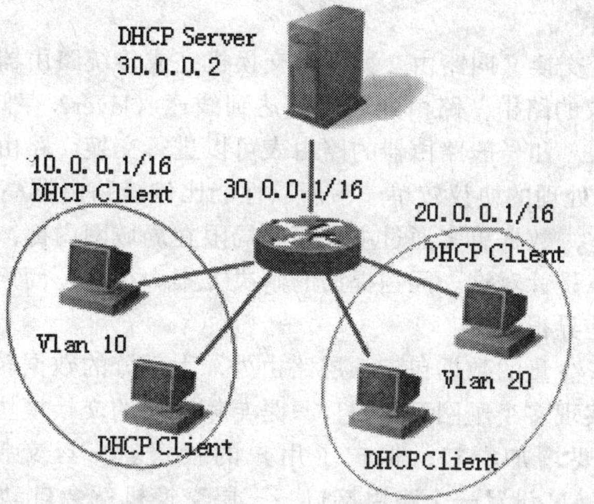

图 9-12 DHCP Relay Agent

9.5.7 三层交换机

1. 从第二层交换到第三层交换

第二层的网络交换机依据第二层的地址（MAC 地址）传送网络帧，第二层交换机通常提供很高的吞吐量（线速）、低延时（10 微秒左右），每端口的价格比较经济。

第二层的交换机对于路由器和主机是“透明的”，主要遵从 802.1d 标准。该标准规定交换机通过观察每个端口的数据帧获得源 MAC 地址，交换机在内部的高速缓存中建立 MAC 地址与端口的映射表。当交换机接受的数据帧的目的地址在该映射表中查到，交换机便将该数据帧送往对应的端口。如果它查不到，便将该数据帧广播到该端口所属虚拟网的所有端口，如果有回应数据包，交换机将在映射表中增加新的对应关系。当交换机初次加入网络中时，由于映射表是空的，所以所有的数据帧将发往虚拟网络内的全部端口直到交换机“学习”到各个 MAC 地址为止。这样看来，交换机刚刚启动时与传统的共享式集线器作用相似，直到映射表建立起来后，才能真正发挥它的性能。

这种方式改变了共享式以太网抢行的方式，如同在不同的行驶方向上铺架了立交桥，去往不同方向的车可以同时通行，因此大大提高了流量。从虚拟网角度来看，由于只有子网内部的节点竞争带宽，所以性能得到提高。主机 1 访问主机 2 的同时，主机 3 可以访问主机 4。当各个部门具有自己独立的服务器时，这一优势更加明显。但是这种环境正发生巨大的变化，因为服务器趋向于集中管理，另外，这一模式也不适合 Internet 的应用。

不同虚拟网之间的通讯是通过路由器来完成的，为了实现不同的网段之间的通讯也需路由器互联。路由器处理能力是有限的，这使得路由器的端口成为整个网络的瓶颈。在 Intranet 环境下，用户需要访问 WWW 主机，下载 Web 页，以及主机之间的文本连接，都会使用户感到网络响应变得缓慢。

虚拟网络之间的访问速度是加快整个网络速度的关键，某些情况下（特别是 Intranet），划定虚拟网本身是一件困难的事情。第三层交换机的目的正在于此，它可以以线速度完成数据包的转发。

2. 第三层交换技术

第三层（网络层）交换又叫路由交换，由交换机完成传统路由器的部分路由功能，一般是作 IP，IPX 两种协议的路由，路由处理速度达到线速（layer2 存储转发速率）。路由交换机内部有自己的路由表，和一般路由器的路由表可以进行交换。路由交换机一般会采用专用芯片（ASIC），而且要处理的协议较单一，所以性能比传统路由器高一个数量级左右。现代网络应用模式发生变化，数据更多通过主干而非局限在局域网内部，于是导致主干路瓶颈问题的产生，路由交换就是针对这一问题提出的解决方案。很多厂商声称自己的交换机是路由交换机，实际上性能差异很大。

三层交换机中除了少量的数据包走三层路由外，大部分的数据转发过程由第二层交换处理。利用三层交换机实现多个子网互连时，只是与第三层的交换模块的逻辑连接，不像传统的外接路由器那样需要增加端口，保护了用户的投资。一旦交换机接入网络，设置完 VLAN 后，为每个 VLAN 设置一个路由接口，三层交换机就会自动把子网内的数据流限定在子网之内，并通过路由实现子网间的数据交换。另外，三层交换机提供了访问控制列表以实现过滤功能，采用了 QoS 以满足多媒体通信的需求。

3. 三层交换机和传统路由器的比较

三层交换机实现了线速路由，还为用户提供了强大的网络控制能力，充分实现了网络策略，这是路由技术的一个突破。和传统的路由器相比，三层交换机的性能提高了 10 倍以上，但价格却降低了近 10 倍。三层交换机的体系结构不仅对提高局域网的性能有重大贡献，而且也将影响到未来广域网路由设备的设计思想。表 9-2 列出了三层交换机和传统路由器的区别。

表 9-2 三层交换机和传统路由器的比较

三层交换机	传统的路由器
广域网端口少，局域网端口多	广域网端口多，局域网端口少
支持的路由协议少	支持多种路由协议
依靠 VLAN 隔绝广播	隔绝广播
网络号是赋给 VLAN 的	网络号是赋给端口的
采用硬件实现，路由速度快	采用软件实现，路由速度慢

简单地说，三层交换机的配置和应用是两层交换机和路由器的综合，两层功能的设置与两层交换机类似，三层功能的设置与路由器类似，所以三层交换机的配置在此不再介绍。

实验十 Internet 实际应用

10.1 实验目的

1. 熟练使用 WWW，Email，信息检索等网络应用服务。
2. 学会使用 telnet，ftp，BBS 及网上即时通讯工具。

10.2 实验要求

提供接入 Internet 的网络环境，熟练使用 Internet 应用服务，完成以下实验内容：
1. 熟练使用网络浏览器 IE 完成网页浏览、信息检索的功能；
2. 利用 Telnet 登录到某一 BBS 网站；
3. 利用 FTP 从某一 FTP 站点下载文件；
4. 掌握一种即时通讯工具的使用。

10.3 实验内容与步骤

10.3.1 Internet 基础

1. WWW 浏览器的使用

因特网（Internet 国际互联网络）是当今世界上最大的连接计算机的计算机网络通讯系统。它是全球信息资源的公共网。Internet 为人们进行科学研究、商业活动、社会生活等各方面共享信息提供了重要的手段。

WWW（World Wide Web 万维网），是 Internet 上发展最快和目前使用最广泛的服务。

WWW 是基于超文本（Hypertext）方式的信息查询工具。它将位于全世界 Internet 上不同地点的相关数据信息有机地组织在一起，用户仅需提出查询要求，而到什么地方查询及如何查询由 WWW 自动完成。用户浏览和使用网上资源，可以做到与软硬件平台的无关性。正是因为有了 WWW 工具，才使得近年来 Internet 得以迅速发展。

下面是 IE 浏览器的使用和简单配置（以 IE 6.0 为例）。

【步骤 1】 启动 IE。启动 IE 可采用下列方法之一：

方法一：单击任务栏中的 IE 图标或双击桌面上的 IE 图标 。

方法二：运行菜单命令“开始/程序/Internet Explorer”。

【步骤 2】 基本的操作。

在“地址”栏中把要访问的地址（如 http：//www.sina.com.cn）输入，回车确定（http：//可以省略不填）。用光标操作窗口组件以控制显示内容，如操作滚动条滚动显示网页内容；移动光标在网页上寻找链接点，当光标变成“小手”时单击跳转显示链接的网页；用光标单击地址栏并在其中输入网址然后按回车键，浏览器将按地址访问新网页。

在工具栏上按“后退”或“前进”按钮，控制显示曾经访问过的上一网页或下一网页。按“停止”按钮可终止当前网页的数据传输。按“刷新”按钮重读数据更新网页。按“主页”按钮返回显示 IE 的默认网页，如图 10－1 所示。

图 10－1　浏览网页

图 10－2　选择“工具/Internet 选项”

【步骤 3】 IE 的简单设置。

在菜单上选择“工具/Internet 选项”，如图 10－2 所示。

改变浏览器的主页位置，在“主页”项目中可以更改起始主页。用户可以选择使用当前页，默认页（微软的主页 http：//home.microsoft.com/intl/cn/）或者空白页。当然也可以自己填入任何一个喜欢的地址（例如：http：//www.crtvu.edu.cn/）。之后按浏览器工具栏上的“主页”键即可到这个主页。

临时文件可以设置临时文件所在的路径、大小；设置校验方法；查看临时文件。

另外还可以设置浏览时候的字体，颜色，语言等等，如图 10－3 所示。

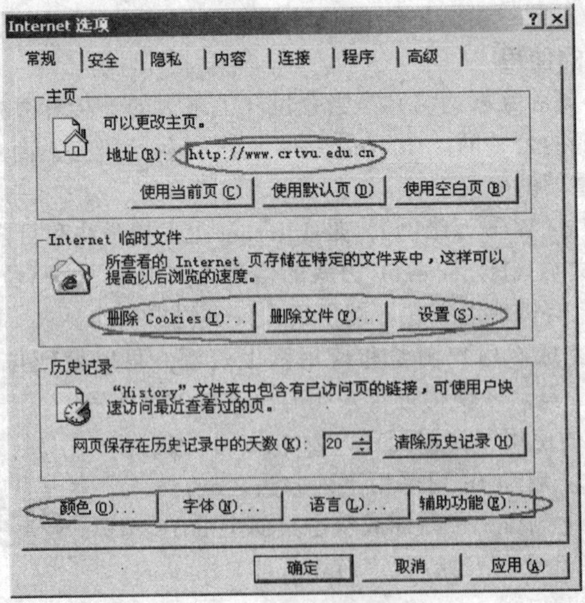

图 10－3　Internet 选项

【步骤 4】 IE 中应用程序设置。

在“程序”一栏里，可以设置默认的电子邮件和新闻组阅读等程序，一般都使用 Outlook express，以后看见有 Email 地址的链接只要单击就可以调出 Outlook express 了，非常方便，如图 10 - 4 所示。

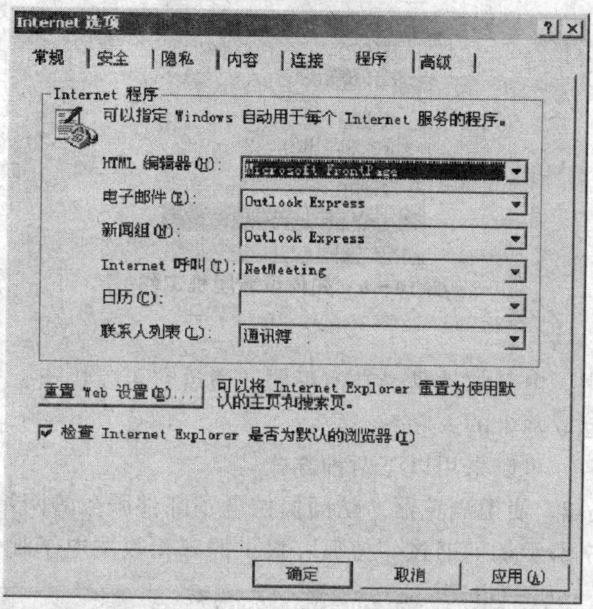

图 10 - 4　程序选项

【步骤 5】 高级设置。在“高级”里可以针对个人喜好作一些具体的浏览器设置。

【步骤 6】 脱机阅读网页。在网上浏览的过程中，会经常通过超链接进入其它的网址浏览，如果想重新查看已经看过的内容，可以通过“收藏夹”功能记录曾经浏览的网址，操作步骤如下：

首先在浏览网页的时候，拉下收藏菜单，单击“添加到收藏夹”，在“允许脱机使用”上打个勾，如图 10 - 5 所示。

图 10 - 5　如何添加到收藏夹

现在，已经将收到的最新的 Web 内容保存在计算机上了，可以进行脱机阅读了。当希望重新阅读以前的内容的时候，单击文件菜单中的“脱机工作”即可。如图 10 - 6 所示。

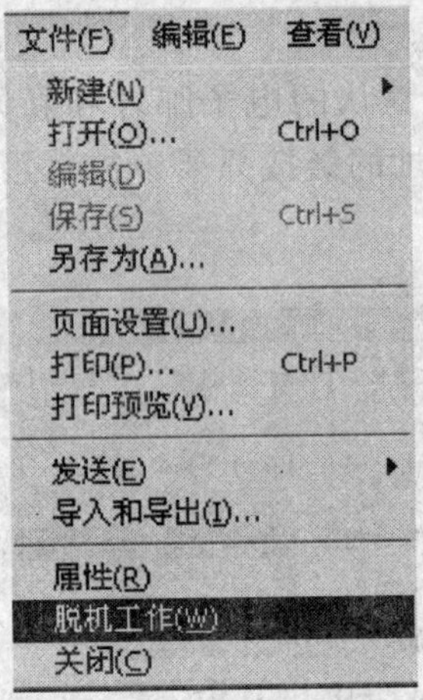

图 10－6　如何设置脱机工作

2. 收发电子邮件

在互联网的应用中，电子邮件是最常使用的。通过它可以快速、安全、便利地和世界上任何一个可以登录到互联网上的人联系。

使用电子邮件服务，可以采用以下两种方式。

方法一，Web Email。使用浏览器，访问提供电子邮件服务的网站，输入用户名、密码，直接登录。如图 10－7 所示如何通过“搜狐”提供的邮箱收发电子邮件。

图 10－7　利用搜狐网收发电子邮件

方法二，选择一种 Email 软件，目前网络上用得比较多的有 Outlook Express，Foxmail，Netscape，Eudora 等。

Microsoft Outlook Express 作为全球范围内的联机通讯软件，已经被越来越多的人所接受，无论是与同事和朋友交换电子邮件，还是加入新闻组进行信息交流，Outlook Express 都已成为人们不可缺少的助手。

Microsoft Outlook Express 的强大功能主要表现在以下几个方面（以 IE 6.0 为例）：

（1）管理多个邮件和新闻账号；

（2）轻松快捷地浏览邮件；

（3）在服务器上保存邮件以便从多台计算机上查看；

（4）使用通讯簿存储和检索电子邮件地址；

（5）在邮件中添加个人签名或信纸；

(6) 发送和接收安全邮件；

(7) 查找感兴趣的新闻组；

(8) 有效地查看新闻组对话；

(9) 下载新闻组以便脱机阅读。

● Microsoft Outlook Express 的启动

Express 的启动主要有两种方式：

方法一，单击任务栏中的 IE 图标或双击桌面上的"Outlook Express"图标 ；

方法二，运行菜单命令"开始"、"程序"、"Outlook Express"，进入 Outlook Express 的起始界面。

● 邮箱的配置

(1) 单击菜单"工具"、"账号"，开始邮件账号的设置。如图 10-8 所示。

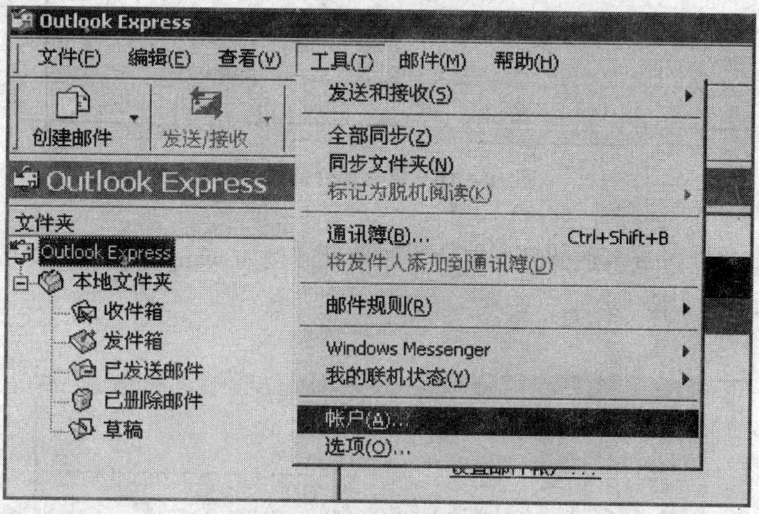

图 10-8 邮件账号的设置

(2) 此处列出了已经存在的邮件账号名称，如果要添加新的账号，请单击"添加"中的"邮件"，如图 10-9 所示。

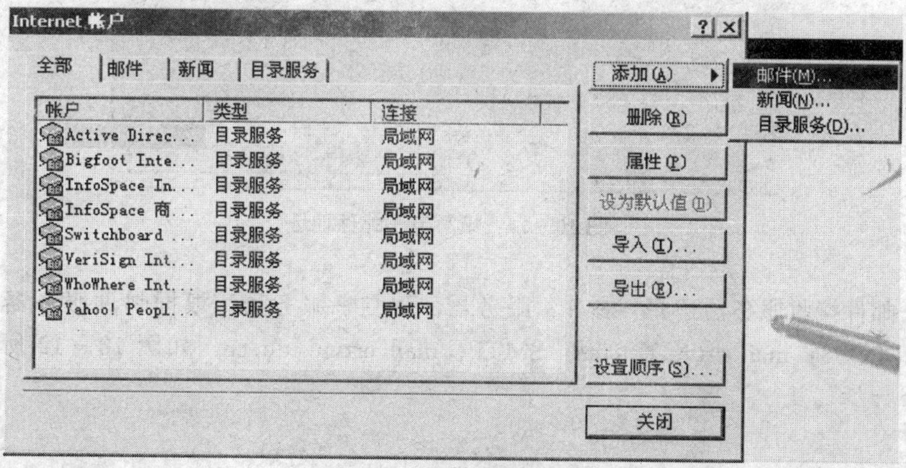

图 10-9 添加新邮件

(3) 在弹出的"Internet 连接向导"中首先填写的是名字，当发送一封信给收件人的时候，收件人便知道是谁发给他的，如图 10－10 所示，然后单击"下一步"。

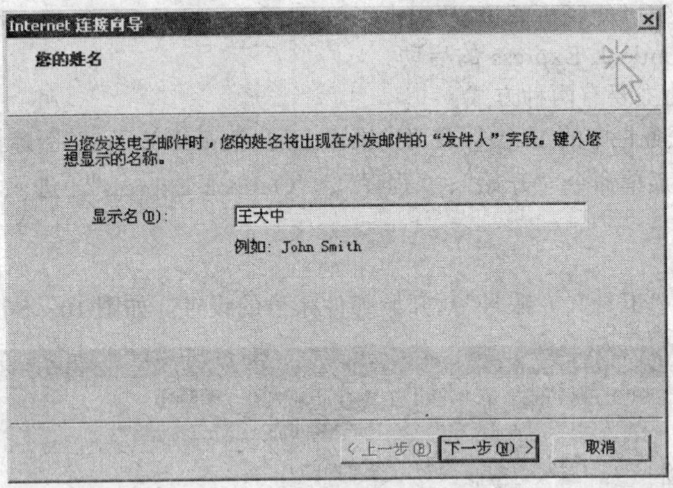

图 10－10　填写邮件的显示名

(4) 依次填写发送电子邮件时使用的信箱地址，例如 wangdz@crtvu.edu.cn，如图 10－11 所示，然后单击"下一步"。

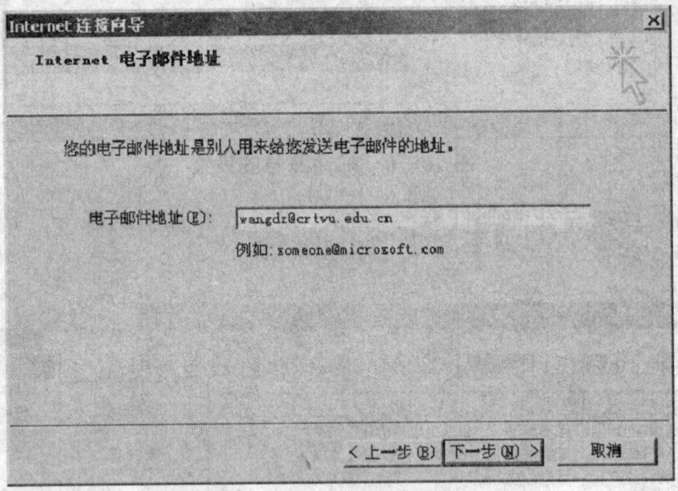

图 10－11　填写电子邮件地址

(5) 邮件接收服务器选择：POP3 服务器，SMTP 服务器。根据邮件服务器的要求填写，例如 POP3：mail.crtvu.edu.cn；SMTP：mail.crtvu.edu.cn，如图 10－12 所示，然后单击"下一步"。

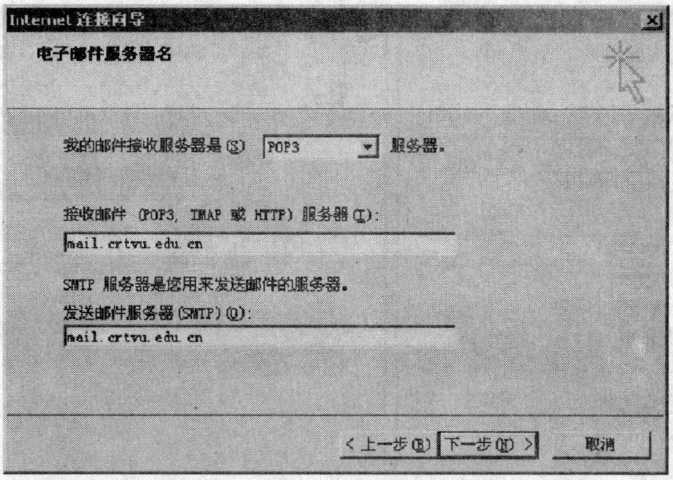

图 10－12　填写电子邮件服务器

(6) 这里填写账户名和相应的密码，其中的账户名就是用户代码，即电子信箱 wangdz@crtvu.edu.cn 中的 wangdz 部分。另外，如果想让 Outlook Express 每次启动时自动登录网络而不需要重新输入密码，那就选择“记住密码”选项。反之，请取消“记住密码”选择框，这样做在每次登录 Outlook 时都要输入密码，虽然有些麻烦，但能确保信箱比较安全。

(7) 如果 Internet 服务提供商要求使用“安全密码验证”（SPA）来访问电子邮件账户，请选择“使用安全密码验证（SAP）登录”选项，如图 10－13 所示。

至此电子邮件基本信息已经设置完成。

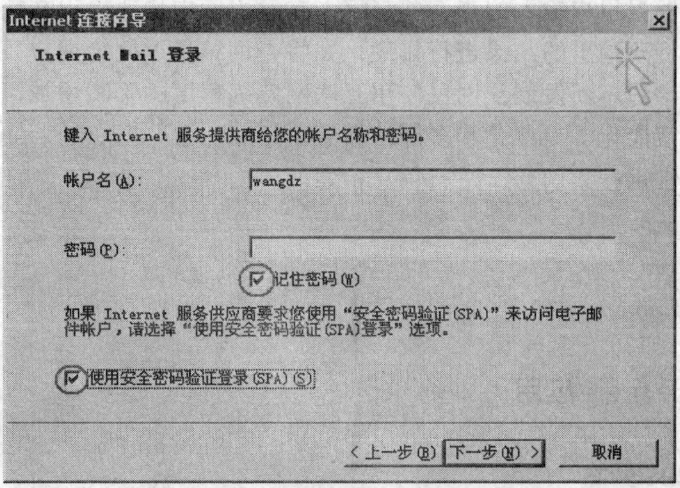

图 10－13　输入账号名、密码等内容

如果要更改上面的设置，可以在菜单栏中选择“工具”、“账号”、“邮件”、“属性”，进行相关内容的设置和修改。

在用 Outlook 发信时，许多邮件服务器要求加上 SMTP 身份验证。如不加 SMTP 身份验证，一台邮局服务器很可能就成为垃圾邮件发源地，任何人都可以利用这台服务器来发信，同时也占用了服务器资源。对于 SMTP 身份验证的设置如图 10－14 所示。选择连接方式的设置如图 10－15 所示。

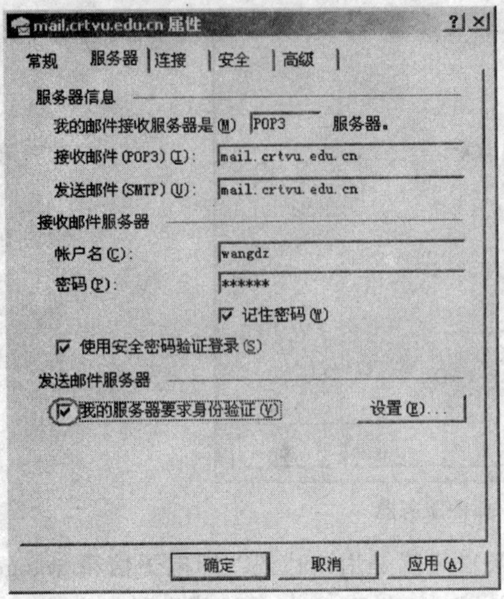

图 10－14　设置 SMTP 身份验证

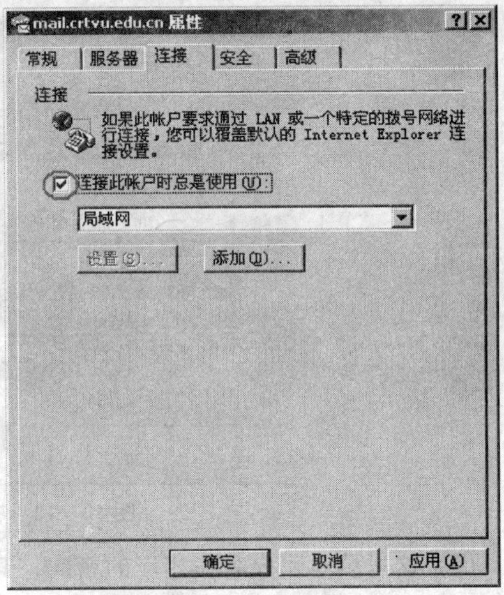

图 10－15　设置连接方式

3. 信息检索

搜索引擎的工作包括如下三个过程：

(1) 互联中发现、搜集网页信息；

(2) 对信息进行提取和组织建立索引库；

(3) 由检索器根据用户输入的查询关键字，在索引库中快速检出文档，进行文档与查询的相关度评价，对将要输出的结果进行排序，并将查询结果返回给用户。

随着互联网技术的不断发展，网民使用互联网熟练程度的不断增加，未来的搜索引擎技术将满足个性化、智能化、专业化和多媒体搜索。

练习使用以下常用搜索引擎，进行信息检索。

www.baidu.com

www.google.com

www.openfind.com

10.3.2　Internet 应用

1. 访问某一 BBS 网站

BBS 跟最普遍的 WWW 服务一样，也是一种供大家交流信息的网络服务，一般的 BBS 站点都提供两种浏览方式：WWW 浏览和 Telnet。

WWW 方式浏览是指通过浏览器（如 IE）直接看 BBS 上的文章，参与讨论。优点是使用起来比较简单方便，入门很容易。但是由于 WWW 方式本身的限制，不能自动刷新，有些 BBS 的功能难以在 WWW 下实现。

Telnet 的方式是利用 Windows 系统自带的远程登录工具或其它各种终端软件（Cterm, Sterm 等），直接远程登录到 BBS 服务器去浏览、发表文章，还可以进入聊天室和网友聊天，或者发讯息给别的在 Telnet 站上的用户。

方法一，IE 浏览方式：这是比较开放的一种浏览方式，在现有的 IE 界面上就可以实现。缺点是无法进行账号注册，并且有的时候连接会有一些问题。

网址：http：//bbs.tsinghua.edu.cn（清华大学 BBS）

方式：直接在 IE 浏览器中输入网站就可以浏览。没有注册为用户的网友可以匿名登录。进入后可以看到讨论区看板的各种提示，可以按照提示进行浏览访问。

方法二，Telnet 命令方式：这是 BBS 最基本的浏览方式，可以申请注册用户。缺点是界面过于简单，操作不够方便，功能键比较少。

在“开始”菜单中选择“运行”，然后在对话框中输入“telnet bbs.tsinghua.edu.cn”，则直接弹出 BBS 界面，按照提示可以进行用户注册和浏览访问，如图 10－16 所示。

图 10－16　利用 telnet 浏览

图 10－17 画面中的提示就是让用户在冒号后面输入用户的 ID（如果用户已经注册了 ID 的话），如果没有注册的 ID，可以输入 guest，以游客身份浏览水木清华（游客身份没有其它如发文章等权限）；也可以输入“new”之后回车，开始注册自己的 ID。

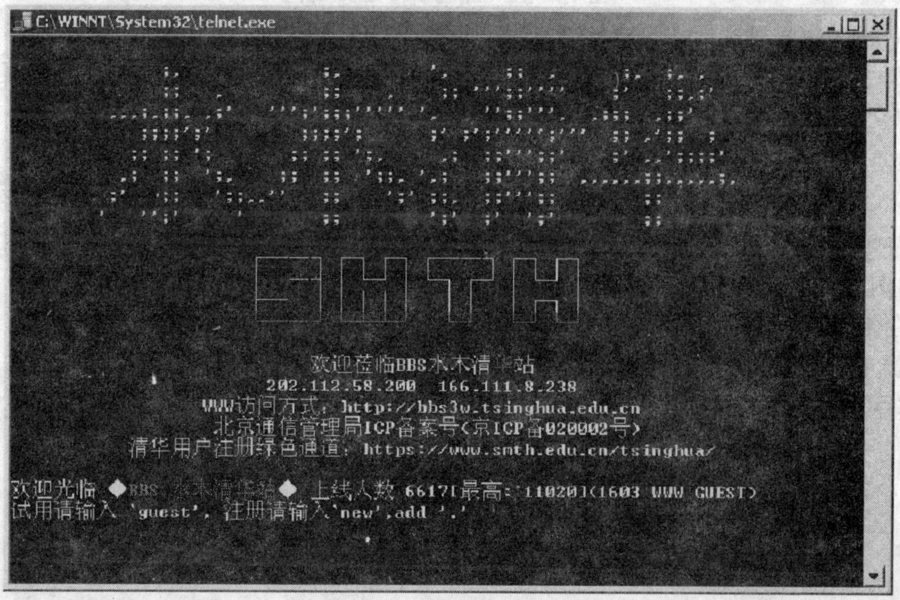

图 10－17　浏览水木清华网站

方法三，利用 Telnet 客户端软件的浏览方式：这是浏览 BBS 最为快捷的方式之一。缺点是操作方法的掌握需要一定的熟练程度。其基本操作和 Telnet 方式下大体相同。

使用软件：推荐 cterm，sterm 等（可以申请用户，拥有下载功能。）

2. 从 FTP 站点下载文件

FTP（FILE TRANSFER PROTOCOL）文件传输协议，用于管理计算机之间的文件传送。

使用方法：启动 FTP 客户端程序，先与远程主机建立连接，然后向远程主机发出传输命令，远程主机在收到命令后就给予响应，并执行正确的命令。

FTP 有一个根本的限制，就是如果用户未被某一 FTP 主机授权（没有用户名和口令），就不能访问该主机，即用户不能远程登录（Remote Login）进入该主机，与该主机进行文件传输。Anonymous FTP（匿名 FTP）则取消了这种限制。

● DOS 界面下 FTP 命令的使用

【步骤 1】在"开始"菜单中选择"运行"，然后在对话框中输入"ftp ftp.xjtu.edu.cn"，如图 10－18 所示。

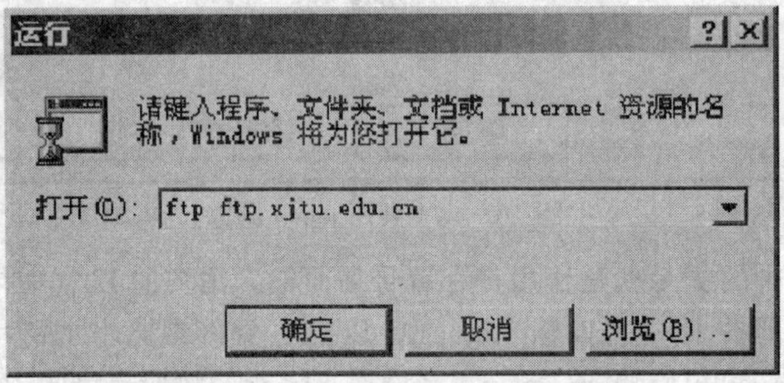

图 10－18　通过 FTP 命令访问

【步骤 2】直接弹出 FTP 界面，按照系统提示输入授权的用户名和密码，登录成功后即可以使用 FTP 服务。

如果使用匿名登录：用户名：anonymous

密 码：wangdz@crtvu.edu.cn 填写电子邮件地址（不显示）

在"FTP>"提示符后输入命令即可进行相关操作。输入"?"可以查询 DOS 下的 FTP 命令，如图 10－19 所示。

● 在 IE 浏览器中使用 FTP 命令

【步骤 1】在 IE 浏览器的地址栏中输入需要连接的 FTP 站点的相关信息，如图 10－20 所示，其中的参数的含义如下：

ftp：//wangdz@ftp.xjtu.edu.cn/

协议　　用户名　　FTP 站点

注：用户名和 FTP 站点之间用@符号连接。

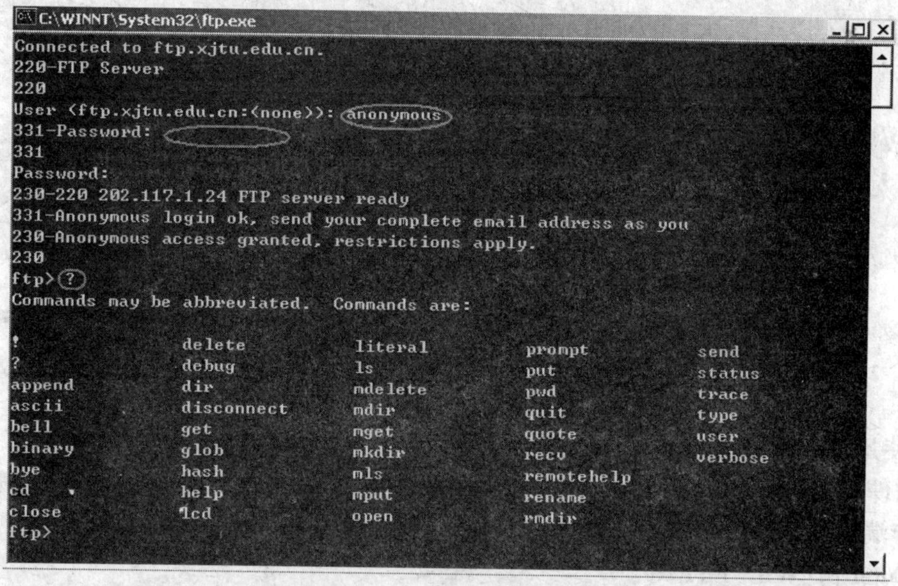

图 10－19　FTP 匿名登录

图 10－20　ftp 地址

【步骤 2】 系统自动弹出密码输入框，如图 10－21 所示，在相应的位置填入用户名和密码。

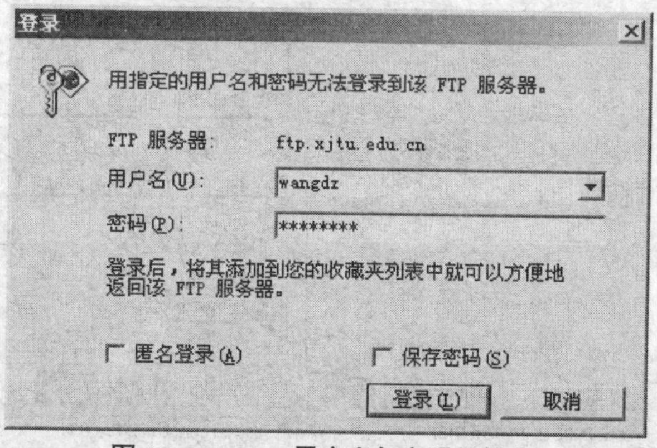

图 10－21　ftp 用户名与密码的输入

【步骤 3】 如果使用匿名 FTP，则用户名和密码都可以不填，在浏览器中直接输入 FTP

站点：ftp：//ftp.xjtu.edu.cn/即可，如图10－22所示。

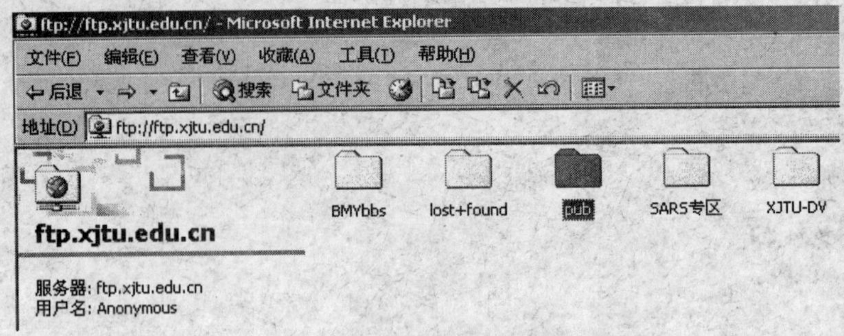

图10－22　ftp匿名登录

● 使用其它FTP软件

在软件不断推陈出新的时候，FTP也摆脱了繁琐的命令和枯燥的界面。很多优秀的FTP客户端软件都为用户提供了便捷的操作。目前Windows操作系统环境中最常用的FTP软件有Cuteftp，WS－FTP等。

Cuteftp最大的优点就是提供了断点续传的功能。用户可以按New键自己增加一个FTP站点，操作如下：

【步骤1】 输入Label for Site（站点名），FTP Host Address（站点IP地址或域名）；

【步骤2】 如果使用匿名FTP，则在LoginType（登录类型）中选择Anonymous，用户名和密码都可以不填，如果在FTP Server上有自己的账户，就输入用户名和密码，按OK退出；

【步骤3】 然后“Connect”（连接）即可连接选中的FTP网站；

【步骤4】 使用“Edit”（编辑）可以对输入的FTP站点信息进行编辑。如图10－23和10－24所示。

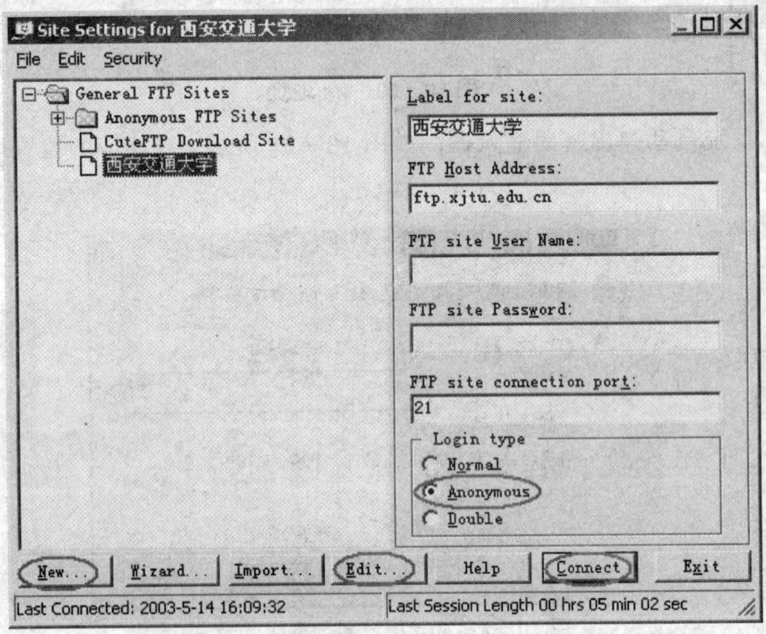

图10－23　利用CuteFTP软件匿名登录

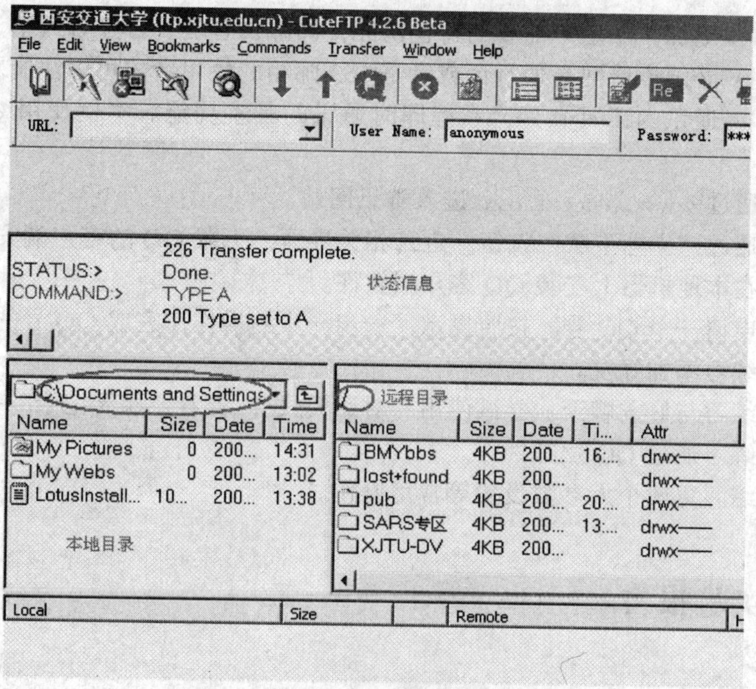

图 10－24　利用 CuteFTP 软件登录

10.3.3　即时通讯

即时通讯（Instant Messenger，简称 IM）软件可以说是目前我国上网用户使用率最高的软件，无论是老牌的 ICQ，还是国内用户量第一的腾讯 QQ，以及微软的 MSN Messenger 都是大众关注的焦点。它们能让用户迅速地在网上找到用户的朋友或工作伙伴，可以实时交谈和互传信息。而且，现在不少 IM 软件还集成了数据交换、语音聊天、网络会议、电子邮件、手机短信等功能。

ICQ：早在“拨号时代”，ICQ 曾经红极一时。作为即时通讯软件的老前辈，它为以后的即时通讯类软件的发展奠定了基础。虽然是英文界面，但目前仍有一批用户在使用。

QQ：腾讯 QQ 脱胎于腾讯 OICQ。2001 年 4 月，OICQ 最终更名为 QQ。OICQ 是国内最早出现的即时通讯软件之一，它具有全中文界面和显示朋友在线、寻呼、聊天、即时传送文字、语音和文件等功能。新版 QQ 还增加了对表情符号的支持、QQ 秀、视频聊天等功能。

MSN：MSN Messenger 和微软的其它产品一样，后来者居上。先是“点对点”的形式让网友感到耳目一新，同时支持表情符号、多个网友在同一个窗口内聊天。MSN Messenger 的用户名显示起来很直观且更改方便。

雅虎通：Yahoo! Messenger 的中文名字叫雅虎通，它和 MSN Messenger 有很多相近的地方：比如“点对点”的聊天模式，多个网友在同一个窗口内聊天等。雅虎通的动态表情符号，也很有特点，界面很整洁。

网易泡泡：是由中国领先的互联网技术公司网易开发的功能强大、方便灵活的即时通讯工具。集即时聊天、手机短信、在线娱乐等功能于一体，除具备目前一般即时聊天工具的功能外，还拥有许多更加体贴用户需要的特色功能，如邮件管理、自建聊天室、自设软件皮肤等。它的注册用户必须申请网易通行证或者是163邮箱的使用者才可以注册。

选择一种即时通讯的工具软件，掌握即时通讯的基本功能。本例使用QQ进行即时通讯。

【步骤1】 通过www.tencent.com进入腾讯网站。

【步骤2】 通过“立即下载”按钮，进入相关界面，下载QQ的客户端安装软件。

【步骤3】 在本地机器上安装QQ客户端软件。

【步骤4】 申请一个QQ号。按照提示，一步一步的操作，完成QQ号的申请。

【步骤5】 练习添加好友。

【步骤6】 练习与好友聊天。尝试使用“对话模式”，查看“聊天记录”等功能。

【步骤7】 练习通过QQ发邮件。

【步骤8】 练习更改个人参数设置等常用操作。

10.4 实验报告

1. 熟悉Outlook Express的设置，并回答下列问题：

(1) 为什么有的邮件服务器要求使用安全密码验证（SAP）登录?

(2) 为什么邮件服务器要求身份验证?

2. 使用网络搜索引擎，搜索相关网络信息。

3. 使用FTP匿名登录的方式登录提供匿名服务的相关FTP站点，下载文件。

4. 使用Telnet命令，登录BBS站点。

5. 讨论即时通讯工具的应用及发展前景。

10.5 相关知识

10.5.1 Internet基础知识

1. WWW浏览器的发展

浏览器（Browser）是用来查看WWW万维网资源的一种工具。虽然WWW不是Internet的惟一选择（Internet还包括很多功能，如BBS，Gopher等），因为WWW亲切、好用且方便，所以上Internet最常用的就是WWW服务的功能。

早期使用Internet的人，需要记一些UNIX的指令，因为Internet主机大多数是用UNIX系统的，直到美国依利诺大学的研究小组定义了万维网的格式，同时设计了一个浏览器（Browser），取名为Mosaic（马赛克），专门用来浏览WWW的HTML格式。从此WWW和Browser就有了解不开的关系，也使Internet走入了一个新的里程。

WWW提供用户一个非常友善的使用环境，只要用WWW的浏览器，进入一个支持WWW功能的网站时，所有的信息都可以以图形、声音的方式呈现在计算机屏幕上，而且可以经由超级链接（Hyperlink）连接到世界各地的网站。

至于浏览器的种类，从Mosaic（马赛克）演变至今，最有名的就是Netscape（网景公司）的Navigator（领航员）和Microsoft（微软公司）的Internet Explorer（探险家，简称IE）。虽然Navigator开发较早功能也相当强，但微软公司为了竞争浏览器的市场把IE整合到Windows操作系统里，让所有依赖视窗操作系统的用户，不用再安装浏览器。从而导致其用户的激增，并成为主流浏览器。

2. 电子邮件

邮件地址如同现实生活中人们常用的信件地址一样，有收信人姓名，收信人地址等等。其结构是：用户名@邮件服务器。用户名就是用户在主机上使用的登录名，而@后面的是邮局方服务计算机的标识（域名），都是邮局方给定的。如test@sina.com.cn是新浪的一个邮件地址。

SMTP（Simple Mail Transfer Protocol）即简单邮件传输协议，是一组规则，该规则负责控制和管理由源地址到目的地址传送邮件，由它来控制信件的中转方式。SMTP协议属于TCP/IP协议族，它帮助每台计算机在发送或中转信件时找到下一个目的地。通过SMTP协议所指定的服务器，就可以把Email寄到收信人的服务器上了，整个过程只要几分钟。SMTP服务器则是遵循SMTP协议的发送邮件服务器，用来发送或中转用户发出的电子邮件。

POP3（Post Office Protocol 3）是邮局协议的第3个版本。它规定怎样将个人计算机连接到Internet的邮件服务器和下载电子邮件的电子协议。它是Internet电子邮件的第一个离线协议标准。POP3允许用户从服务器上把邮件存储到本地主机上，同时删除保存在邮件服务器上的邮件，而POP3服务器则是遵循POP3协议的接收邮件服务器，用来接收电子邮件。

3. 信息检索

搜索引擎并不真正搜索互联网，它搜索的实际上是预先整理好的网页索引数据库。

真正意义上的搜索引擎，通常指的是收集因特网上几千万到几十亿个网页并对网页中的每一个词（即关键词）进行索引，建立索引数据库的全文搜索引擎。当用户查找某个关键词的时候，所有在页面内容中包含了该关键词的网页都将作为搜索结果被搜索出来。经过复杂的算法进行排序后，这些结果将按照与搜索关键词相关度的高低依次排列。

现在的搜索引擎已普遍使用超链分析技术，除了分析索引网页本身的内容，还分析索引所有指向该网页的链接的URL，AnchorText，甚至链接周围的文字。所以，有时候，即使某个网页中并没有某个词，但如果有别的网页用链接指向这个网页，那么用户搜索也能找到该网页。

搜索引擎的原理，可以看作三步：从互联网上抓取网页→建立索引数据库→在索引数据库中搜索排序。

(1) 从互联网上抓取网页。

利用能够从互联网上自动收集网页的Spider系统程序，自动访问互联网，并沿着任何网页中的所有URL“爬到”其它网页，重复这过程，并把“爬过”的所有网页收集回来。

(2) 建立索引数据库。

由分析索引系统程序对收集回来的网页进行分析，提取相关网页信息（包括网页所在URL、编码类型、页面内容包含的关键词、关键词位置、生成时间、大小、与其它网页的链接关系等），根据一定的相关度算法进行大量复杂计算，得到每一个网页针对页面内容中及超链中每一个关键词的相关度（或重要性），然后用这些相关信息建立网页索引数据库。

(3) 在索引数据库中搜索排序。

当用户输入关键词搜索后，由搜索系统程序从网页索引数据库中找到符合该关键词的所有相关网页。因为所有相关网页针对该关键词的相关度早已算好，所以只需按照现成的相关度数值排序，相关度越高，排名越靠前。最后，由页面生成系统将搜索结果的链接地址和页面内容摘要等内容组织起来返回给用户。

搜索引擎一般要定期重新访问所有网页（各搜索引擎的周期不同，可能是几天、几周或几月，也可能对不同重要性的网页有不同的更新频率），更新网页索引数据库，以反映出网页内容的更新情况，增加新的网页信息，去除死链接，并根据网页内容和链接关系的变化重新排序。这样，网页的具体内容和变化情况就会反映到用户查询的结果中。

各搜索引擎的能力和偏好不同，所以抓取的网页各不相同，排序算法也各不相同。大型搜索引擎的数据库储存了互联网上几亿至几十亿的网页索引，数据量达到几千 G 甚至几万 G。但即使最大的搜索引擎建立超过二十亿网页的索引数据库，也只能占到互联网上普通网页 30%内容，不同搜索引擎之间的网页数据重叠率一般在 70%以下。使用不同搜索引擎的重要原因，就是因为它们能分别搜索到不同的内容。而互联网上有更大量的内容，是搜索引擎无法抓取索引的，也是我们无法用搜索引擎搜索到的。

10.5.2 Internet 应用

1. 远程登录

远程登录（Remote Login）指用户通过 Internet 登录到远程主机上。在这种连接建立之后，用户所在的计算机就可以作为远程主机的终端一样使用。Internet 上远程登录的主要方式是 Telnet。，匿名 FTP 也需要首先经过远程登录才能进行文件传输。

2. 文件传输协议 FTP

文件传输协议（File Transfer Proctocol），用于管理计算机之间的文件传送。FTP 是 Internet 上使用非常广泛的一种通讯协议。它是由支持 Internet 文件传输的各种规则所组成的集合，这些规则使 Internet 用户可以把文件从一个主机拷贝到另一个主机上，因而为用户提供了极大的方便。

FTP 和其它 Internet 服务一样，也是采用客户机/服务器工作方式。

使用方法：启动 FTP 客户端程序先与远程主机建立连接，然后向远程主机发出传输命令，远程主机在收到命令后就给予响应，并执行正确的命令。目前 Windows 操作系统环境中最常用的 FTP 软件有 uteftp。FTP 有一个根本的限制，如果用户未被某一 FTP 主机授权，就不能访问该主机，实际上用户是不能远程登录（Remote Login）进入该主机的，也就是说，如果用户在某个主机上没有注册获得授权，没有用户名和口令，就不能与该主机进行文件的传输。而 Anonymous FTP（匿名 FTP）则取消了这种限制。

Anonymous（匿名文件传输）：能够使用户与远程主机建立连接并以匿名身份从远程主机上拷贝文件，而不必是该远程主机的注册用户。用户使用特殊的用户名“Anonymous”和“guest”就可有限制地访问远程主机上公开的文件。现在许多系统要求用户将 Emai1 地址作为口令，以便更好地对访问进行跟踪。出于安全的目的，大部分匿名 FTP 主机一般只允许远程用户下载（download）文件，而不允许上传（upload）文件。也就是说，用户只能从匿名FTP主机拷贝需要的文件而不能把文件拷贝到匿名FTP主机。另外，匿名FTP主机还采用了其它一些保护措施以保护自己的文件不至于被用户修改和删除，并防止计算机病毒的侵入。在具有图形用户界面的WWW环境于1995年开始普及以前，匿名FTP一直是Internet上获取信息资源的最主要方式。在Internet上，成千上万的匿名FTP主机中存储着难以计数的文件，这些文件包含了各种各样的信息、数据和软件。人们只要知道特定信息资源的主机地址，就可以用匿名FTP登录。现在匿名FTP仍是Internet上传输分发软件的一种基本方法。

Upload（上传）：指把数据从本地计算机传到远程主机上，因此受到严格的管理和控制，但Upload是提交用户信息和要求实现远程交互应用的基础。

FTP连接：进行FTP连接首先要给出目的计算机的名称或地址，当连接到远程主机后，一般要进行登录，在检验用户ID号和口令后连接才得以建立，某些系统也允许用户进行匿名登录。与在所有的多用户系统中一样，对于同一目录或文件，不同的用户拥有不同的权限，所以在使用过程中，如果发现不能下载或上载某些文件时，一般是因为用户权限不够。

FTP文件传输方式：FTP可用多种格式传输文件，通常由系统决定，大多数系统（包括UNIX系统）只有两种模式：文本模式和二进制模式。文本传输器使用ASCII字符，并由回车键和换行符分开，而二进制不用转换或格式化就可传字符，但二进制模式比文本模式更快，并且可以传输所有的ASCII值，所以系统管理员一般将FTP设置成二进制模式。应注意在用FIP传输文件前，必须确保使用正确的传输模式，按文本模式传二进制文件将导致错误。

FTP的可靠性问题：FTP建立在传输层TCP协议之上，TCP是面向连接的协议，负责保证数据从源计算机到目的计算机的传输。TCP采用校验、确认接收和超时重传等一系列措施提供可靠的传输，所以在传输过程中FTP程序如果没有提示错误，就无需担心传输问题。

10.5.3 即时通讯

IM（Instant Messenger）软件的历史并不久远，但是它一诞生，就立即受到网民的喜爱，并风靡全球。在它的发展史上，以色列人是功不可没的。正是四位以色列籍的年轻人，在1996年7月成立了Mirabilis公司，并于同年11月推出了全世界第一个即时通讯软件ICQ(取意为“我在找你”——“I Seek You”，简称ICQ)。直到现在，ICQ不断推出它的新版本，在全球即时通讯市场上占有非常重要的地位。

1. 即时通讯的原理

我们经常听到TCP/IP和UDP（用户数据包协议）这两个术语，它们都是建立在更低层的IP协议上的两种通讯传输协议。前者是以数据流的形式，将传输数据经分割、打包后，通过两台机器之间建立起的虚电路，进行连续的、双向的、严格保证数据正确性的文件传输协议。而后者是以数据包的形式，对拆分后数据的先后到达顺序不做要求的文件传输协议。

QQ就是使用UDP协议进行发送和接收“消息”的。当用户的机器安装了OICQ以后，实际上，这台机器既是服务端（Server），又是客户端（Client）。当用户登录OICQ时，用户的 OICQ 作为 Client 连接到腾讯公司的主服务器上，当“看谁在线”时，用户的 OICQ 又一次作为 Client 从 QQ Server 上读取在线网友名单。当用户和用户的 OICQ 伙伴进行聊天时，如果和对方的连接比较稳定，双方的聊天内容都以 UDP 的形式，在计算机之间传送，如图 10-25。如果双方的连接不是很稳定，QQ 服务器将为聊天内容进行“中转”。其它的即时通信软件原理与此大同小异。

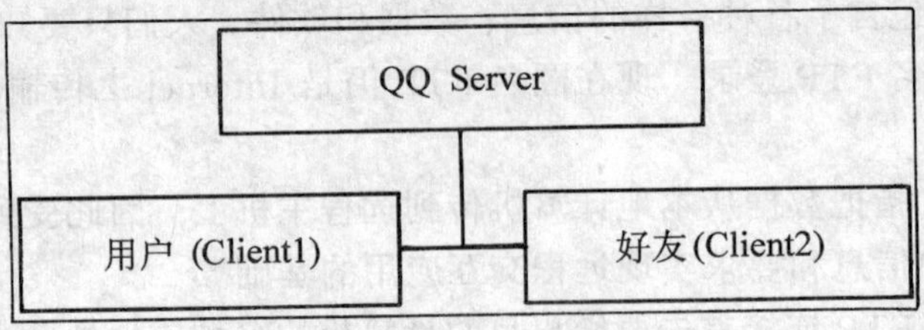

图 10-25 QQ 通讯原理

(1) 用户首先从 QQ 服务器上获取好友列表，以建立点对点的联系；

(2) 用户（Client1）和好友（Client2）之间采用 UDP 方式发送信息；

(3) 如果无法直接点对点联系，则用服务器中转的方式完成。

2. 即时通讯的应用

即时通讯软件除了可以实时交谈和互传信息，不少还集成了数据交换、语音聊天、网络会议、电子邮件的功能。

文字聊天：聊天功能是 IM 软件最基本、也是最重要的功能。总体来说，各种 IM 软件在这个功能上的操作都差不多。如果用户想与联系人进行聊天，可以双击 IM 中联系人的头像，在弹出的对话框中敲入文字信息发送即可。QQ 的特点是可以给不在线的朋友发送信息，对方下次上线的时候可以收到。

语音聊天：如果打字聊天的方式已不能满足，QQ 还提供了“二人世界”里的实时语音聊天，首先用户得有音箱或者耳机、麦克风，然后就可以向其网友发送连接到“二人世界”的请求，通过后双方不仅可以用文字聊天，还可以直接讲话。此外 QQ 还有传送语音功能利用此功能可以传送语音信息。首先用鼠标左键单击在线好友的头像，选择“传递语音”命令，然后就会弹出一个对话框，录音以后就可以发送了。

传送文件：IM 软件能点对点的传输文件，有时候利用此功能要比使用 Email 还方便许多，当然此项功能必须在对方在线时才能使用。在 QQ 的好友头像上单击右键，选择“传送文件”，选定要传送的文件，单击发送，等待对方接受请求。此外，ICQ 的文件传送功能还支持类似断点续传的功能，不必担心文件传送过程中发生突然中断的情况。

拨打电话：在 MSN Messenger 中提供了 PC-PHONE 的拨打电话功能，用户可以在 MSN Messenger 软件主窗口中，单击操作窗口“我想”下面的“拨打电话”或者用鼠标右键单击要呼叫的人的名字，单击“拨打电话”，就可以开启拨叫电话功能。但在进行电话呼叫之前必须注册语音服务提供商。由于 MSN Messenger 在国内暂时还没有开通这项业务，所以还无法使用。

远程协助：远程协助是在 Windows XP 中引进的新概念，是 Windows Messenger 独有的功能，远程协助可以将计算机的控制权分享给对方以便于对寻求协助者提供帮助，通过它，对方可以很容易地控制寻求协助者的桌面。它的功能主要体现在应用程序共享、远程协助、白板共享、寻求远程协助等方面。由于这一功能非常强大，在寻求协助的过程中系统会多次提醒并给出选择，请用户在使用这一功能时多加小心，确认对方是否可靠。

视频聊天：如果用户的网速够快，又有摄像头的话，完全可以用 IM 软件来代替 Netmeeting。在聊天的同时，不仅可以通话，还可以看到对方的图像、表情，倍感亲切，给用户带来一份全新的感受。Windows Messenger 对视频聊天功能支持得不错，设置和使用也非常简单，右击好友中“开始视频对话”就完成操作，非常方便。

邮件辅助：IM 和 Email 是用户在网上最常用的两种工具，如今不少 IM 软件将两者作了完美的结合。在 QQ 中用户可以直接给自己的好友发邮件，而无须再输入 Email 地址；此外对于自己的信箱 QQ 还有检查新邮件功能，在“系统参数”中设置用户自己的 Email，填好 POP3 地址，用户可以选择定时检查时间，QQ 就会自动检查是否有新邮件到达。对于 MSN Messenger 来说它的邮件功能就更强大了，使用 MSN Messenger 的用户必须有一个邮件账号，每次当用户的 MSN Messenger 登录成功时，在右下角自动弹出一个窗口，里面写有该 Email 账户内的信件状况，在使用过程中如果邮箱中有了新邮件，马上会冒出一个提示窗。

发送短信：目前 IM 与各种移动终端设备的结合也越来越多。使用 QQ 向手机发送短信需要手机开通移动 QQ 服务，单击对方头像图标，在打开的快捷菜单中选择“手机短讯”命令，在打开的对话框中输入信息，然后单击发送即可完成，这时对方的手机就可以收到一个消息。给 BP 机发短讯也是一样，不过对方的 BP 机服务台必须是 QQ 所支持的情况下才行。当对方的手机收到用户发来的短信后还可以回复，这时候用户的 QQ 会弹出“查看手机短讯”的窗口来，非常方便。

浏览咨询：有的朋友上网只是使用 QQ 聊天，其实用 QQ 也可以很方便地看到每日最新的新闻。单击 QQ 面板中的“资讯通”按钮，“资讯通”可以为用户订制新闻，如“新闻”、“IT 科技”、“证券”、“体育”、“娱乐”等共十二大类新闻信息。用户愿意看哪方面的新闻，就单击相应的图标，则出现“资讯通”界面，自动提取出当日新闻标题。通过这些标题，可以快速地选择出自己感兴趣的新闻，单击就可以调用浏览器读取了。

实验十一　设置 PWS 与 IIS 平台

11.1　实验目的

1. 掌握在 Windows 98 环境中安装和使用 PWS 的方法。
2. 掌握在 Windows 2000 环境中安装和使用 IIS 的方法。
3. 了解 Web 站点的基本知识。

11.2　实验要求

要求掌握在 Windows 98 环境中安装 PWS 的过程和方法，掌握在 Windows 2000 环境中安装和使用 IIS 的方法。同时了解如何配置 Web 站点。

11.3　实验内容与步骤

11.3.1　在 Windows98 环境中安装 PWS

【步骤 1】　在 Windows 98 的安装光盘中找到名为“add _ ones”的目录，打开并进入名为“PWS”的下一级目录。

【步骤 2】　运行 setup.exe 文件，开始 PWS 的安装，如图 11－1 所示。

【步骤 3】　出现如图 11－2 所示的界面，选择其中的“自定义安装”选项。

在三个选项中，推荐使用“自定义选项”，这样可以选择 ASP，ADO 和 RDS 等组件，有利于以后在网站的设计和开发中使用这些组件。

【步骤 4】　在选取组件的界面中，选择“Microsoft Data Components”和“Personal Web Server（PWS)”两个组件。然后开始修改有关的默认设置。

【步骤 5】　选择“Microsoft Data Components”后，按下“显示子组件”按钮，选择其中的所有选项，如图 11－3 所示。

图 11－1　PWS 安装界面

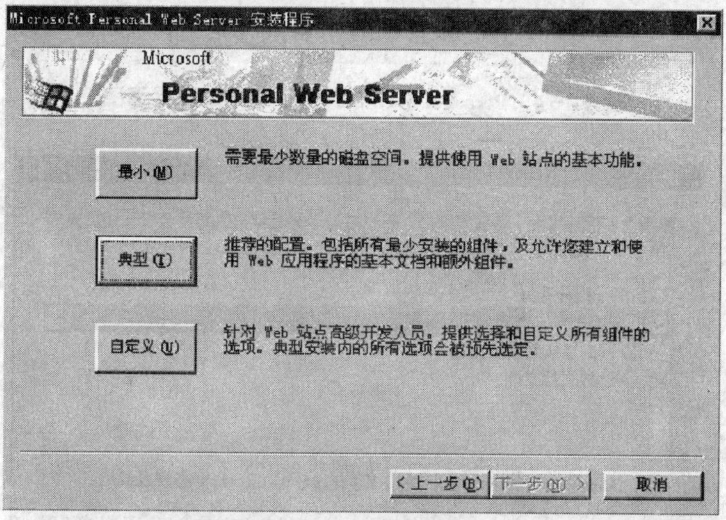

图 11－2　选择安装方式

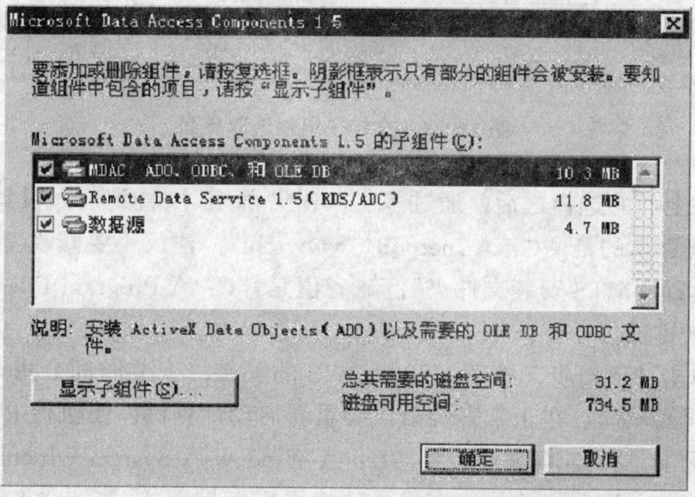

图 11－3　Microsoft Data Components 子组件选取界面

【步骤 6】 选择“Personal Web Server（PWS）”后，按下“显示子组件”按钮，从“文档”中选择所有的组件，如图 11－4 和 11－5 所示。这样就可以安装 ASP 教程，VBScript 教程，JScript 教程等文档。

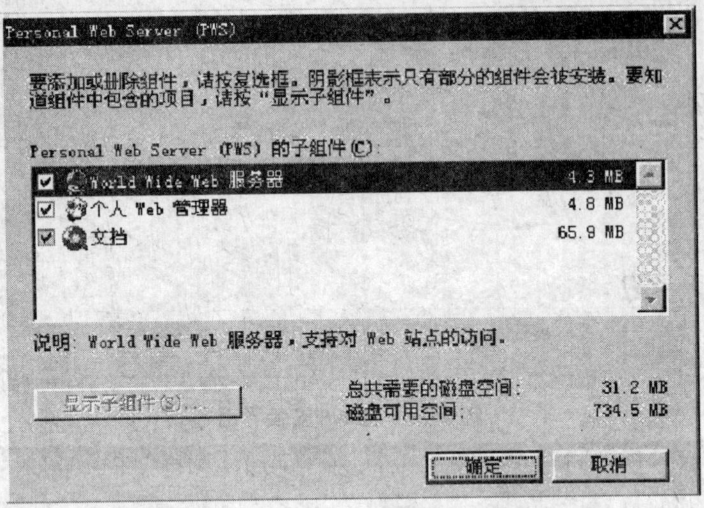

图 11－4 Personal Web Server 子组件选取界面图

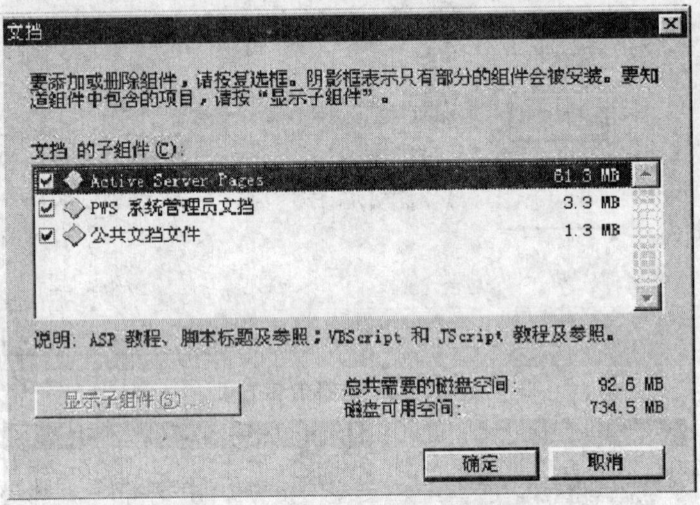

图 11－5 文档子组件选取界面

【步骤 7】 在上面的选择之后，通过多次单击“确定”，直到进入设置 WWW 服务的文档存取目录，系统默认的是“C：\Inetpub\wwwroot”，建议不要修改，就使用这个目录。

【步骤 8】 设置“MTS 安装文件夹”，缺省值是“C：\Program File\Mts”，建议不要修改，就使用这个目录。

【步骤 9】 单击“下一步”按钮，开始 PWS 的安装，安装时间会由于使用的计算机的具体硬件配置不同而不同。在正常安装后，要重新启动计算机以便执行 PWS。

在默认的情况下，PWS 将被安装到“C：\Windows\System\Inetsrv”目录下，这是用户不能自行修改的，因此，建议发布目录就使用系统推荐的“C：\Inetpub\wwwroot”，否则必须一一指定有关的关联路径名，以免在后面的开发工作中遇到麻烦。

11.3.2　在 Windows 2000 中安装 IIS

在 Windows98 + PWS 环境下可以进行网站的设计，但是如果希望运行真正意义上的网站，还是应该使用 Windows 2000 这样的操作系统。

Windows 2000 Server 在默认的情况下就安装了 IIS，但是 Windows 2000 Professional 需要单独安装 IIS，具体方法如下：

【步骤 1】　打开“控制面板”中的“添加/删除程序”。

【步骤 2】　选择“添加/删除 Windows 组件”。

【步骤 3】　在弹出的对话框中选择“FrontPage 98 Server Extensions”，“Microsoft Index Server”，“Microsoft Site Server”等组件。

【步骤 4】　选择“Microsoft Internet Information Server”中的“SMTP Service”和“Internet 服务器”。

【步骤 5】　单击“确定”按钮进入下一步的安装，安装过程与在 Windows98 环境下安装 PWS 类似，在安装结束后，重新启动计算机以便执行 IIS。

如果 Windows 2000 系统是从 98 系统升级来的，而且没在原来的 Windows 98 环境上安装 PWS，就还需要单独安装 IIS。

对于 Windows NT Server 4.0 系统，在 Service Pack 4.0 以上的版本中可以找到 IIS。

11.3.3　配置 Web 服务器

1. Web 服务器的基本概念

(1) 主目录：即 Web 服务器的根目录。只有当计算机硬盘中的某个目录被 Web 服务器指定为主目录时，该目录及其子目录中的 Web 网页才可以被登录到 Web 服务器的使用者浏览。因此，应将 Web 服务器中的网页集中在指定为主目录的磁盘目录下。在 PWS 和 IIS 中，主目录的位置是“C：\Inetpub\wwwroot”。

(2) 默认网页：是指当用户登录到 Web 服务器上时，默认打开的网页。在 PWS 和 IIS 上设置的默认网页是 default.htm 和 default.asp。当用户登录到一个 Web 服务器上时，如果没有指明网页，系统会自动打开默认的网页供用户浏览，网站的设计者可以自己指明默认网页。

(3) 虚拟目录：虚拟目录是指 Web 服务器上的逻辑目录。用户登录到一个 Web 服务器上之后，可以浏览主目录及其子目录中的网页，这些目录存放在 wwwroot 子目录下。当希望将硬盘中其它不在 wwwroot 子目录下的目录内容可以被用户浏览时，就需将其设置为虚拟目录。

2. 在 PWS 中设置 Web 服务器

(1) 当在 Windows 98 中安装了 PWS 之后，可以通过“开始/Microsoft Personal Web Server/个人 Web 管理器”运行 PWS 的个人 Web 管理器。

(2) 单击其中的“高级”，此时界面如图 11－6 所示。

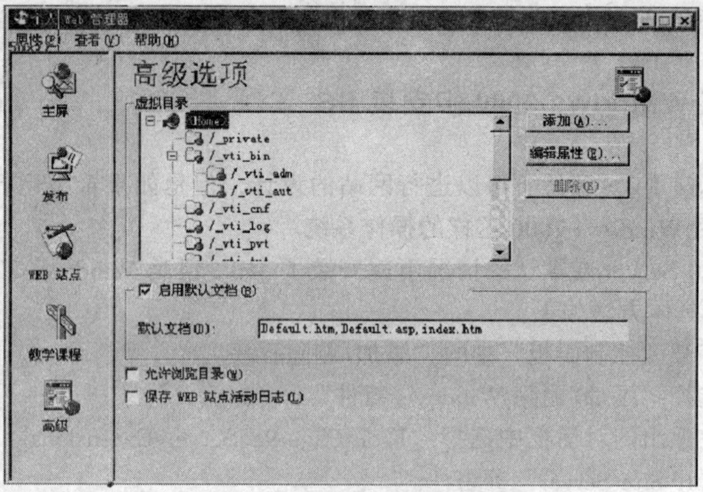

图 11－6 个人 Web 管理器界面

(3) 单击右侧的“添加”按钮，打开如图 11－7 所示的界面。

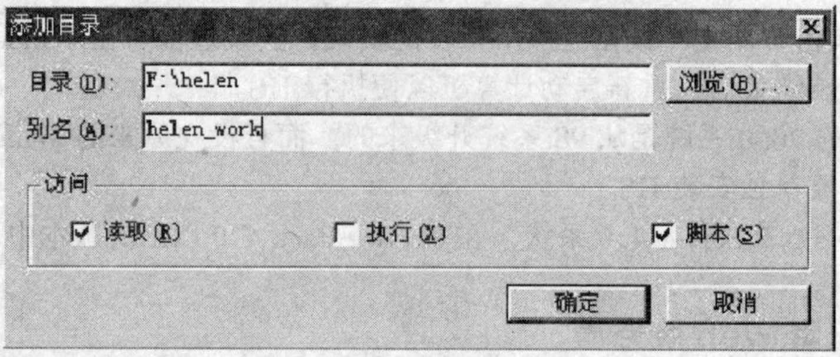

图 11－7 添加虚拟目录界面

(4) 单击右侧的“浏览”按钮，选定一个目录作为虚拟目录，在这里我们假设选择 F 盘的 helen 文件夹作为虚拟目录。

(5) 在下面的别名中输入一个虚拟目录的别名，这里输入“Helen _ work”。

(6) 在下面的访问栏中，设置权限为系统默认的“读取”和“脚本”。

(7) 单击“确定”按钮，此时在虚拟目录列表中将增加一个新的目录并用别名“Helen _ work”显示，如图 11－8 所示。

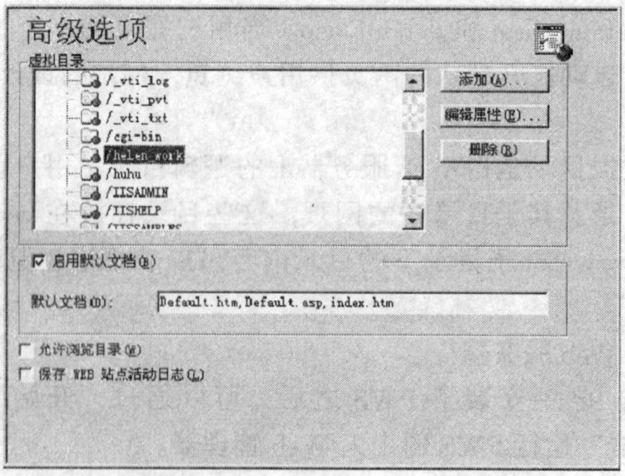

图 11－8 加入虚拟目录后的界面

(8) 在默认文档栏中输入“default.asp”，“default.htm”，“index.htm”文件名。

通过上述操作，我们就设置了一个名为“Helen-work”的虚拟目录，它的实际位置在F盘的helen文件夹，以后就可以将设计的网站的内容放置在这个文件夹中。

现在，在浏览器的地址栏中输入“http://localhost/helen-work”就可以浏览刚刚设置的站点中的网页内容。

虚拟目录三种权限的含义是：

读取：登录到Web服务器上的用户拥有读取或下载存放在主目录或虚拟目录中的文件。

执行：用户将拥有对虚拟目录中的应用程序进行执行的权利，应用程序包括含有脚本的文件或Windows NT的二进制文件，例如exe文件，dll文件。建议不要轻易设定这个权限。

脚本：用户将在不具有“执行”权限下执行虚拟目录下的特定脚本文件，如含有ASP脚本的文件。如果需要用户能够运行ASP文件，应该赋予这个权限。

3. 使用IIS建立Web站点

在IIS中，有三个主要的服务。

默认FTP站点：使用FTP客户端程序即可连接到FTP服务器上。

默认Web站点：对于Web服务器的主要的设置和管理都在这个部分。默认Web站点的属性如图11-9所示。其中的“文档”标签中用于设置默认网页，如index.htm，default.asp等。“目录安全性”标签用于和安全有关的设置，以便增强系统的安全性。

管理Web站点：用于管理Web站点，要注意其中的TCP端口设置，容易成为他人操控网站的一个进口。

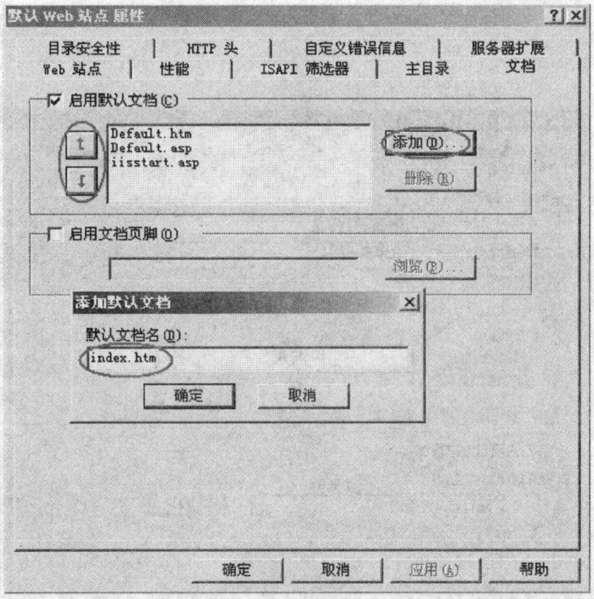

图11-9　添加默认文档

当安装Windows 2000 Server时，IIS将创建默认的Web站点，可以在Web站点上发布内容。

(1) 为Web站点创建主页。

默认Web发布目录也称为主目录，安装程序提供的位置是\Inetpub\wwwroot。将主页复制到 IIS 的默认 Web 发布目录中。

单击“默认 Web 站点”，单击鼠标右键，如图 11 - 10 所示选择“属性”，显示图 11 - 11 所示的窗口，可以选择“浏览”将 Web 主目录更改为网站目录，如图 11 - 12 所示。

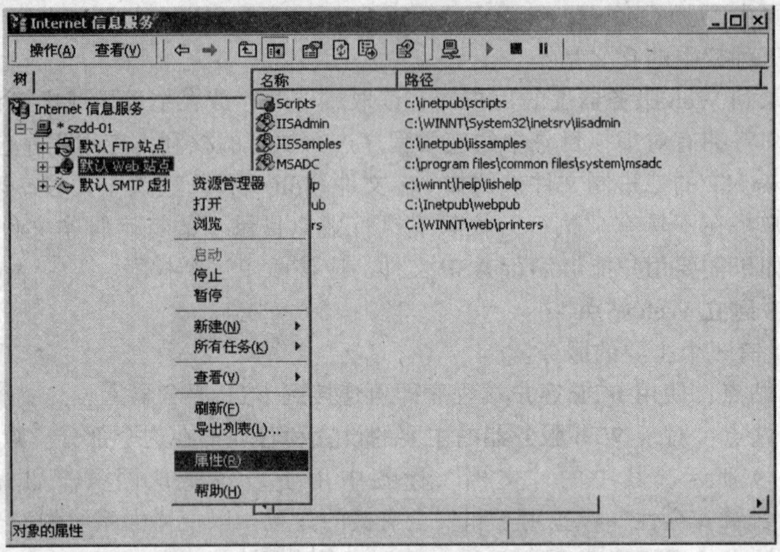

图 11 - 10　为 Web 站点创建主页

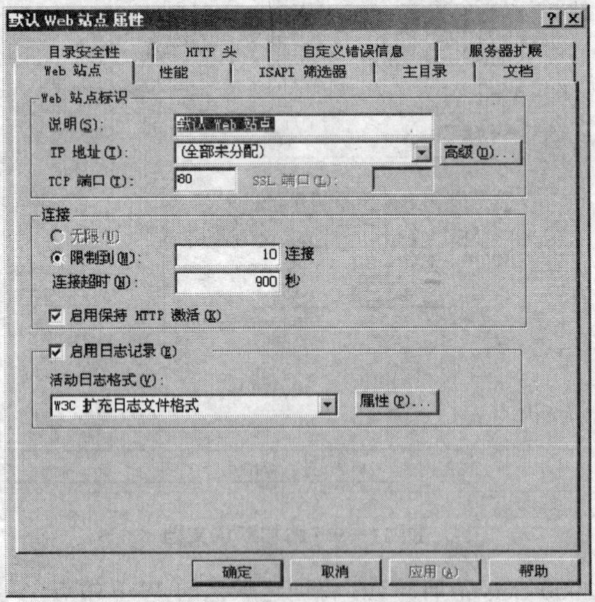

图 11 - 11　默认 Web 站点属性

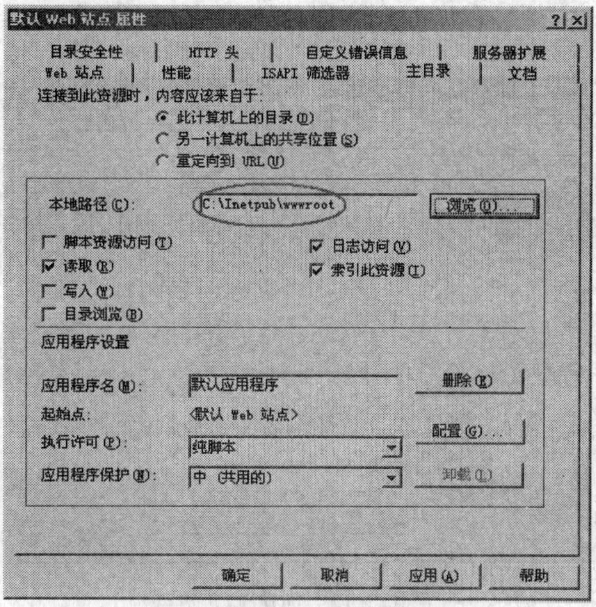

图 11－12　确定网站目录

默认主页文件命名为 Default.htm 或 Default.asp，你可以选择“添加”加入一个新的默认文件名，如“index.htm”，使用 ↑ ↓ 键可以调整默认主页文件的搜索顺序，如图 11－9 所示。

(2) 创建新的 Web 站点。

要创建多个 Web 站点，必须首先确保每个站点都有惟一的标识。为此，需要与网络管理员联系，获得多个 IP 地址或者分配多个主机名。

在 Internet 信息服务中，选择“新建”、“站点”，可以创建新的 Web 站点，如图 11－13 所示。

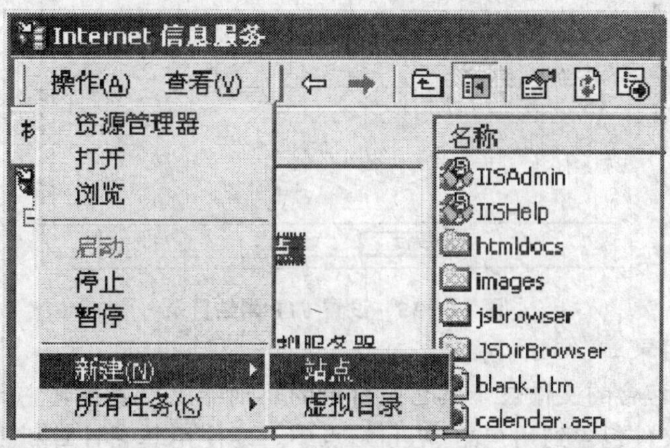

图 11－13　创建新的站点

(3) 使用 IIS 建立 FTP 站点。

当安装 Windows 2000 Server 时，IIS 将创建默认的 FTP 站点，你可以利用 FTP 站点的功能，进行文件传输。

默认 FTP 站点的主目录，安装程序提供的位置是 \ Inetpub \ ftproot。

单击“默认 FTP 站点”，单击鼠标右键，选择“属性”，如图 11－14 所示。

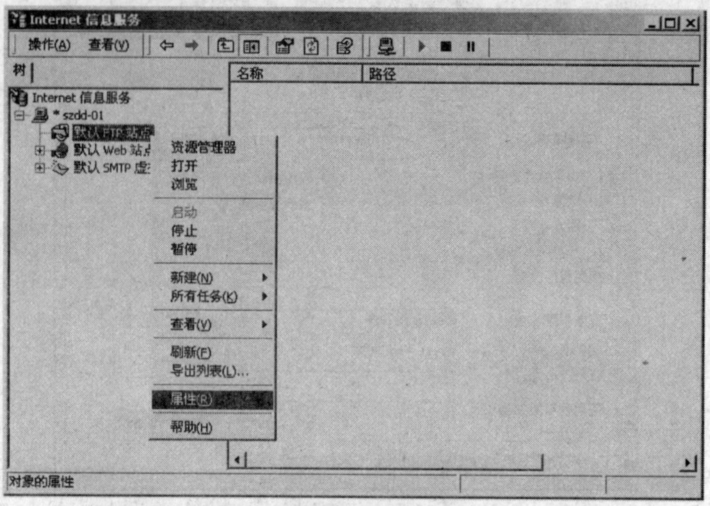

图 11－14 创建 FTP 站点

可以选择“浏览”将 FTP 主目录更改为你机器上的 FTP 网站目录。可以根据实际需要设置“安全账号”和“目录安全性”，如图 11－15 所示。

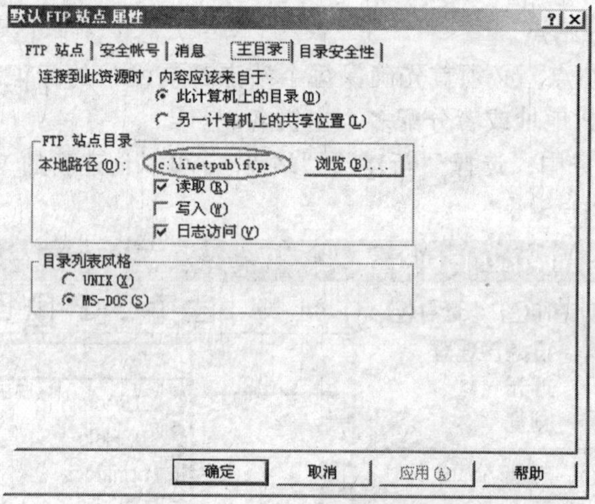

图 11－15 设置 FTP 网站目录

(4) 创建虚拟目录。

如果 Web 站点包含的文件位于其它主目录的驱动器上，或在其它计算机上，就必须创建虚拟目录将这些文件包含到用户的 Web 站点中。要使用其它计算机上的目录，必须指定该目录的通用命名约定名称，并提供用户名和密码用作访问权限的限制。

创建虚拟目录，首先选中要添加目录的 Web 站点或 FTP 站点。单击鼠标右键，选择“新建”、“虚拟目录”，如图 11－16 所示。然后使用“新建虚拟目录”向导完成此任务，如图 11－17 所示。

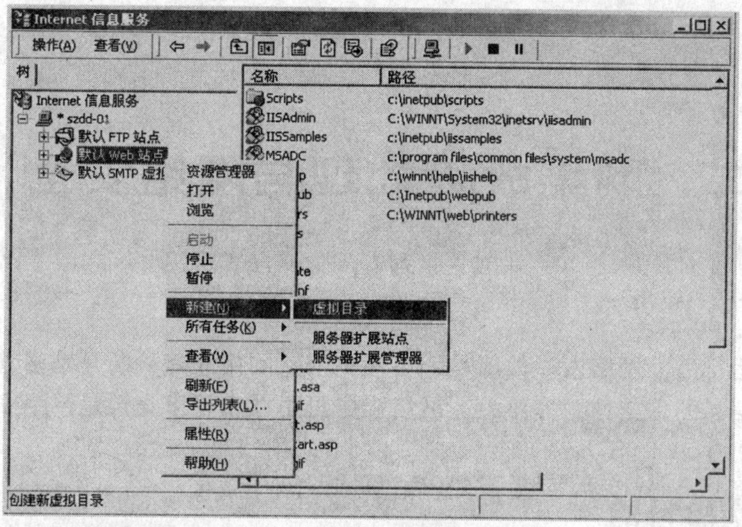

图 11－16　创建虚拟目录

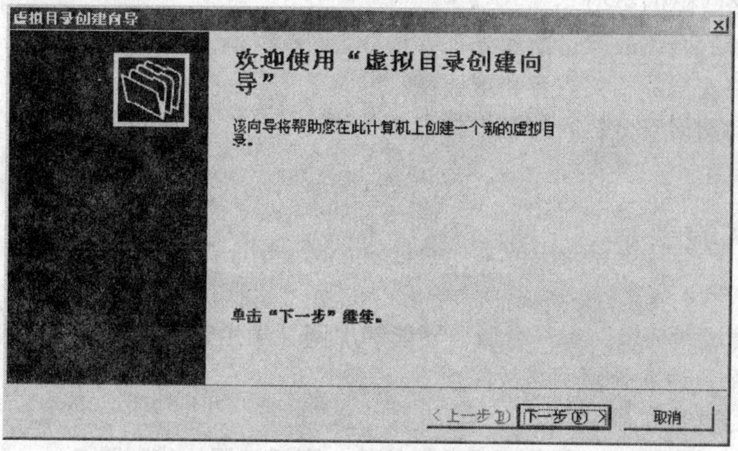

图 11－17　虚拟目录创建向导

11.4　实验报告

1. 比较在 Windows 98 环境下安装 PWS 与在 Windows 2000 环境下安装 IIS 的异同。
2. 分析在配置 Web 服务器时要注意哪些问题。

实验十二　网络故障处理与网络安全

网络建成运行后，网络发生故障是不可避免的。网络故障诊断是网络管理的重要技术工作。保证网络信息的保密性、完整性、网络服务可用性和可审查性是网络安全的重要保障。

12.1　实验目的

1. 了解网络故障的类型。
2. 掌握简单的网络故障诊断和处理方法。
3. 了解网络安全的相关内容和重要性。
4. 掌握保障网络安全运行的基本技术。

12.2　实验要求

提供一个局域网环境，有一台服务器能够上网。学生完成以下实验内容：

1. 使用命令，诊断处理网络故障。
2. 了解口令认证机制。
3. 选择一台服务器，安装代理服务器软件，配置常用的代理服务。
4. 通过代理服务器进行上网实验，验证代理服务器的有效性和安全性。
5. 掌握 IE 浏览器的安全设置。
6. 掌握防病毒的基本技术。

12.3　实验内容与步骤

12.3.1　用网络命令来诊断网络故障

网络中可能出现的故障总是多种多样的，解决一个复杂的网络故障需要广泛的网络知识与丰富的工作经验。网络故障诊断以网络原理、网络配置和网络运行的知识为基础。一般可从三方面着手工作：确定网络的故障点，恢复网络的正常运行；发现网络规划和配置中欠佳之处，改善和优化网络的性能；观察网络的运行状况，及时预测网络通信质量。

下面尝试如何用网络命令来诊断网络故障。

1. ping 命令

ping 命令在检查网络故障中使用广泛，主要是用来检查路由是否能够到达。

网络管理人员经常会接到远程用户反映他的主机有故障，如不能上网，不能对一个或几个远程系统进行登录、发电子邮件或不能做实时业务等。这时 Ping 命令就是一个很有用的工具。该命令的包长小，网上传递速度非常快，可快速地检测用户要去的站点是否可达。

命令格式：Ping　IP 地址　或　主机名

执行结果显示响应时间。Ping 命令后还有许多参数，完整的键入命令如图 12－1 所示，具体参数含义可参见相应的技术指南。

```
C:\>ping

Usage: ping [-t] [-a] [-n count] [-l size] [-f] [-i TTL] [-v TOS]
            [-r count] [-s count] [[-j host-list] | [-k host-list]]
            [-w timeout] destination-list

Options:
    -t             Ping the specified host until stopped.
                   To see statistics and continue - type Control-Break;
                   To stop - type Control-C.
    -a             Resolve addresses to hostnames.
    -n count       Number of echo requests to send.
    -l size        Send buffer size.
    -f             Set Don't Fragment flag in packet.
    -i TTL         Time To Live.
    -v TOS         Type Of Service.
    -r count       Record route for count hops.
    -s count       Timestamp for count hops.
    -j host-list   Loose source route along host-list.
    -k host-list   Strict source route along host-list.
    -w timeout     Timeout in milliseconds to wait for each reply.
```

图 12－1　ping 命令参数

执行结果显示响应时间。

如键入 C：＼＞ping www.sina.com.cn

屏幕上显示如图 12－2 所示信息：

```
C:\>ping www.sina.com.cn

Pinging taurus.sina.com.cn [61.172.201.234] with 32 bytes of data:

Reply from 61.172.201.234: bytes=32 time=93ms TTL=52
Reply from 61.172.201.234: bytes=32 time=78ms TTL=52
Reply from 61.172.201.234: bytes=32 time=78ms TTL=52
Reply from 61.172.201.234: bytes=32 time=78ms TTL=52

Ping statistics for 61.172.201.234:
    Packets: Sent = 4, Received = 4, Lost = 0 (0% loss),
Approximate round trip times in milli-seconds:
    Minimum = 78ms, Maximum =  93ms, Average =  81ms

C:\>
```

图 12－2　ping 指令显示信息

表明 Ping 成功解析出主机名 www.sina.com.cn，但这只能保证当前主机与目的主机间存在一条连通的物理路径。如果执行 Ping 成功而网络仍无法使用，那么问题很可能出在网络系统的软件配置方面。若执行 Ping 不成功，则故障可能是网线不通、网络适配器配置不正确或 IP 地址不可用等。

Ping 命令显示的出错信息通常分为几种情况：

（1）Requst time out（超时），如果连续几次 Ping 都出现此信息，表明网络不通。这时去检查端口插头是否松动，或者网络插头误接，这种情况经常是没有搞清楚网络插头规范或者没有弄清网络拓扑规划的情况导致的。

（2）unknown host（不知名主机），这种出错信息的意思是该远程主机的名字不能被命名服务器转换成 ip 地址。网络故障可能为命名服务器有故障，或者其名字不正确，或者网络管理员的系统与远程主机之间的通信线路有故障。

（3）network unreachable（网络不能到达），这是本地系统没有到达远程系统的路由，可用 netstat－rn 检查路由表来确定路由配置情况。

（4）no answer（无响应），远程系统没有响应。这种故障说明本地系统有一条到达远程主机的路由，但却接收不到它发给该远程主机的任何分组报文。这种故障的原因可能是：远程主机没有工作；本地或远程主机网络配置不正确；本地或远程的路由器没有工作；通信线路有故障；远程主机存在路由选择问题。

Ping 一般一次只能检测到一端到另一端的连通性，而不能一次检测一端到多端的连通性，但 fping 一次就可以 Ping 多个 IP 地址。

【步骤】 使用 ping 命令，并观察结果。

2．ipconfig 命令

ipconfig 命令可以检查网络接口配置。如果用户系统不能到达远程主机，而同一系统的其它主机可以到达，那么用该命令对这种故障的判断很有必要。当主机系统能到达远程主机但不能到达本地子网中的其它主机时，则表示子网掩码设置有问题，进行修改后故障便不会再出现。

命令格式：ipconfig/?　　可获得 ipconfig 的使用帮助

　　　　　ipconfig/all　　可获得 IP 配置的所有属性

如果 DOS 状态下键入 C：\＞ipconfig/all，屏幕上会显示如图 12－3 所示信息。

```
C:\>ipconfig/all

Windows 2000 IP Configuration

        Host Name . . . . . . . . . . . . : szdd-01
        Primary DNS Suffix  . . . . . . . :
        Node Type . . . . . . . . . . . . : Broadcast
        IP Routing Enabled. . . . . . . . : No
        WINS Proxy Enabled. . . . . . . . : No

Ethernet adapter 本地连接:

        Connection-specific DNS Suffix  . :
        Description . . . . . . . . . . . : Realtek RTL8139(A) PCI Fast Ethernet
 Adapter
        Physical Address. . . . . . . . . : 00-E0-8C-FC-93-D8
        DHCP Enabled. . . . . . . . . . . : No
        IP Address. . . . . . . . . . . . : 172.28.0.168
        Subnet Mask . . . . . . . . . . . : 255.255.0.0
        Default Gateway . . . . . . . . . : 172.28.222.20
        DNS Servers . . . . . . . . . . . : 202.96.134.133
                                            202.96.128.68
```

图 12－3　ipconfig 指令屏幕显示

窗口中显示了主机名、DNS服务器、节点类型以及主机的相关信息如网卡类型，MAC地址、IP地址、子网掩码以及默认网关等。其中网络适配器的MAC地址在检测网络错误时非常有用。

配置不正确的IP地址或子网掩码是接口配置的常见故障。其中配置不正确的IP地址有两种情况：

(1) 网络号部分不正确。此时执行每一条ipconfig命令都会显示“no answer”，这样，执行该命令后错误的IP地址就能被发现，修改即可。

(2) 主机部分不正确。如与另一主机配置的地址相同而引起冲突。这种故障是当两台主机同时工作时才会出现的间歇性的通信问题。建议更换IP地址中的主机号部分，该问题即能排除。

【步骤】 使用ipconfig/all命令，并观察结果。

3. netstat命令

netstat程序有助于了解网络的整体使用情况。它可以显示当前正在活动的网络连接的详细信息，例如显示网络连接、路由表和网络接口信息，得知目前总共有哪些网络连接正在运行。用netstat/? 命令可查看该命令的使用格式以及详细的参数说明。

命令格式：在DOS命令提示符下或在运行对话框中键入如下命令：netstat［参数］

显示以太网的统计信息、所有协议的使用状态（包括TCP协议、UDP协议以及IP协议等），另外还可以选择特定的协议并查看其具体使用信息、主机的端口号以及当前主机的详细路由信息等。

netstat命令后还有许多参数，完整的键入命令为：

netstat [-a] [-e] [-n] [-s] [-p protocol] [-r] [interval]

如图12-4所示，主要参数可参见相应的技术指南。

```
Displays protocol statistics and current TCP/IP network connections.

NETSTAT [-a] [-e] [-n] [-s] [-p proto] [-r] [interval]

  -a            Displays all connections and listening ports.
  -e            Displays Ethernet statistics. This may be combined with the -s
                option.
  -n            Displays addresses and port numbers in numerical form.
  -p proto      Shows connections for the protocol specified by proto; proto
                may be TCP or UDP.  If used with the -s option to display
                per-protocol statistics, proto may be TCP, UDP, or IP.
  -r            Displays the routing table.
  -s            Displays per-protocol statistics.  By default, statistics are
                shown for TCP, UDP and IP; the -p option may be used to specify
                a subset of the default.
  interval      Redisplays selected statistics, pausing interval seconds
                between each display.  Press CTRL+C to stop redisplaying
                statistics.  If omitted, netstat will print the current
                configuration information once.
```

图12-4 netstat命令参数

在DOS状态下键入C：\>netstat -e，屏幕上会显示如图12-5所示信息。

```
C:\>netstat -e
Interface Statistics

                           Received            Sent

Bytes                      23332816         9488056
Unicast packets               19929           19910
Non-unicast packets          107441             213
Discards                          0               0
Errors                            0               0
Unknown protocols              7571
```

图 12-5 netstat 指令屏幕显示

若接收错和发送错接近为零或全为零，则网络的接口无问题。但当这两个字段有 100 个以上的出错分组时就可以认为是高出错率了。高的发送错表示本地网络饱和或在主机与网络之间有不良的物理连接。高的接收错表示整体网络饱和、本地主机过载或物理连接有问题，可以用 Ping 命令统计误码率，进一步确定故障的程度。

【步骤】 使用 netstat -e 命令，并观察结果。

4. route 命令

route 命令控制网络路由表。该命令只有在安装了 TCP/IP 协议后才可以使用。

命令格式：route [-f] [-p] [command [destination] [mask subnetmask] [gateway] [metric costmetric]]

主要参数可参见相应的技术指南。

如在本地机上键入 C：\ >route print，屏幕上会显示如图 12-6 所示信息。

```
Active Routes:
Network Destination          Netmask          Gateway        Interface  Metric
          0.0.0.0            0.0.0.0    172.28.222.20     172.28.0.168       1
        127.0.0.0          255.0.0.0        127.0.0.1        127.0.0.1       1
       172.28.0.0        255.255.0.0     172.28.0.168     172.28.0.168       1
     172.28.0.168    255.255.255.255        127.0.0.1        127.0.0.1       1
   172.28.255.255    255.255.255.255     172.28.0.168     172.28.0.168       1
        224.0.0.0          224.0.0.0     172.28.0.168     172.28.0.168       1
  255.255.255.255    255.255.255.255     172.28.0.168     172.28.0.168       1
Default Gateway:       172.28.222.20
```

图 12-6 route print 指令屏幕显示

根据上述信息可知本机的网关、子网类型、广播地址、环回测试地址等。当然也可以按需要增加或删除路由信息。

【步骤】 使用 route print 命令，并观察结果。

5. tracert 命令

tracert 可以查看用户获取的网络数据、所经过的路径并指明哪个路由器在浪费用户宝贵的时间。该诊断实用程序将包含不同生存时间（TTL）值的 Internet 控制消息协议

(ICMP)，回显数据包发送到目标，以决定到达目标采用的路由。在转发数据包上的 TTL 之前至少递减 1，需经过路径上的每个路由器，所以 TTL 是有效的跃点计数。数据包上的 TTL 到达 0 时，路由器应该将“ICMP 已超时”的消息发送回源系统。tracert 先发送 TTL 为 1 的回显数据包，并在随后的每次发送过程中将 TTL 递增 1，直到目标响应或 TTL 达到最大值，从而确定路由。路由通过检查中级路由器发送回的“ICMP 已超时”的消息来确定路由。不过，有些路由器悄悄地下传包含过期 TTL 值的数据包，而 tracert 看不到。

tracert 命令后还有许多参数，如图 12－7 所示，完整的键入命令为：

tracert [-d] [-h maximum _ hops]]-j computer-list] [-w timeout] target _ name

```
C:\>tracert

Usage: tracert [-d] [-h maximum_hops] [-j host-list] [-w timeout] target_name

Options:
    -d                 Do not resolve addresses to hostnames.
    -h maximum_hops    Maximum number of hops to search for target.
    -j host-list       Luuse source route along host-list.
    -w timeout         Wait timeout milliseconds for each reply.
```

图 12－7　tracert 命令参数

如在 DOS 窗口中键入：

C：\ >tracert －h 30 www.szonline.net

屏幕上会显示如图 12－8 所示信息：

```
C:\>tracert -h 30 www.szonline.net

Tracing route to www.szonline.net [202.96.154.6]
over a maximum of 30 hops:

  1   <10 ms   <10 ms   <10 ms  218.17.219.27
  2   <10 ms   <10 ms    16 ms  218.17.219.30
  3   <10 ms   <10 ms   <10 ms  61.144.212.17
  4   <10 ms   <10 ms   <10 ms  61.144.236.6
  5   <10 ms   <10 ms   <10 ms  202.105.145.40
  6   <10 ms   <10 ms   <10 ms  202.105.145.2
  7    16 ms   <10 ms   <10 ms  nstnt7.szptt.net.cn [202.104.110.178]
  8   <10 ms    15 ms    16 ms  202.105.131.10
  9    16 ms    31 ms    16 ms  szptt154.szptt.net.cn [202.96.154.6]

Trace complete.
```

图 12－8　tracert 指令屏幕显示

以上信息显示出所经每一站路由器的反应时间、站点名称、IP 地址等重要信息，从中可判断哪个路由器最影响网络访问速度。tracert 最多可以向用户展示 30 个“跳（hops)”。

【步骤】　使用 tracert　www.crtvu.edu.cn 命令，并观察结果。

网络命令还有 NET，ARP，NBTSTAT，FTP，TELNET，FINGER，R 系列等等，如果需要了解，可参考相关的资料学习。

12.3.2 了解口令认证机制

为保证网络系统信息的安全，需要制定合理的安全策略及安全方案来确保网络系统的机密性、完整性、可用性、可控性与可审查性。

用户接入网络，可采用防火墙一次性口令认证技术。用户认证的基本过程是：首先用户向防火墙发送身份认证请求，并指明自己的用户名，防火墙收到请求后，向用户提出挑战，用户收到挑战后，结合自己的口令，产生答复，防火墙判断用户答复是否正确，并给出相应信息，如果用户连续三次认证失败则在一定时间内禁止该用户认证。由于采用一次性的口令认证机制，即使窃听者在网络上截取到口令，也无法在利用这个口令与内部网建立连接。

用户接入网络或使用网络的应用服务，通常采用口令认证技术，保障用户接入的网络系统的安全。密码的设置应注意：

(1) 密码应该选择长度在8位以上，字母（大、小写）、数字或其它字符混合组成。

(2) 为了保证口令的安全，必须养成定期修改口令的习惯。

【步骤】 按上述要求更改电子邮件、网上银行账户等网上应用服务的密码，确保账户的安全性。

12.3.3 选择一台服务器，安装代理服务器软件，配置常用的代理服务

为了保障内部网络信息的安全传输，通过在中心局域网、各子局域网的复用器与交换机之间安装专用 VPN 设备或在防火墙上添加 VPN 功能模块，可实现各局域网之间信息传输的保密性、完整性鉴别。一方面，利用防火墙的包过滤或代理功能，实现二者之间的访问控制，防止非法用户的侵入；另一方面，使用 VPN 技术，建立专用虚拟网络系统，以防止在通信信道上发生窃听、修改、重放等攻击。

使用代理服务器软件实现内部网络（Intranet）与外部网络（Internet）之间的连接，通过代理服务器进行转发和控制，实现两个网络之间的数据传输。

目前，关于代理服务器的软件产品有多种选择，其中著名的有 Microsoft 公司的 Microsoft Proxy Server，Netscape Proxy Server，Qbik 公司的 WinGate 以及 Ositis 软件公司的 WinProxy 等。这些产品均能实现对 Internet 上信息的更快速地访问和保证 Intranet 的安全性。

以 WinGate 为代表的共享软件版的代理服务器软件，具有功能齐全，小巧快速的特点，在中小规模的 Intranet 上获得广泛的应用。

【步骤 1】 下载 WinGate 软件（http://wingate.deerfield.com/download.html）。

【步骤 2】 安装配置 WinGate（口令、端口、服务）。

【步骤 3】 正确运行 WinGate。

12.3.4 通过代理服务器进行上网实验，验证代理服务器的有效性和安全性

如果要使用代理服务器的（一般浏览不需要），在 IE5 浏览器中，选择“工具\Internet 选项\连接”的设置下请按 局域网设置(L) 按钮，如图 12－9 所示。

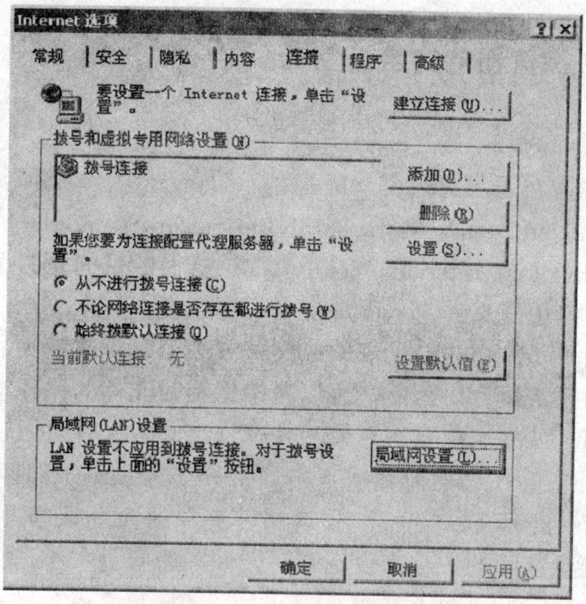

图 12-9　建立连接

在"使用代理服务器"前打对勾，然后把地址和端口填上去，如图 12-10 所示。

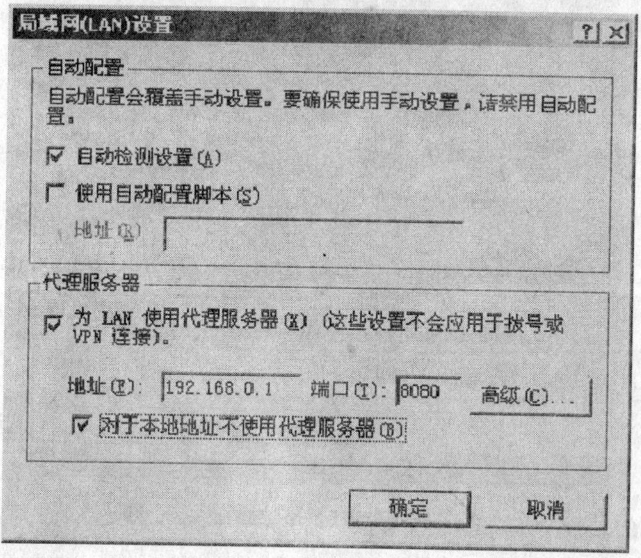

图 12-10　设置代理服务器

使用代理服务器，还可以减少网路资源的浪费。

如果有计算机向代理主机提出要读取同一站点同一资料的要求时，代理主机会在先前连线记录中查到其硬盘中已有此资料，并和原站点的资料作对比，如果原资料没有更新过，即发送硬盘中的数据给第二台提出请求的计算机，否则，再次传送新资料到硬盘中。这样，在外部网路中资料只需要传输一次即可，节省了网路资源，同时也加快第二次以后的传送速度。

【实验步骤】　自己设置代理服务器，可以使用地址 202.205.161.3。

12.3.5 掌握 IE 浏览器的安全设置

1. 临时文件

IE 在上网的过程中会在系统盘内自动的把浏览过的图片、动画、Cookies 文本等数据信息保留在 C：Documents and Settingswork hardLocal SettingsTemporary Internet Files（Win98 系统为 C：WindowsTemporary Internet Files）内，这样做的目的是为了便于下次访问该网页时迅速调用已保存在硬盘中的文件，从而加快上网的速度。

然而，上网的时间一长，用户会发现临时文件夹的容量越来越大，这样容易导致磁盘碎片的产生，影响系统的正常运行。因此，可以考虑把临时文件的路径进行移位操作，这样做一来可减轻系统的负担，二来可在系统重装后快速恢复临时文件。

具体的方法是首先打开 IE，然后依次点击“工具”，“Internet 选项”，“Internet 临时文件”，“设置”，如图 12－11 所示，选择“移动文件夹”的命令按钮并设定 C 盘为移位的路径，然后再依据自已硬盘空间的大小来设定临时文件夹的容量大小。

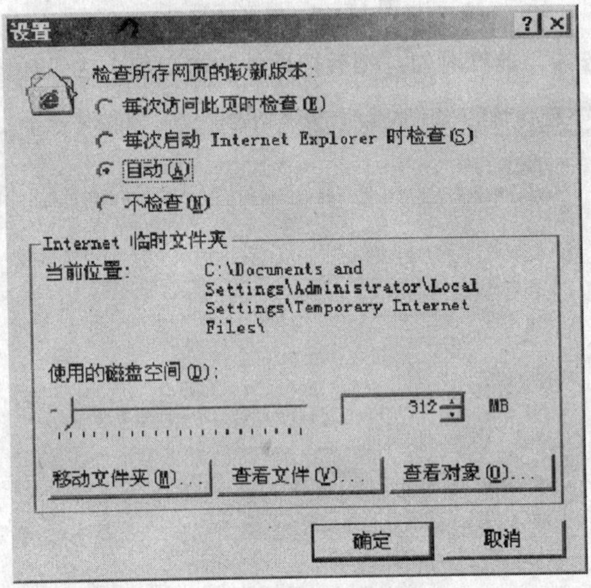

图 12－11　移位设置

2. 历史记录

为了便于帮助用户记忆其曾访问过的网站，IE 提供了把用户上网所登录的网址全部记忆下来的功能。虽然这个记忆的功能能帮助少许人记忆网址，但却可能导致其它人有可能翻看用户的历史记录。因此，应该掌握清除历史记录的方法，以便减少个人秘密的泄露。同样，点击“工具”、“Internet 选项”，找到位于下方的“历史记录”，可根据个人喜好输入数字来设定“网页保留在历史记录中的天数”，或直接按下“清除历史记录”的按钮并确认。如图 12－12 所示。

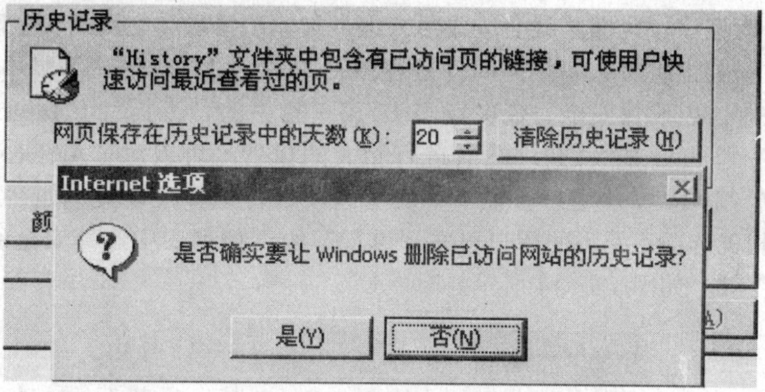

图 12-12 取消历史记录

3. 自动完成

在第一次使用邮箱或申请成为某网站的用户时，系统会在第一次输入完用户名和密码后跳出一个对话框。询问用户是否愿意保存密码，选"是"则只用输入用户名而不必输入密码(密码输入由 IE 的自动完成功能提供)。但这样有一个漏洞，即非法用户一旦输入对了用户名的首字母，IE 的自动完成会让其无需输入密码就拥有进入权限。

IE 的自动完成功能设置如下：在 IE 工作状态下依次点击菜单栏上的"工具"、"Internet 选项"、"内容"。在个人信息处单击"自动完成"按钮。在这里可设置自动完成的功能范围："web 地址"，"表单"，"表单上的用户名和密码"。还可通过"清除密码"和"清除表单"来去掉保留下的密码和相关权限，如图 12-13 所示。

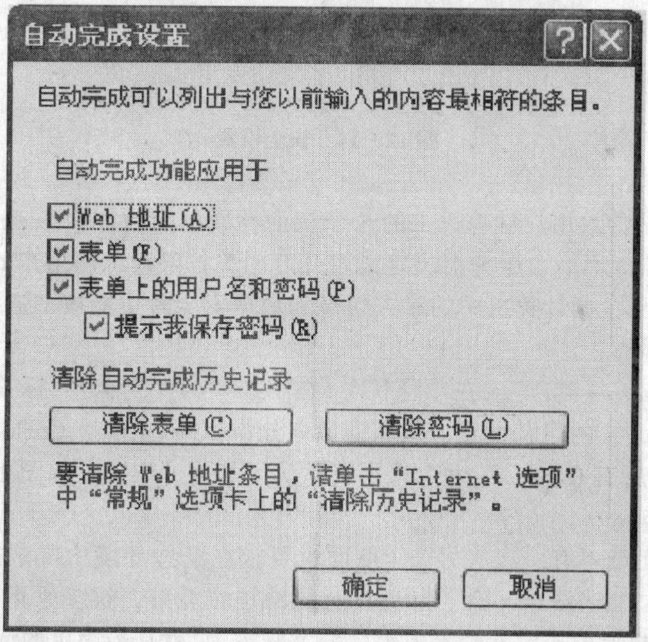

图 12-13 自动完成设置

4. 脚本设置

在 Java，JavaApplet，ActiveX 等程序和控件为用户在浏览网站过程中提供精彩特效的同时，一些不怀好意的网络破坏者们为了达到其目的，常在网页源文件中加入恶意的 Java 脚本语言或嵌入恶意控件。这样，就会造成用户信息被非法窃取和上网的安全隐患。如何避免这些问题呢，在安装正版防火墙的同时，还应该对 Java 和 JavaScript 等脚本，ActiveX 的控件和插件进行限制，以确保安全。依次点击 IE 菜单栏中的“工具”、“Internet 选项”、“安全”、“Internet”、“自定义级别”，然后进行相关的设置。可以对“ActiveX 控件和插件”、“Java”、“脚本”、“下载”、“用户验证”等安全选项进行选择性设置。如“启用”，“禁用”或“提示”。对相关选项不熟悉的用户可在“重置”的下拉列表中选择安全级别，然后单击“确定”让修改生效，如图 12－14 所示。

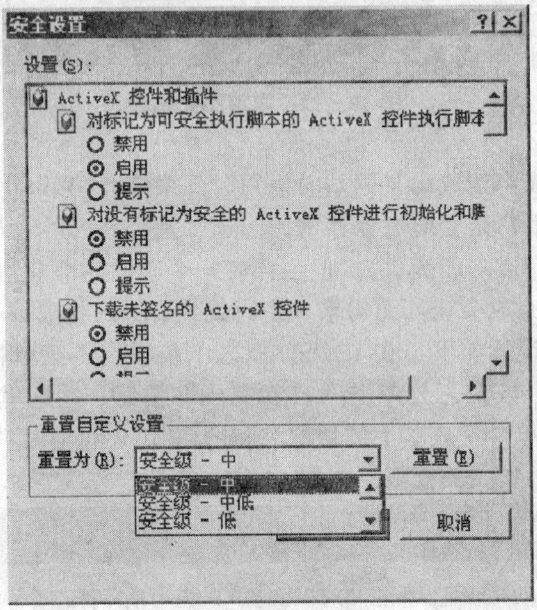

图 12－14　安全设置

5．cookies 陷阱

cookies 是从网站传给用户计算机上的一个认证性质的文件，由 cookies 反馈出计算机的信息给网站的服务器，而后由服务器决定是否开启相关权限给上网用户的计算机。可是，一旦 cookies 为黑客运用，则计算机中的私人信息和数据安全就可能被“盗窃”。因此，同样需要限制 cookies 的权限。

进入 IE 的“Internet 选项”，在“隐私”（在 IE5 中为“安全”）标签中找到设置，然后通过滑杆来设置 cookies 的隐私设置，从高到低划分为：“阻止所有 Cookie”、“高”、“中高”、“中”、“低”、“接受所有 Cookies”六个级别（默认级别为“中”），如图 12－15 所示。

6．信息限制

网络上的信息无奇不有，这从另一个侧面也要求在一些环境中屏蔽掉 IE 中与年龄和性别不大符合的站点。上述站点，除了自身具有的精神垃圾外，很多采用了先进的 html 代码和 Java 脚本，让用户上过一次就脱不了手，恶意修改 IE 就是最简单的证明。因此，要在 IE 上作些限制。同样是进入“Internet 选项”，然后选择“内容”标签，将“分级审查”设为启用，随后在“暴力”，“裸体”，“性”，“语言”等四个选项中根据自己的情况用鼠标滑动滑竿进行相关设置，如图 12－16 所示。

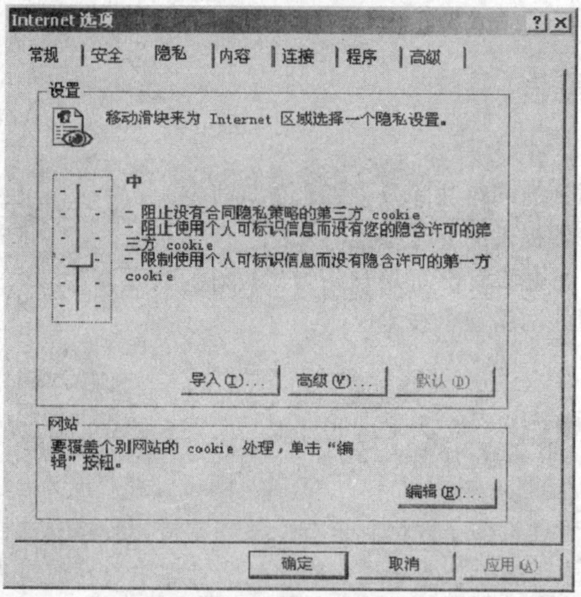

图 12-15　隐私选项的设置

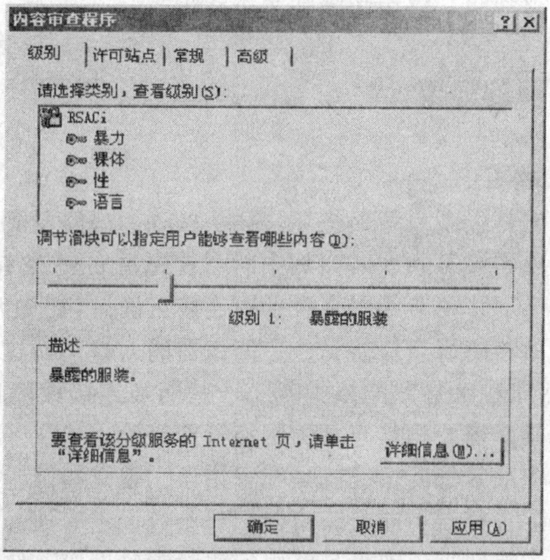

图 12-16　内容审查的设置

12.3.6　掌握防病毒的基本技术

互联网上出现过许多比较厉害的新病毒，例如红色代码、蓝色代码、尼姆达等病毒。某些病毒除了使计算机运行速度变慢，还可以阻塞网络，造成网络塞车，破坏信息等。对于这些新病毒，大多数杀毒软件，例如瑞星、KV3000、金山毒霸等都有杀毒的办法。

【实验步骤】　选择合适的杀毒软件，及时更新升级病毒库，定期查杀病毒。

12.4 实验报告

1. 写出用户所遇到的网络故障及诊断、处理过程。
2. 分析代理服务器提供的安全性能。
3. 比较各种口令，并设计一种用户认为比较好的口令算法。
4. 写出用户采用的网络安全技术。

12.5 相关知识

一个成熟的网络管理机构一般都制定有一整套完整的故障管理日志记录机制，同时人们也率先把专家系统和人工智能技术引进到网络故障管理中心。但对于大多数初学网络的人来说，这未免有点过于复杂，这里，总结一下网络故障诊断、排除的方法和经验。

根据网络故障的性质可以把网络故障分为物理故障与逻辑故障，也可以根据网络故障的对象把网络故障分为线路故障、路由故障和主机故障。

12.5.1 网络故障的分类

1. 物理故障与逻辑故障

(1) 物理故障　指的是设备或线路损坏，插头松动，线路受到严重电磁干扰等情况。比如说，网络管理人员发现网络某条线路突然中断，首先用 ping 或 fping 检查线路是否连通。

确定集线器、交换机、路由器等网络设备的连接正确，(比如两个路由器 Router 直接连接，这时应该让一台路由器的出口连接另一台路由器的入口，而这台路由器的入口连接另一路由器的出口才行)，否则也会导致网络中断。一些网络连接故障比较隐蔽，要诊断这些故障没有什么特别好的工具，需要积累丰富的网络管理经验。

(2) 逻辑故障　其中最常见的情况就是配置错误，就是指因为网络设备的配置原因而导致的网络异常或故障。配置错误可能是路由器端口参数设定有误，或路由器路由配置错误以至于路由循环或找不到远端地址，或者是路由掩码设置错误等。比如，同样是网络中的线路故障，该线路没有流量，但又可以 ping 通线路的两端端口，这时就很有可能是路由配置错误了。遇到这种情况，通常用“路由跟踪程序”就是 traceroute。traceroute 和 ping 类似，最大的区别在于 traceroute 是把端到端的线路按线路所经过的路由器分成多段，然后以每段返回响应与延迟。如果发现在 traceroute 的结果中某一段之后，两个 IP 地址循环出现，这时，一般就是由于线路远端把端口路由又指向了线路的近端，导致 IP 包在该线路上来回反复传递。幸好 traceroute 可以检测到哪个路由器之前能正常响应，到哪个路由器就不能正常响应了。这时只需更改远端路由器端口配置，就能恢复线路正常了。

逻辑故障的另一类就是一些重要进程或端口关闭，以及系统的负载过高。比如也是线路中断，没有流量，用 ping 发现线路端口不通，检查发现该端口处于 down 的状态，这就说明该端口已经关闭，因此导致故障。这时只需重新启动该端口，就可以恢复线路的连通。还有一种常见情况是路由器的负载过高，表现为路由器 CPU 温度太高、CPU 利用率太高，以及内存剩余太少等，如果因此影响网络服务质量，最直接也是最好的办法就是——更换一个更好的路由器。

2. 线路故障、路由器故障和主机故障

（1）线路故障　最常见的情况就是线路不通，诊断这种情况首先检查该线路上流量是否还存在，然后用 ping 检查线路远端的路由器端口能否响应，用 traceroute 检查路由器配置是否正确，找出问题逐个解决。

（2）路由器故障　线路故障中很多情况都涉及到路由器，因此也可以把一些线路故障归结为路由器故障。检测这种故障，需要利用 MIB 变量浏览器，用它收集路由器的路由表、端口流量数据、计费数据、路由器 CPU 的温度、负载以及路由器的内存余量等数据。通常情况下网络管理系统有专门的管理进程不断地检测路由器的关键数据，并及时给出报警。而路由器 CPU 利用率过高和路由器内存余量太小都将直接影响到网络服务的质量。解决这种故障，只有对路由器进行升级、扩大内存等，或者重新规划网络拓扑结构。

（3）主机故障　常见的现象就是主机的配置不当。像主机配置的 IP 地址与其它主机冲突，或 IP 地址根本就不在子网范围内，由此导致主机无法连通。主机的另一故障就是安全故障。例如，主机没有控制其上的 finger，RPC，rlogin 等多余服务。而攻击者可以通过这些多余进程的正常服务或 BUG 攻击该主机，甚至得到 Administrator 的权限等。还有值得注意的一点就是，不要轻易的共享本机硬盘，因为这将导致恶意攻击者非法利用该主机的资源。发现主机故障一般比较困难，特别是别人恶意的攻击。一般可以通过监视主机的流量、或扫描主机端口和服务来防止可能的漏洞。不要忘了安装防火墙，因为这是最简单但是又是最安全的办法。

3. 分层诊断网络故障

（1）从物理层来诊断　物理层的故障主要表现在设备的物理连接方式是否恰当，连接电缆是否正确，设备的配置及操作是否正确。

（2）从数据链路层来诊断　查找和排除数据链路层的故障，需要路由器的配置，检查连接端口共享同一数据链路层的封装情况。

（3）网络层的诊断　其方法是沿着从源到目标的路径，查看路由器路由表，同时检查路由器接口的 IP 地址。如果路由没有在路由表中出现，应该通过检查来确定是否已经输入适当的静态路由。默认路由或者动态路由。然后手工配置一些丢失的路由，或者排除一些动态路由选择过程的故障，包括 RIP 或者 IGRPl 路由协议出现的故障。

12.5.2　用户口令安全问题

随着计算机网络的普及，各种各样的口令成为网络生活的一部分。可是，有相当多的用户安全意识不够强烈，他们的口令有很多是高风险的。

1. 使用用户名（账号）作为口令

尽管，这种方法在便于记忆上有着相当的优势，可是在安全上几乎是不堪一击。几乎所有以破解口令为手段的黑客软件，都首先会将用户名作为口令的突破口，而破解这种口令几乎不需要时间。不要以为没有人会采用这种愚蠢的办法，根据有经验的黑客反映，在一个用户数超过一千的计算机网络中，一般可以找到10至20个这样的用户，而他们则成为了黑客入侵的最佳途径。

2. 使用用户名（账号）的变换形式作为口令

使用这种方法的用户自以为很聪明，将用户名颠倒或者加前后缀作为口令，既容易记忆又可以防止许多黑客软件。不错，这种方法的确使相当一部分黑客软件无用武之地，不过那只是一些初级的软件。一个真正优秀的黑客软件是完全有办法对付的，比如说著名的黑客软件John，如果用户名是fool，那么它在尝试使用fool作为口令之后，还会试着使用诸如fool123、fool1、loof、loof123、lofo等作为口令，只要是用户想得到的变换方法，John也会想得到，它破解这种口令，几乎也是不需要时间的。

3. 使用自己或者亲友的生日作为口令

这种口令有着很大的欺骗性，因为这样往往可以得到一个6位或者8位的口令，从数学理论上来说分别有1 000 000和100 000 000种可能性，很难得到破解。其实，由于口令中表示月份两位数数字只有1～12可以使用，表示日期的两位数数字也只有1～31可以使用，而8位数的口令中作为年份的4位数是19××年或20××年，经过这样推理，使用生日作为口令尽管有6位甚至8位，但实际上可能的表达方式只有100×12×31＝37 200种，即使再考虑到年月日三者共有六种排列顺序，一共也只有37 200×6＝223 200种，仅仅是原来100 000 000的1/448，而一台普通的P200计算机每秒可以搜索3～4万种，仅仅需要5.58秒时间就可以搜索完所有可能的口令。如果再考虑到实际使用计算机人的年龄，1930～1980就可以概括掉大多数的可能性，那么搜索需要的时间还可以进一步缩短。

4. 使用常用的英文单词作为口令

这种方法比前几种方法要安全一些。前几种只需要时间一定能破解，而这一种则未必。如果用户选用的单词是十分偏僻的，那么黑客软件就可能无能为力了。不过，黑客多有一个很大的字典库，一般包含10万～20万的英文单词以及相应的组合，如果不是研究英语的专家，那么用户选择的英文单词恐怕十之八九可以在黑客的字典库中找到。如果是那样的话，以20万单词的字典库计算，再考虑到一些DES（数据加密算法）的加密运算，每秒1 800个的搜索速度也不过只需要110秒。

5. 使用5位或5位以下的字符作为口令

从理论上来说，一个系统包括大小写、控制符等可以作为口令的一共有95个，5位就是95^5＝7 737 809 375种可能性，使用P200虽说要多花些时间，不过最多也不过53个小时，如果考虑到许多用户喜欢使用字母加数字，那么62^5＝916 132 832种可能性，只需要6.23小时就可以破解，再考虑还有更多的用户只喜欢使用小写字母加数字作为口令，那么就只有36^5＝60 466 176种可能性，那就只需要25分钟就可以破解。可见5位的口令是很不可靠的，而6位口令也不过将破解的时间延长到一周左右。

那么，怎样的口令才是安全的哪？首先必须是8位长度，其次必须包括大小写、数字字母，如果有控制符那么更好，最后就是不要太常见。比如说：e8B3Z6v0或者fOOL6mAN这样的口令都是比较安全的。不过再安全的口令也不是无懈可击的，只有安全的口令加上3～6个月更换一次的安全制度才是真正安全的。

附录　补充练习

第一章　网络概述

一、填空题（在括号内写入正确的答案。）

1.《计算机网络》课程的“知识体系”体现在（　　　　）和（　　　　）技术的结合。

2. 有一种网络，其各结点机之间的关系是彼此平等的，不要求网络具有文件服务器，若按照服务方式对网络进行分类，则这种网络类型称为（　　　　）。

3. 虚拟主机服务是指为用户提供（　　　　）、（　　　　）和网页设计制作等服务。

答案：1.（计算机技术，通信）；2.（对等网 ）；3.（域名注册，服务器空间租用）

二、单选题（下列各题的四个待选项中，只有一个是正确的，请将正确答案填在括号内。）

1. 随着电信和信息技术的发展，国际上出现了所谓“三网融合”的趋势，下列不属于三网之一的是（　　）。

A. 传统电信网　　B. 计算机网（主要指 Internet）

C. 有线电视网　　D. 卫星通信网

2. 最近许多提供免费电子邮件的公司纷纷推出一项新的服务，即：Email to Page，这项服务能带来的便利是（　　）。

A. 利用寻呼机发电子邮件　　B. 有电子邮件时通过寻呼机提醒用户

C. 通过电话发邮件　　D. 通过 Internet 打电话

3. 在我们使用 IP 电话时，下列方式中无法实现的是（　　）。

A. 连接 Internet 的两台 PC 之间的通话

B. 一端为 PC，另一端为普通电话的通话

C. 两端均为普通电话，通过 Internet 进行的通话

D. 一台未上网的 PC 与普通电话之间的通话

4. Internet 的影响越来越大，人们常把它与报纸、广播、电视等传统媒体相比较，称之为（　）。

A. 第四媒体　　B. 交互媒体

C. 全新媒体　　D. 交流媒体

5. 网络拓扑设计对通信子网的（　　）有着重大的影响。

A. 网络性能　　B. 网络体系结构

C. 系统可靠性　　　　　　　　D. 通信费用

6. 在下列各网络结构中，共享资源能力最差的是（　　）。

A. 网状结构　　　　　　　　B. 树形结构

C. 总线结构　　　　　　　　D. 星形结构

答案：1.（D）2.（B）3.（D）4.（A）5.（A）6.（D）

三、多选题（下列各题的四个待选项中，有一个以上的答案是正确的，请将正确答案填在括号内。）

1. 网络按服务方式分类，可分为（　　）。

A. 客户机/服务器模式　　　　B. 浏览器/服务器模式

C. 对等式网络　　　　　　　D. 数据传输网络

2. 网络按使用目的分类，可分为（　　）。

A. 共享资源网　　　　　　　B. 数据处理网

C. 数据传输网　　　　　　　D. 对等式网络

3. 网络按通信方式分类，可分为（　　）。

A. 点对点传输网络　　　　　B. 广播式传输网络

C. 数据传输网　　　　　　　D. 对等式网络

答案：1.（A，B，C）2.（A，B，C）3.（A，B）

四、简答题（按照要求回答问题。）

1. 简述什么是计算机网络的拓扑结构，有哪些常见的拓扑结构？

答：计算机网络的拓扑结构是指网络中通信线路和站点（计算机或设备）的几何排列形式。计算机网络按网络拓扑结构分，可分为星型网络、总线型网络、树型网络、环型网络和网状型网络。

2. 简述通信子网与资源子网分别由哪些主要部分组成，其主要功能是什么？

答：通信子网负责整个网络的纯粹通信部分，资源子网即是各种网络资源（主机上的硬件资源、软件资源等）的集合。

通信子网由两个不同的部件组成，即传输信道和交换单元。传输信道也称为通信信道。通信信道应包括传输介质与通信设备，它是建立在传输介质之上的。传输介质是指用于连接2个或多个网络结点的物理传输电路，例如，电话线、同轴电缆、光缆等。信道（channel）是通信中传递信息的通道，包含发送信息、接收信息和转发信息的设备。采用多路复用技术时，一条物理传输介质上可以建立多条通信信道。交换单元主要指通信子网中的各种中间设备。

资源子网的主要功能是提供各种共享的软、硬件资源。

3. 简述局域网、城域网与广域网的主要特征是什么？

答：局域网、城域网与广域网的主要特征是网络覆盖地理范围不同。局域网覆盖的地理范围从几十米至数公里；城域网规模局限在一座城市的范围内，10～100Km 的区域，覆盖的地理范围从几十公里至数百公里；广域网跨越国界、洲界，甚至全球范围。

4. 简述什么是星型拓扑结构？

答：在星型拓扑结构中，每个站点通过点到点的方式连接到公共中心，任意两个站之间的通信通过公共中心。中心站点可以是一个中继器，也可以是一个局域网交换器。发送数据的站以帧的形式进入中心站点，以帧中所包含的目的地址到达目的地点，实现站间链路的单通信。目前局域网中的系统大量采用星型拓扑结构，几乎取代了环型和总线型结构。

第二章　网络体系结构

一、单选题（下列各题的四个待选项中，只有一个是正确的，请将正确答案填在括号内。）

1．下列说法中不正确的是（　　）。

A．IP 地址用于标识连入 Internet 上的计算机

B．在 Ipv4 协议中，一个 IP 地址由 32 位二进制数组成

C．在 Ipv4 协议中，IP 地址常用带点的十进制标记法书写

D．A，B，C 类地址是单播地址，D，E 类是组播地址

2．IP 地址为 128.36.199.3 的网络属于（　　）网段。

A．A类　　B．B类　　C．C类　　D．D类

3．下列 IP 地址中属于组播地址的是（　　）。

A．10000001，01010000，11001100，10100000

B．00101111，00100000，10000000，11110000

C．11100000，10100000，01100000，00010000

D．11000000，00010001，10001000，10001110

4．主机 A 的 IP 地址为 202.101.22.3，主机 B 的 IP 地址为 203.10.21.4，两机通过路由器 R 互联。R 的两个端口的 IP 地址分别为 202.101.22.5 和 203.10.21.5，掩码均为 255.255.255.0。请指出错误的说法（　　）。

A．主机 A 将数据发往 R，数据包中的源 IP 地址为 202.101.22.3，目标 IP 地址为 203.10.21.4。

B．主机 A 首先发出 ARP 广播询问 IP 地址为 203.10.21.4 的 MAC 地址是多少，路由器 R 对此广播包进行响应，并给出 R 的 MAC 地址。

C．路由器在网络 203.10.21.0 发出 ARP 广播，以获得 IP 地址 203.10.21.4 对应的 MAC 地址，主机 B 对此广播包进行响应，并给出 B 的 MAC 地址。

D．路由器 R 将数据发往 B，数据包中的源 IP 地址为 202.101.22.3，目标 IP 地址为 203.10.21.4。

5．一个路由器有两个端口，分别接到两个网络，两个网络各有一个主机，IP 地址分别为 110.25.53.1 和 110.24.53.6，子网掩码均为 255.255.0.0，请从中选出两个 IP 地址分别分配给路由器的两个端口（　　）。

A．110.25.52.2 和 110.24.52.7

B．110.24.53.2 和 110.25.53.7

C．111.25.53.2 和 111.24.53.7

D．111.25.53.2 和 111.24.53.7

答案：1.（D）2.（B）3.（C）4.（A）5.（B）

二、多选题（下列各题的四个待选项中，有一个以上的答案是正确的，请将正确答案填在括号内。）

1．无连接服务类型包括如下部分（　　）。

A．数据报与电报服务类似，确认信息

B．确认交付，类似挂号邮件要求有回执一样

C．回答服务称为可靠的虚电路

D．释放连接

2．下列说法中属于 OSI 七层协议中物理层功能的是（　　）。

A．提供为建立维护和拆除物理链路所需的机械的、电气的、功能的和规程的特性

B．传输是否在两个方向上同时进行

C．网络接插件有多少针，各针的用途

D．识别帧边际

3．下列说法中属于 ISO/OSI 七层协议中网络层功能的是（　　）。

A．确定分组从源端到目的端的路由选择

B．拥塞控制

C．记账功能

D．实现异构网络互联

4．下列说法中属于 ISO/OSI 七层协议中运输层功能的是（　　）。

A．从会话层接收数据，并分割成较小的单元传输

B．使会话层不受硬件技术变化的影响

C．跨网络连接的建立和拆除

D．拥塞控制

5．下列说法中属于 ISO/OSI 七层协议中会话层功能的是（　　）。

A．防止高速的发送方的数据把低速的接收方淹没

B．高层通信控制，允许不同机器上的用户建立会话关系

C．管理对话，允许信息同时双向传输或只能单向传输

D．为解决两台计算机之间传输大型文件过程中频繁出错的问题，在数据流中插入检查点

答案：1.（A，B）2.（A，B，C）3.（A，B，C，D）4.（A，B，C）5.（B，C，D）

三、判断题（判断下列各题的正误，正确的在括号内划√，错误的划×。）

1．面向连接服务不能防止报文的丢失、重复或失序。（　　）

2．TCP/IP 体系有 7 个层次，ISO/OSI 体系有 4 个层次。（　　）

3．ISO/OSI 划分网络层次的基本原则是：不同节点具有相同的层次，不同节点的相同层次有相同的功能。（　　）

4．在 TCP/IP 体系中，SMTP 属于运输层协议。（　　）

5．在 TCP/IP 体系中，ARP 属于网络层协议。（　　）

答案：1.（×）2.（×）3.（√）4.（×）5.（√）

四、简答题（按照要求回答问题。）

1. 简述什么是网络体系结构？

答： 网络的体系结构是指计算机网络的各层及其协议的集合（architecture）。计算机网络的体系结构综合了 OSI 和 TCP/IP 的优点。本身由 5 层组成：应用层、运输层、网络层、数据链路层和物理层。

2. 简述 ISO/OSI 网络层的主要功能。

答： 网络层确定分组从源端到目的端的“路由选择”。路由既可以选用网络中几乎保持不变的静态路由表，也可以在每一次会话开始时条件决定，还可以根据当前网络的负载状况，动态地为每一个分组决定路由。网络层还负责拥塞控制、记账功能、异构网互联。

3. IP 地址为 192.72.20.111，子网掩码为 255.255.255.224，求该网段的广播地址。

答：

IP 地址第一项 192，转化为二进制是 11000000，属 C 类地址，

子网掩码中末项 224 转化为二进制是 11100000，即用高三位作为子网划分的网段号，

根据广播地址的定义，当主机号为全 1 时的地址为广播地址，因此有如下广播地址：

11000000.01001000.00010100.00011111	192.72.20.33
11000000.01001000.00010100.00111111	192.72.20.65
11000000.01001000.00010100.01011111	192.72.20.97
11000000.01001000.00010100.01111111	192.72.20.129
11000000.01001000.00010100.10011111	192.72.20.161
11000000.01001000.00010100.10111111	192.72.20.193
11000000.01001000.00010100.11011111	192.72.20.225
11000000.01001000.00010100.11111111	192.72.20.255

第三章　通 信 子 网

一、填空题（在括号内写入正确的答案。）

1. 脉冲编码调制的工作原理包括：（　　）、（　　）和（　　）。

2. 基带传输中数字数据信号的编码方式主要有非归零编码（NRZ）、（　　）和（　　）。

3. 模拟数据编码的方法有（　　）、（　　）、（　　）和多相调制。

4. 衡量数据通信的主要参数有（　　）和（　　）。

5. 光缆由 3 个同心部分组成，即：（　　）、（　　）和护套组成。

答案： 1.（采样，量化，编码） 2.（曼彻斯特编码，差分曼彻斯特编码） 3.（振幅键控（ASK），移频键控（FSK），移相键控（PSK）） 4.（数据通信速率，误码率） 5.（纤芯，包层）

二、单选题（下列各题的四个待选项中，只有一个是正确的，请将正确答案填在括号内。）

1. 下列网卡中，属于按照总线类型分类的是（　　）。

A. 10M 网卡、100M 网卡　　B. 桌面网卡与服务器网卡

C. PCI 网卡、ISA 网卡　　D. 粗缆网卡、细缆网卡

2. 通过改变载波信号的相位值来表示数字信号“1”和“0”的方法叫作（　　）。

A. ASK　　B. FSK

C. PSK　　D. ATM

3. 如果在一个采用粗缆作为传输介质的 Ethernet 网中，两个节点之间的距离超过 500m，那么最简单的方法是选用（　　）来扩大局域网覆盖的范围。

A. Repeater　　B. Bridge

C. Router　　D. Gateway

4. 如果有多个局域网需要互连，并且希望将局域网的广播信息能很好地隔离开来，那么最简单的方法是选用（　　）。

A. Repeater　　B. Gateway

C. Router　　D. ATM Switch

5. 如果多个互连局域网的高层协议不同，例如一种是 TCP/IP 协议，另一种是 SPX/IPX 协议，那么互连这些局域网必须选择（　　）。

A. Bridge　　B. Router

C. Repeater　　D. ATM Switch

6. 如果一台 Netware Client 节点要与 SNA 网中的一台大型机通信，那么用来互连 NetWare 与 SNA 的设备应该选择（　　）。

A. Bridge　　B. Multiprotocol Router

C. Router　　D. Gateway

7. 100 Base－FX 中多模光纤最长传输距离为（　　）。

A. 500m　　B. 1km

C. 2km　　D. 40km

8. 能实现不同的网络层协议转换功能的互联设备是（　　）。

A. 集线器　　B. 交换机

C. 路由器　　D. 网桥

9. 路由器（Router）是用于连接逻辑上分开的（　　）网络。

A. 1 个　　B. 2 个

C. 多个　　D. 无数个

10. 网桥的主要功能是（　　）。

A. 网络分段　　B. 隔离广播

C. LAN 之间的互联　　D. 路径选择

答案：1.（C） 2.（C） 3.（A） 4.（C） 5.（B） 6.（D） 7.（C） 8.（C） 9.（C） 10.（C）

三、多选题（下列各题的四个待选项中，有一个以上的答案是正确的，请将正确答案填在括号内。）

1. 计算机网络完成的基本功能是（　）。

A. 数据处理　　B. 数据传输

C. 报文发送　　D. 报文存储

2. 常见的差错控制技术包括（　）。

A. 奇偶校验　　B. 循环冗余校验

C. 曼彻斯特编码　　D. 海明码

3. 中央智能集线器可以实现下列哪些功能（　）。

A. 执行网桥功能　　B. 用于令牌环集线器

C. 支持一个 10Mbps Ethernet 网段　　D. 提供 100Mbps FDDI 的接口

4. 关于无线集线器下列说法中正确的是（　）。

A. 可免除一座大楼内的短距离布线。

B. 以物理星型方式工作。

C. 使用扩频通信。

D. 一般支持 SNMP 管理。

5. 下列关于中继器的描述正确的是（　）。

A. 扩展局域网传输距离

B. 放大输入信号

C. 检测到冲突，停止传输数据到发生冲突的网段

D. 增加中继器后，每个网段上的节点数可以大大增加

答案：1.（A，B）2.（A，B，D）3.（A，B，C，D）4.（A，B，C，D）5.（A，B，C）

四、判断题（判断下列各题的正误，正确的在括号内划√，错误的划×。）

1. 两台计算机利用电话线路传输数据信号时必备的设备之一是调制解调器。（　）

2. 电路交换需要在通信的双方建立一条临时的专用通道，报文交换不需要建立通道。（　）

3. 同步通信方式中，每传送一个字符都在字符码前加一个起始位，在字符代码和检验码后面加一个停止位。（　）

4. 网桥需要两个互联网络在数据链路层以上采用相同或兼容的协议。（　）

5. 级联网桥用于将几个网段与一个网段链接在一起。（　）

答案：1.（√）2.（√）3.（×）4.（√）5.（×）

五、简答题（按照要求回答问题。）

1. 简述为何在网络中路由器通常比网桥有更长的时延？

答：由于“路由”过程中采用了源地址和目的地址存储/转发的技术，节点存储/转发的时延较大，每个节点都要接收、存储、检错、纠错、转发大量的数据信息，路由表建表、改表和查表工作也会产生节点延迟。这些情况导致路由器的时延较长。

2. 简述双绞线、同轴电缆各自应用在什么场合？

答：双绞线广泛的应用于局域网的布线中。双绞线的抗干扰性取决于一束线中相邻线对

的扭曲长度及适当的屏蔽。在低频传输时，其抗干扰能力相当于同轴电缆。在10～100KHz时，其抗干扰能力低于同轴电缆。用双绞线发送数字数据信号，一般总的数据传输速率可达2Mbps。同轴电缆的传输距离大于双绞线，但低于光纤，目前主要应用于CATV系统的布线中，同轴电缆正在逐渐被光纤和双绞线取代。

3. 简述路由表中存储什么信息?

答：路由表中主要包括目的站点地址、子网掩码、网关、下一个路由器的地址、通往目的站点的度量值、最新更新过的标志、几个定时器。

4. 简述信道带宽与信道容量的区别是什么？增加带宽是否一定能增加信道容量？

答：信道发送和接收两端传输比特信号的最大速率称为该信道的带宽，单位用赫兹（Hz）表示。例如，某信道的带宽是4KHz，表示该信道最大可以每秒4000次的速率发送信号。而信道容量是指单位时间内信道上所能传输的最大比特数，用每秒比特数（bps）表示。从理论上看，信道带宽的增加是可以增加信道容量的，但在实际上，信道带宽的无限增加并不能使信道容量无限增加，其原因是在一些实际情况下，信道中存在噪声或干扰，以及收发双方产生响应用高低电平形成的波形也不是理想的方波，制约了带宽的增加。这在理论上由香农在1948年给出的著名“香农定理”所论证。

5. 简述什么是虚电路以及虚电路传输分组交换的优缺点?

答：虚电路就是两个用户的终端设备在开始互相发送和接收数据之前需要通过通信网络建立逻辑上的连接，用户不需要发送和接收数据时清除连接。

虚电路传输分组交换的优点是：对于数据量较大的通信传输率高，分组传输时延短，且不容易产生数据分组丢失。缺点是对网络的依赖性大。

第四章　局　域　网

一、单选题（下列各题的四个待选项中，只有一个是正确的，请将正确答案填在括号内。）

1. 在局域网中使用两种传输技术：基带和宽带。基带传输是指（　　）。

A. 能够采用FDM，传输是双向的　　B. 能够采用FDM，传输是单向的

C. 不能够采用FDM，传输是双向的　　D. 不能够采用FDM，传输是单向的

2. 在基带传输系统中，为了延伸网络长度，可以采用中继器。IEEE802.3规定的标准以太网中，以粗缆为传输介质，网络中最多只允许（　　），这样就可以将有效的电缆长度延伸到2.5km。

A. 五个中继器　　B. 四个中继器

C. 三个转发器　　D. 两个转发器

3. 决定局域网特性的几个主要技术中，最重要的是（　　）。

A. 传输介质　　B. 介质访问控制协议

C. 拓扑结构　　D. LAN协议

4. 介质访问控制协议对网络特性起着十分重要的作用，它是确定（　　）。

A. 如何选择传输媒体的方法

B. 数据链路操作方式

C. 数据在传输媒体中传输速率的方法

D. 将传输媒体的频带有效地分配给网上各站点的方法

5. 带碰撞检测的载波监听多路访问协议适用于（　）。

A. 环型拓扑结构　　B. 总线/树型拓扑结构

C. 总线型拓扑结构　　D. 环型/总线型拓扑结构

6. 令牌总线协议适用于（　）。

A. 环型拓扑结构　　B. 总线/树型拓扑结构

C. 总线型拓扑结构　　D. 环型/总线型拓扑结构

7. 令牌环协议适用于（　）。

A. 环型拓扑结构　　B. 总线/树型拓扑结构

C. 总线型拓扑结构　　D. 环型/总线型拓扑结构

8. 下列属于 10 Base－T 中网卡与集线器之间双绞线接法的是（　）。

A. 1－1，2－2，3－3，6－6　　B. 1－3，2－6，3－l，6－2

C. 1－2，2－1，3－6，6－3　　D. 1－6，2－3，3－2，6－1

9. 下列不属于 10Base－T 集线器接口的是（　）。

A. AUI　　B. BNC

C. RJ45　　D. BUS

10. 在 IEEE802.5 中定义的帧类型是（　）。

A. 10Base5　　B. 10Base－T

C. 令牌　　D. Ethernet

答案：1.（C）2.（B）3.（B）4.（D）5.（C）6.（B）7.（A）8.（A）9.（D）10.（C）

二、多选题（下列各题的四个待选项中，有一个以上的答案是正确的，请将正确答案填在括号内。）

1. 网卡需要设置的参数有（　）。

A. 中断号　　B. I/O 地址　　C. DMA 号　　D. 内存地址

2. 令牌总线局域网具有以下特点（　）。

A. 物理拓扑为总线型　　B. 物理拓扑为令牌环

C. 逻辑拓扑为令牌环　　D. 网络中"无冲突"

3. 多路复用器是一个网络设备，可以接收多个输入并将其传输到共享的网络媒体。多路复用可以通过以下方式之一完成（　）。

A. CSMA/CD　　B. TDMA

C. FDMA　　D. 统计多路访问

4. 下列关于综合布线系统的描述，正确的是（　）。

A. 户外系统指水平支线的布线或平面楼层系统。

B. 骨干线子系统指垂直竖井的子系统。

C. 工作区子系统包括终端设备和 I/O 之间的各种装配软线、适配器和连接所需的扩展软线。

D. 管理子系统包括管理室、服务器等设备的安置。

5. 下列关于粗缆以太网的说法中正确的是（　　）。

A. 粗缆以太网的硬件包括网卡和收发器

B. 收发器可以检测电缆上发生的数据帧的冲突

C. 收发器可以保护电缆不受故障的影响

D. 网卡可以利用中断机制通知 CPU 操作

答案：1.（A, B, C, D）2.（A, C, D）3.（B, C, D）4.（B, C）5.（A, B, C, D）

三、简答题（按照要求回答问题。）

1. 简述 FDDI 与 IEEE 802.5 的区别。

答：主要区别如下：

FDDI	IEEE 802.5
光纤	屏蔽双绞线
100Mb/s	4Mb/s
可靠性规范	可靠性规范
4B/5B 编码	差分曼彻斯特编码
分布式时钟	集中式时钟
令牌循环时间	优先和保留位
发送后产生新令牌	接收后产生新令牌

2. 令牌环网的基本组成部分是什么？

答：令牌环网的基本组成部分包括节点上安装的令牌环网网卡、环路插入器、插入器电缆以及环路电缆。

3. 简述局域网交换技术的局限性。

答：交换器是实现 ISO/OSI 第 2 层功能的设备，同网桥一样，它也不具有隔离广播数据包的能力。虚拟局域网 VLAN（Virtual LAN）技术虽然可以解决这一问题，但是在 VLAN 之间的数据传送仍然需要通过路由器来完成，路由器作为网络的瓶颈依然存在。

4. 局域网四大实现技术是什么？

答：组建一个实用的局域网必须使用的四项基本网络实现技术是：拓扑结构、传输介质、通信协议和布线技术。

5. 为什么 CSMA/CD 有最短帧长度的要求？

答：CSMA/CD 的全称是带冲突检测的载波监听多路访问技术，它是对 CSMA 的一种改进。发送站点在传输过程中仍继续监听媒体，以检测是否存在冲突。如果发生冲突，信道上可以检测到超过发送站点本身发送的载波信号的幅度，由此判断出冲突的存在。一旦检测到冲突，就立即停止发送，并向总线上发一串阻塞信号，用以通知总线上其它各有关站点，这样，通道容量就不致因白白传送已受损的帧而浪费，可以提高总线的利用率。

CSMA/CD 的代价是用于检测冲突所花费的时间。在最坏情况下，对于宽带 CSMA/CD 而言，检测出一个冲突的时间等于任意两个站之间最大传播时延的两倍（宽带 CSMA/CD 为四倍）。所以，为了确保发送站点在传输时能检测到可能存在的冲突，数据帧的传输时延至少要两倍于传播时延。换句话说，要求分组的长度不短于某个值，否则在检测出冲突之前传输已经结束，但实际上分组已经被冲突所破坏。所以，CSMA/CD 媒体访问方法有最短帧长度的要求。

四、计算题（按照要求计算。）

1．一座 7 层办公楼的每层都有 15 个互相邻接的办公室。在各办公室的前墙上均有终端插座，这些终端插座在垂直平面形成一个矩形格栅，插座间垂直和水平间隔都是 4 米。假定在任一对插座之间（垂直方向、水平方向或对角线）都可以连接一条直的电缆，那么采用 10 Base 5 配置（ IEEE802.3 局域网的连接方法）时，连接所有的插座需要多少米电缆？

答：对于 10 Base 5，每一层都需要 56m 水平电缆，再加上 $4\times6=24$m 垂直方向电缆，所以总长度等于 $56\times7+24=416$m

2．设有两个桥接器分别连接一对令牌总线网。第一个桥接器每秒转发 250 个分组，分组长度为 1024 字节，第二个桥接器每秒转发 1000 个分组，分组长度为 512 字节；试计算每个桥接器的转接器的转发速度，哪个桥接器需用较快的 CPU？

答：（1）第一个桥接器转发速度为：$1024\times250=256$kB/s

（2）第二个桥接器转发速度为：$512\times1000=512$kB/s

（3）第二个桥接器需要较快的 CPU。

第五章　高速以太网

一、填空题（在括号内写入正确的答案。）

1．以太网（Ethernet）是目前应用最广泛的一类局域网。以太网经历了从共享型到交换型的变迁，共享型的以太网系统有 10Base5，（　　）和（　　）等类型，交换型以太网系统中的核心设备是（　　　）。

2．标准以太网 10Base 5 采用的传输介质为（　　　　），传输速度为 10Mbps，最大网段长度为 500m，最大网段数目为（　　）。

3．细缆以太网 10Base 2 采用的传输媒体为（　　　　），传输速度为 10Mbps，最大网段长度为（　　），最大网段数目为 5。

4．10Base T 采用的传输媒体为（　　　　），传输速度为（　　），最大网段长度为 100m，最大网段数目为 5。

5．快速以太网的物理层标准有以下四种，分别是 100 Base TX，（　　　），100BASE T4 和（　　　）。

答案：1．（10Base 2，10Base T，交换式集线器或以太网交换器）2．（RG—1150Ω 粗同轴电缆，5）3．（RG—5850Ω 细同轴电缆，185m）4．（3，4，5 类 UTP 双绞线，10Mb/s）5．（100 Base FX，100 Base T2）

二、单选题（下列各题的四个待选项中，只有一个是正确的，请将正确答案填在括号内。）

1．光纤通信中，按使用的波长的不同可分为单模光纤通信方式和多模光纤通信方式，下列说法中正确的是（ ）。

A. 用于 LAN 范围的 FDDI 多采用单模光纤通信，用于 WAN 范围的 FDDI 多采用多模光纤通信。

B. 用于 LAN 范围的 FDDI 多采用多模光纤通信，用于 WAN 范围的 FDDI 多采用单模光纤通信。

C. 用于 LAN 范围的 FDDI 和 WAN 范围的 FDDI 多采用多模光纤通信。

D. 用于 LAN 范围的 FDDI 和 WAN 范围的 FDDI 多采用单模光纤通信。

2. 10 Mbps 和 100 Mbps 自适应系统是指（ ）。

A. 既可工作在 10 Mbps，也可工作在 100 Mbps

B. 既工作在 10 Mbps，同时也工作在 100 Mbps

C. 端口之间 10 Mbps 和 100 Mbps 传输率的自动匹配功能

D. 需要增加一些其它的设备才可以通用

3. 在 VLAN 中，端口交换方式的特点是（ ）。

A. 端口用户组成小规模 VLAN 非常灵活

B. 增加有效带宽

C. 允许不同的 VLAN 包含相同的物理段（或交换端口）

D. 提高管理效率

4. 下列有关帧交换方式论述错误的是（ ）。

A. LAN 交换器上每个端口用户具有独立带宽。

B. 绝大多数厂家的交换机都采用帧交换方式。

C. 若 LAN 交换器端口收到广播帧，则该帧能在任何 VLAN 上的端口之间转发。

D. 在寻找路径和转发时，帧不会被破坏。

5. 建立 VLAN 能够（ ）。

A. 增加网络带宽

B. 实现网络的共享

C. 控制广播数据

D. 端口用户组成用户 VLAN 非常灵活

答案：1.（B）2.（C）3.（A）4.（C）5.（C）

三、多选题（下列各题的四个待选项中，有一个以上的答案是正确的，请将正确答案填在括号内。）

1. FDDI 的特点是（ ）。

A. 利用单模光纤进行传输

B. 使用有容错能力的双环拓扑

C. 支持 500 个物理连接

D. 光信号码元传输速率为 125Mbaud

2. 双环拓扑的特点包括（ ）。

A. 两个环上数据传输方向相反

B. 双环拓扑具有容错能力

C. 一般情况下，两个环同时工作

D. 环路出现故障时，FDDI 自动重新配置

3. 下列关于千兆位以太网的描述正确的是（ ）。

A. 千兆位以太网可用为网络的主干网

B. 1000 Base －SX 用多模光纤和 850nm 激光器

C. 1000 Base －LX 使用双绞线

D. 1000 Base －T 使用单模光纤

答案：1.（B，D）2.（A，B，D）3.（A，B）

四、简答题（按照要求回答问题。）

1. 简述千兆位以太网的物理层标准。

答：千兆位以太网的物理层有两种标准：一种是 1000 Base－X（802.3z 标准），另一种是 1000 Base－T（802.3ab 标准）。

1000 Base－X（802.3z 标准）标准使用的媒体有：1000 Base－SX 用多模光纤和 850nm 激光器；1000 Base－LX 用单模光纤或多模光纤和 1300nm 激光器；1000 Base－CX 用屏蔽双绞线电缆 STP。

1000 Base－T（802.3ab 标准）使用 5 类 UTP。

2. 从技术及应用的角度看，千兆网有哪些特点？

答：千兆网有以下特点：

(1) 与现有大多数网络设施兼容；

(2) 可简单的进行网络升级；

(3) 技术成熟、稳定；

(4) 总体开销较低；

(5) 可灵活地进行网络互连和网络设计；

(6) 千兆网性能很高，能以千兆线速运行。

3. 千兆位以太网技术的优势是什么？

答：使系统主干的带宽及客户端访问服务器的速度大大提高。

它是 10Mbps 和 100Mbps 平滑过渡的技术，用户的培训和维护方面的技术投资得到有效的保护。

系统升级的投资降到最低限度，即最少的再投资，能获得高性能的回报。

不仅仅使系统增加了带宽，而且还带来了服务质量改善的功能，这一切都是在低开销的条件下实现的。

4. 快速以太网系统由哪些部分组成？

答：构成 100Mbps 快速以太网系统，其网络组成部分包括如下内容：

(1) 网卡（外置或内置收发器）；

(2) 收发器（外置）与收发器电缆；

(3) 集线器；

(4) 双绞线及光缆媒体。

5. 设计一个 10Base－T 系统，并和原有的 10Base－5 与 10Base－2 以太网系统相连，需要哪些设备？如何连接？

答：在 10Base－T 以太网建设时，必须要考虑原来已经建设的同轴电缆网络，能够把它们与 10Base－T 系统连接在一起，形成一个以太网系统。在这个系统中，混合了粗缆、细缆和双绞线三种传输介质。为了兼顾 10 Base－5 或 10 Base－2 以太网系统，需要 10 Base－T 集线器、双绞线、粗同轴电缆、细同轴电缆、BNC.T 型头和收发器等。

在 10 Base－T 集线器产品上，配置了 AUI 及 BNC 联接器。与 10 Base－5 以太网联接时，在集线器的 AUI 接口上配置一台外置收发器联接粗同轴电缆即可；与 10 Base－2 以太网联接时，在集线器的 BNC 接口上联接细同轴电缆即可。

五、计算题（按照要求计算。）

1．1km 的基带以太网，速率达 1Gb/s，为保证冲突的可靠检测，需保证最起码的帧长度为多少位？（设传播时延为 5μs/km）

答：最短数据帧长

＝2×任意两站的最大距离（m）/200（m/μs）×数据传输速率（Mb/s）

＝2×1000/200×1000

＝10000（bit）

第六章　广　域　网

一、填空题（在括号内写入正确的答案。）

1．分布式路由选择方法的三要素分别是对网络某种特性的测量过程、（　　　　　　　　）以及（　　　　　　　　）。

2．充分利用现有接入条件的宽带接入技术有 HFC（光纤同轴混合）、（　　　　　　　　）以及（　　　　　　）。

3．无线宽带接入方式有（　　　　　　　　　　）、（　　　　　　　　）和卫星。

4．Intranet 分层结构包括网络、（　　）、应用三个层次。

答案：1．（如何传播测量结果的协议，如何计算出确定的路由）2．（xDSL，x 表示 A/H/S/C/I/V/RA 等不同数据调制实现方式，全光网）3．（LMDS（本地多点配送服务），移动通信网）4．（服务）

二、多选题（下列各题的四个待选项中，有一个以上的答案是正确的，请将正确答案填在括号内。）

1．下列关于广域网的路由选择，正确的描述是（　　）。

A．结点交换机可以提供一个路由表，供转发分组使用

B．路由表中没有源站地址是因为不需要源站地址

C．路由表中目的站地址定义为目的站地址中的交换机号

D．路由表中目的站地址与计算机的编号有关

2．路由选择与（　　）要素有关。

A．交通费用　　B．时间

C．设备　　D．安全性

3．集中式路由选择策略的缺点是（　　）。

A．不需要进行路由选择计算　　B．可以进行流量控制

C．开销较大　　D．存在可靠性问题

4．路由表包括（　　）内容。

A．目的站地址　　B．通往目的站点的度量值

C．下一个路由器的地址　　D．最新更新过的标志

5．开放最短路径优先的优点是（　　）。

A．无环路的收敛性　　B．支持精确度量值

C. 支持多重度量制式

D. 区分不通的外部路径

答案：1.（A，C）2.（A，B，D）3.（C，D）4.（A，B，C，D）5.（A，B，C，D）

三、单选题（下列各题的四个待选项中，只有一个是正确的，请将正确答案填在括号内。）

1. 英文缩写 IGRP 的中文意思是（　　）。

A. 外部网关协议

B. 路由选择信息协议

C. 内部网关路由协议

D. 开放最短路径优先协议

2. 下面（　　）宽带接入技术的出现得益于 PON 这种新技术的发展。

A. ADSL

B. 全光网

C. HDSL

D. HFC

3. 下面（　　）宽带接入技术的致命弱点是用户离交换机越远，速度下降得越快。

A. ADSL

B. 全光网

C. HDSL

D. HFC

4. 在 HFC 网络中，连接同一个结点的用户（　　）。

A. 独享数据频道

B. 数量没有限制

C. 共享数据频道

D. 同时大量使用数据频道时，信号质量不会受影响。

5. 网络用户可以通过 Internet 与全世界的因特网用户发电子邮件，电子邮件的传递可由下面的（　　）协议完成。

A. POP3 和 ISP

B. POP3 和 ICP

C. POP3 和 SMTP

D. POP3 和 TCP/IP

6. TCP 是面向连接的协议，TCP 提供的连接是（　　）。

A. 单工

B. 单向

C. 半双工

D. 全双工

7. 采用 ISDN（综合业务数字网）上网要比用拨号电话上网快得多，而且还可以同时打电话。ISDN 又叫做（　　）。

A. 一线通

B. 数字通

C. 全球通

D. 双通

8. 在网页浏览过程中，Cache 的作用是（　　）。

A. 提高传输的准确率

B. 提高图像质量

C. 加快浏览速度

D. 使浏览器可以播放声音

9. X.25 网是一种（　　）。

A. 帧中继网

B. 局域网

C. 企业内部网

D. 公用分组交换网

10. 帧中继的设计目标主要是针对（　　）。

A. 局域网互连

B. 广域网互连

C. X.25 网互连

D. ATM 网互连

答案：1.（C）2.（B）3.（A）4.（D）5.（C）6.（D）7.（A）8.（C）9.（D）10.（A）

四、简答题（按照要求回答问题。）

1. 简述局域网与广域网在使用协议方面的主要区别。

答：局域网与广域网的主要区别是：局域网使用的协议主要在数据链路层，而广域网使用的协议主要在网络层。

2. 简述数据报服务的特点。

答：数据报服务的特点是主机可以随意发送数据。每个分组可独立的选择路由。数据报再按顺序发送交付给目的站，目的站必须把收到的分组缓存，等到能够按顺序交付主机时再进行交付。数据报不能保证按发送的顺序交付给目的站，是一种“尽最大努力交付”的服务。

3. 简述路由算法是如何分类的，分别包括哪几类？

答：按网络通信量或拓扑结构自适应调整能力来划分，路由算法可分为两种类型：非自适应路由选择策略和自适应路由选择策略。

非自适应路由选择策略包括固定路由法、分散通信量法、洪泛法、随机走动法。

自适应路由选择策略包括分布式路由选择策略、集中式路由选择策略、混合式路由选择策略。

4. 简述路由器是如何分类的？

答：路由器按连接网络的网络层协议，可分为单协议路由器和多协议路由器；按网络互连的距离，可分为远程路由器和本地路由器；按路由器所处的位置，可分为内部路由器、区域边界路由器和自治系统边界路由器。

5. 简述什么是万维网？举例说明建立 Web 服务器可选的操作系统平台和服务器软件。

答：万维网是建立在浏览器/服务器模型之上，以 HTML 语言 HTTP 协议为基础，能够提供面向各种 Inernet 服务、用户界面一致的信息浏览系统。

建立 Web 服务器可选的操作系统平台有 Unix，Linux，Windows 2000 等；

建立 Web 服务器可选的服务器软件有 Netscape Communication Server，Apache，IIS 等。

6. 在局域网中，如何使用路由器实现网络互联？

答：使用路由器进行局域网间的互联时，一个主干 LAN 与若干个分支 LAN 通过路由器隔离和互联。被隔离的分支 LAN 各自独立地工作，主服务器配置在主干 LAN 上，分支 LAN 通过路由器去访问主服务器。该路由器又可作为一个过滤器，禁止某些客户站访问主服务器或者过滤一些信息。

使用路由器进行局域网与广域网互联，当 LAN 内部运作时，与 WAN 隔离。当 LAN 上的客户端要访问远程服务器时，必须要通过路由器，由路由器导向远程服务器。

7. 广域网在管理和服务上面临的问题是什么？

答：(1) 呈几何级数膨胀的虚拟联接的管理；

(2) 提高数据分组吞吐量；

(3) 支持端到端的服务质量（QoS）控制。

8. 什么是 ATM 局域网仿真？

答：局域网仿真就是在 ATM 网络上仿真传统局域网，局域网仿真协议包括了对以太网 IEEE 802.3 和令牌环网 IEEE 802.5 的仿真。

9. 何谓 Internet，Intranet 和 Extranet？Internet/Intranet 上提供哪些常用的信息服务？

答： Internet 是一个建立在 TCP/IP 协议集上的国际互联网络，它是各个子网以网状结构互联而成的。在每个子网中存在着数量不等的主机，子网及其主机均以 IP 协议统一编址。子网可以是 LAN，也可以是 WAN。主机可以是网上的客户机、服务器或者路由器等设备。

Intranet 称为企业内部网，它在企业内部实现 Intranet 结构及其信息服务。

企业与企业或者企业与其伙伴之间信息联系可以采用 Intranet 实现互联，即众多与企业业务有关的 Intranet 通过 Internet 互联形成的系统称为 Extranet。

Internet 的主要信息服务有以下几类：电子邮件、文件传输、远程录入、电子公告牌、信息浏览、高级超文本浏览、自动标题搜索、自动搜索以及域名系统等。

Intranet 的主要服务功能包括高级超文本浏览、电子邮件、数据库访问、安全性以及网络管理等。

10. 简述传统局域网与 ATM 提供的服务有哪些区别？

答： 传统局域网是以非连接方式传输数据的，而 ATM 则采用面向连接的点对点的通道复用方式传输数据；传统局域网是共享媒体的，易实现广播或组播，而 ATM 则采用较复杂的技术实现；传统局域网以不定长帧单位传输数据，而 ATM 采用固定长度的信元。

五、计算题（按照要求计算。）

1. 在分组交换网中，设运输层有一长度为 256 千字节的报文，经网络传输到目的地计算机，网络允许的数据最大分组长度为 1Kb（未含 3 字节分组头），线路数据速率为 2400bps，通信时长计费 0.1 元/分钟，通信量计费以段为单位，为 0.003 元/段（一段等于 64 字节）。试计算：

（1）网上总共传输了多少个分组？

（2）计算通信量费

（3）计算通信时长费及合计费用

答：（1）1 024/8 = 128 字节/分组

（256×1 000）/128 = 2 000 分组

（2）256×1 000 + 2 000×3 = 262 000 字节

（262 000/64）×0.003 = 12.3 元

（3）（262 000/2 400）×8 = 873s

（873×0.1）/60 = 1.45 元

合计费用为：12.3 + 1.45 = 13.75 元

2. 设局域网采用路由器和 X.25 网互连，若该路由器每秒转发 250 个分组，分组长度为 128 字节，请问：（1）路由器的转发速率是多少 Mb/s？

（2）若路由器的转发速率为 0.2048Mb/s，则每秒转发的分组数是多少？

答：（1）250 分组/s×128 字节/分组 = 320 000 字节/s = 0.256Mb/s

（2）（204 800 / 8）/128 = 200 分组

第七章 网络管理

一、单选题（下列各题的四个待选项中，只有一个是正确的，请将正确答案填在括号内。）

1．网络管理系统的每个节点都包含一组与管理有关的软件，它们被称为（　　）。

A．网络接口　　B．网络视图

C．网络管理实体　　D．网络管理应用

2．系统管理包含所有7层管理对象，管理信息的交换采用的是（　　）。

A．层到层的不可靠传输　　B．层到层的可靠传输

C．端到端的不可靠传输　　D．端到端的可靠传输

3．在因特网中，主要使用的网络管理协议是（　　）。

A．TCP/IP　　B．SNMP　　C．SMTP　　D．UDP

4．SNMP协议支持的服务原语中，提供扫描MIB树和连续检索数据方法的是（　　）。

A．Get　　B．Set　　C．GetNext　　D．Trap

5．SNMP的对象定义所采用的方法是（　　）。

A．具体化　　B．抽象化

C．形式化　　D．具体语言

6．支持TCP/IP和SNMP的设备使用委托代理的目的是减少（　　）之间的交互过程。

A．委托代理与管理站　　B．代理与被代理

C．被代理与管理站　　D．管理站与管理站

7．在网络管理标准中，通常把（　　）层以上的协议都称为应用层协议。

A．应用　　B．传输

C．网络　　D．数据链路

8．计算机中的信息只能由授权访问权限的用户读取，这是网络安全的（　　）。

A．保密性　　B．数据完整性

C．可利用性　　D．可靠性

9．Windows NT支持（　　）管理站和代理功能。

A．SNMPv1　　B．SNMPv2

C．ICMP　　D．UDP

10．网络管理工作于（　　）。

A．应用层　　B．表示层

C．会话层　　D．传输层

答案：1．(C) 2．(D) 3．(B) 4．(C) 5．(C) 6．(C) 7．(C) 8．(A) 9．(A) 10．(A)

二、判断题（判断下列各题的正误，正确的在括号内划√，错误的划×。）

1．目前因特网中管理网络地址的协议是IPv4和IPv6，它们分别由32位和128位二进制数组成。（　　）

2．网络域名地址可以采用英文名称的缩写来命名，也可以用中文名称来命名。而IP地

址采用 4 段点分十进制数表示，不易记忆。（ ）

3. 网络中一台机器的标准名称包括域名和主机名，采取多段表示方法。（ ）

4. 网络管理首先必须有网络地址，一般可采用实名制地址。（ ）

5. 网络系统管理技术的基本特征是必须有针对性地了解系统管理阶段不同于网络管理的内容。（ ）

答案：1.（√）2.（√）3.（×）4.（×）5.（√）

三、多选题（下列各题待选项中，有一个以上的答案是正确的，请将正确答案填在括号内。）

1. 网络管理软件包括（ ）。

A. 管理专用软件　　B. 用户专用软件

C. 用户支持软件　　D. 管理支持软件

2. 下列关于子网掩网的描述正确的是（ ）。

A. 与域名服务一致　　B. 用 16 位点分十进制数表示

C. 与电子邮件地址相关联　　D. 用于识别不同主机是否在同一局域网内

3. 分配 IP 地址所采用的两种方法是（ ）。

A. 基于局域网地址概念　　B. 基于服务器网关概念

C. 基于网络工作组概念　　D. 基于工作站地址的集中管理

4. SNMP 和 RMON 采用（ ）。

A. 基于事件的管理机制　　B. 基于智能化监控功能的管理机制

C. 基于轮询的管理机制　　D. 基于访问代理的管理信息库技术

5. 在因特网上建立自己的网上“商店”，可以采用下列（ ）方法。

A. 借助现有商务网站建立“一个柜台”

B. 建立一个完整的自己的网站

C. 将自己的静态页面发送到免费网站上，通过电话和电子邮件操作

D. 不必申请独立域名和空间，建立个人网站

答案：1.（A，D）2.（B，D）3.（B，D）4.（C，D）5.（A，B，C）

四、简答题（按照要求回答问题。）

1. 画出网络管理系统的层次结构图。

答：

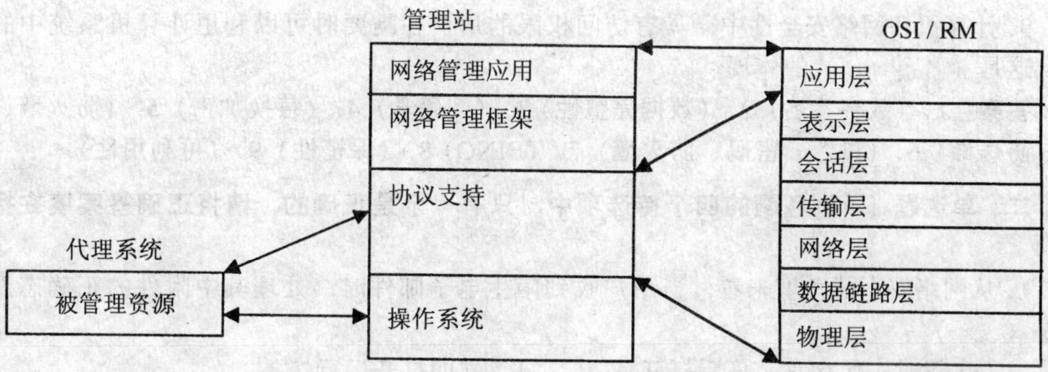

2. 简述各种网络管理框架的共同特点是什么？

答：各种网络管理框架的共同特点如下：

(1) 管理功能分为管理站（Manager）和代理（Agent）两部分；

(2) 为存储管理信息提供数据库支持，例如关系数据库或面向对象的数据库；

(3) 提供用户接口和用户视图（View）功能，例如 GUI 和管理信息浏览器；

(4) 提供基本的管理操作，例如获取管理信息。

3. 简述不支持 TCP/IP 的设备应如何进行 SNMP 管理？

答：SNMP 要求所有的代理设备和管理站都必须实现 TCP/IP。这样，对于不支持 TCP/IP 的设备，就不能直接用 SNMP 进行管理。为此，提出了委托代理的概念，一个委托代理设备可以管理若干台非 TCP/IP 设备，并代表这些设备接收管理站的查询，实际上委托代理起到了协议转换的作用，委托代理和管理站之间按 SNMP 协议通信，而与被管理设备之间则按专用的协议通信。

第八章　网络安全技术

一、填空题（在括号内写入正确的答案。）

1. 防止否认可采取的方法是（　　　）。

2. 计算机和网络安全性中，计算机系统中的信息资源只能由被授予权限的用户修改，这是（　　　）的体现。

3. 研究数据加密的科学称为（　　　）。

4. 经典加密技术中，保留明文的顺序，用一个字母替换另一个字母进行加密的方法称为（　　　）。

5. 系统安全措施包括数据的软硬件加密、（　　　）、（　　　）、访问控制、（　　　）、数据备份。

6. 对一般网络管理而言，实现网络安全最简单的方法是：（　　　），（　　　）和（　　　）。

7. 在 TCP/IP 网络中，测试连通性的常用命令是（　　　）。

8. 计算机和网络安全性中，计算机中的信息只能由授予访问权的用户读取，这是（　　　）的体现。

9. 计算机和网络安全性中，具有访问权限的用户在需要时可以利用计算机系统中的资源，这是（　　　）的体现。

答案：1.（数字签名）2.（数据完整性）3.（密码学）4.（替换加密）5.（防火墙、认证、防病毒）6.（口令、密码、防火墙）7.（PING）8.（保密性）9.（可利用性）

二、单选题（下列各题的四个待选项中，只有一个是正确的，请将正确答案填在括号内。）

1. 从网络安全的角度来看，当用户收到陌生电子邮件时，处理其中附件的正确态度应该是（　　）。

A. 暂时先保存它，日后打开　　　　B. 立即打开运行

C. 删除它　　D. 先用反病毒软件进行检测再作决定

2. 我国新刑法实施以来首例黑客事件的犯罪嫌疑人以“破坏计算机信息系统”的罪名在上海被逮捕。下列行为中不属于计算机犯罪的是（　　）。

A. 盗用他人的互联网账号　　B. 未经许可进入他人计算机系统

C. 传播黑客技术　　D. 盗窃计算机

3. 下列各项不属于系统安全范畴的是（　　）。

A. 防火墙　　B. 加密狗

C. 认证　　D. 防病毒

4. 计算机网络设备间要防止一些特殊气体的侵入，下列不属于这种有害气体的是（　　）。

A. SO_2　　B. CO_2

C. NH_3　　D. NO_2

5. 设计方案中的安全性原则是指（　　）。

A. 保证设备的正常、安全使用

B. 保证系统不被外人破坏

C. 保证系统的可靠性

D. 保证系统内部的数据、数据访问和传输信息是安全的

答案：1.（D）2.（D）3.（B）4.（B）5.（D）

三、多选题（下列各题待选项中，有一个以上的答案是正确的，请将正确答案填在括号内。）

1. 计算机网络的安全目标要求网络保证其信息系统资源的完整性、准确性和有限的传播范围，还必须保障网络信息的（　　），以及网络服务的保密性。

A. 保密性　　B. 可选择性

C. 可用性　　D. 审查性

2. 网络系统安全与单机系统安全主要在（　　）方面存在区别。

A. 分析和归纳安全的完整性

B. 操作系统对于软硬件的操作与控制

C. 用户的安全性

D. 数据传输的安全性

3. 数据可以在（　　）加密。

A. 用户之间　　B. 网络链路之间

C. 端点之间　　D. 节点之间

4. 防火墙技术能够（　　）。

A. 防范外部刻意的人为攻击

B. 根据需要产生报表、报警和入侵检测

C. 完全防止病毒感染文件的传输

D. 防范内外网之间不安全攻击

5. Internet 网络安全层次，除数据链路层和网络层外，还包含（　　）等 5 个层次。

A. 用户层　　B. 物理层

C. 操作系统层　　　　　　　　　　D. 应用层

答案：1.（B，C）2.（A，C，D）3.（B，C，D）4.（A，D）5.（A，C，D）

四、简答题（按照要求回答问题。）

1. 计算机网络需要哪几个方面的安全性？

答：计算机网络需要以下3方面的安全性：

（1）保密性：计算机中的信息只能由授予访问权限的用户读取（包括显示、打印等，也包含暴露信息存在的事实）。

（2）数据完整性：计算机系统中的信息资源只能被授予权限的用户修改。

（3）可利用性：具有访问权限的用户在需要时可以利用计算机系统中的信息资源。

2. 信息流被危害的情况有哪些？

答：信息流被危害的情况有：

（1）中断：通信被中断，信息变得无用或者无法利用，这是对可利用性的威胁。

（2）窃取：未经授权的入侵者访问了信息资源，这是对保密性的威胁。

（3）篡改：未经授权的入侵者不仅访问了信息资源，而且篡改了信息，这是对数据完整性的威胁。

（4）假冒：未经授权的入侵者在系统中加伪造的内容，这也是对数据完整性的威胁。

3. 经典加密方法主要使用了哪些加密技术？

答：经典加密方法主要使用了3种加密技术：

（1）替换加密：用一个字母替换另一个字母。这种方法保留了明文的顺序，可根据自然语言的统计特性（例如字母出现的频率）破译。

（2）换位加密：按照一定的规律重排字母的顺序。

（3）一次性填充：把明文变为比特串，选择一个等长的随机比特串作为密钥，对二者进行按位异或，得到密文。

4. 简述数字签名的机制。

答：数字签名是防止否认的方法，与人们手写签名的作用一样，数字签名系统向通信双方提供服务。

A向B发送签名的消息P的过程如下：

（1）B可以验证消息P确实来源于A。

（2）A以后不能否认发送过P。

（3）B不能编造或改变消息P。

参考文献

1 Tamara Dean. 计算机网络实用教程 . 北京：机械工业出版社，2000

2 Behrouz Forouzan，Catherinc Coombs，Sophia Chung Fegan. 数据通信与网络 . 北京：机械工业出版社，2000

3 毕学军 . 网络工程案例集锦 . 北京：北京希望电子出版社，2002

4 金刚善等 . 局域网组网案例精编 . 北京：中国水利水电出版社，2003

5 吴企渊 . 计算机网络 . 北京：清华大学出版社，2001

6 谢希仁 . 计算机网络 . 第 2 版 . 北京：电子工业出版社，1999